中等职业教育规划教材

基础化学

第二版

（附练习册）

池雨芮　主编

化学工业出版社

·北京·

本书是根据中等职业教育基础化学教学大纲编写而成的。全书采用最新的国家标准以及法定计量单位，内容详略得当，语言深入浅出。

全书共十二章，包括基础化学中常见的量及单位、化学反应速率和化学平衡、溶液、沉淀反应、氧化还原反应、物质结构与元素周期律、重要的非金属元素及其化合物、重要的金属元素及其化合物、配合物、烃、烃的重要衍生物、糖类和蛋白质等，同时还安排了相应的实验内容。本书配备了与教学内容呼应的练习册，编排了适量填空、选择、判断、计算、问答等不同类型的练习题，并附有部分参考答案，便于教学。

本书为中等职业教育基础化学课程的教材，适用于普通中职、高级技工学校、职业高中和工人培训，也可供相关人员参考。

图书在版编目（CIP）数据

基础化学/池雨芮主编. —2 版. —北京：化学工业出版社，2008.1（2024.2重印）
中等职业教育规划教材
ISBN 978-7-122-01536-5

Ⅰ. 基… Ⅱ. 池… Ⅲ. 化学课-专业学校-教材 Ⅳ. G634.81

中国版本图书馆 CIP 数据核字（2007）第 179058 号

责任编辑：王文峡　　文字编辑：李锦侠
责任校对：王素芹　　装帧设计：尹琳琳

出版发行：化学工业出版社（北京市东城区青年湖南街 13 号　邮政编码 100011）
印　　装：大厂聚鑫印刷有限责任公司
787mm×1092mm　1/16　印张 16¾　彩插 1　字数 383 千字　2024年 2 月北京第 2 版第14次印刷

购书咨询：010-64518888　　售后服务：010-64518899
网　　址：http://www.cip.com.cn
凡购买本书，如有缺损质量问题，本社销售中心负责调换。

定　　价：46.00 元（含练习册）

前　言

本书自1998年出版以来，已经快十年了。在这期间，该书在中等职业教育中发挥了重要的作用，受到广大师生的欢迎。同时，使用本书的许多教师也对本书提出了许多宝贵的意见。根据教学的需要和读者的要求，特对本书进行修订。

这次修订的要点如下。

1. 拓展了典型无机物、有机物及配合物的应用，使本书不仅仅适用于工业分析专业，可作为中等职业教育相关专业的化学理论基础课程教材，也可作为相应的培训教材。

2. 每章编排了知识窗，增加了课外阅读知识，以提高学生的学习兴趣。

3. 第一版中的第十二章替换为糖类和蛋白质的知识，使有机部分的知识更有系统性。

4. 实验部分增加了化学实验的基本操作，以提高学生的动手能力。

5. 增加了练习册中习题的答案，便于教学参考。

全书由池雨芮修订和统稿。全书是在化学工业出版社和重庆化工医药高级技工学校的指导和帮助下完成的，在此一并表示衷心地感谢。

由于编者水平有限，书中不足之处敬请广大师生多提宝贵意见。

编　者

2007年9月

第一版前言

本书是根据全国化工技工学校教学指导委员会分析专业组于 1996 年 7 月修订的《基础化学教学大纲》编写的。

本书将分析专业开设的《无机化学》和《有机化学》合并为《基础化学》，主要为分析专业实施的模块教学服务。它针对模块教学的特点，根据模块教学的需要和要求，结合目前技工学校学生的实际情况，去掉了以前教材中偏多、偏深、偏难而在实际分析中不用的内容，减轻了学生的负担。本书保持了传统化学的学科体系，在编排上注意了由浅入深、由无机到有机、用理论指导实践的原则，列举了大量分析中常用的实例，附了 10 个基本实验。全书共十二章，总学时为 210 学时。

本教材配有《基础化学练习册》。该练习册按照本教材的章节顺序编排，以节为单位配有各种类型的练习题，即选择题、填空题、判断题和计算题等。

本书中绪论、第一、二、三、四、五、六章由重庆化工技工学校池雨芮编写，第七、八、九、十、十一、十二章由西安医药化工技工学校杨苗编写，全书由重庆化工技工学校胥朝禔主审。参加审阅的人员还有南京化学工业集团有限公司技工学校郑骏，云南省化工技工学校朱瑛，重庆化工技工学校张荣。在编写过程中还得到化学工业出版社、重庆化工技工学校、江西省化工技工学校、山东泰安化工技工学校的大力支持和帮助，在此一并表示感谢。

由于编者水平有限，时间仓促，书中不妥或错误之处在所难免，敬请读者特别是使用本书的师生予以批评和指正。

全国化工技工学校教学指导委员会

分析专业组

1998 年 12 月

目　　录

绪　论

一、基础化学研究的对象和范围

自然界的物质形形色色，种类繁多，但它们都有一个共同的特征，就是所有的物质都在运动。根据物质运动形态的不同，可以将物质的运动分为物理运动、化学运动、生物运动、机械运动和社会运动等。基础化学主要是研究物质的化学运动，即化学变化及其规律的一门自然科学。由于物质的化学变化与物质的组成，结构有关，为了更深入、更广泛地研究化学变化的规律，因此基础化学还要研究物质的组成、结构、性质、变化、合成以及它们之间的内在联系。根据物质的结构和特点，我们可以把自然界的各种物质分为两大类，即无机物和有机物。有机物是碳氢化合物和它们的衍生物；无机物是指除碳氢化合物以外的所有元素及其化合物。无机物和有机物都是基础化学研究的内容。

归纳起来，基础化学是研究物质的组成、结构、性质、合成和应用以及它们相互转化的规律的科学。

二、基础化学与化学分析的关系

《分析化学技术与操作》是分析专业的最新一轮教材，它完全打破了传统的教学模式，全部实施模块式教学。基础化学是分析专业必需的一门理论基础课，围绕着《分析化学技术与操作》的重要理论和基本操作，阐述了物质结构、化学平衡、电解质溶液理论、氧化还原等重要理论和分析中常见的重要的元素及其化合物的性质，它是为分析专业服务的基础理论课。

三、基础化学的任务和要求

基础化学的任务是使学生比较系统地掌握分析专业必需的基础化学知识和基本技能，了解它们在分析中的应用，为分析专业实施技能培训打好理论基础。

(1) 使学生掌握一些重要元素及化合物的知识和基本的化学概念。

(2) 使学生掌握物质结构、元素周期律、化学反应速率与化学平衡、酸碱反应、氧化还原反应、沉淀反应、配合反应等基础理论知识。

(3) 使学生掌握一些重要的化学实验技能和计算技能，培养学生的观察能力和实验能力，以及实事求是、严肃认真的科学态度和科学方法。

四、如何学好基础化学

要学好基础化学，首先要掌握有关的基本概念和基本理论，理论联系实际，加强应用，用所学的知识去分析问题、解决问题。在无机化学部分要以化学平衡的有关知识为主线，指导溶解沉淀平衡、弱电解质的电离平衡、氧化还原平衡及配合平衡的学习；用物质结构和元素周期律的知识指导元素及其化合物的学习。在有机化学部分要以结构的知识指导物质性质的学习。要学好基础化学还要加强实验，培养动手能力和观察能力；还要认真做作业，通过做作业，发现学习中的问题，解决问题，以提高学习效果和质量。要学好基础化学，还要有实事求是、严肃认真的科学态度、科学方法、高度的自信和坚韧不拔、不怕困难的作风。

第一章　基础化学中常见的量及单位

在基础化学中经常使用到一些量，如浓度、体积、密度等。只有掌握这些量的定义及其相应的法定计量单位，才能正确地加以使用。

第一节　基础化学中常见的量

在国际单位制（SI）中，规定了七个基本量，其单位名称和单位符号如表1-1所示。

表1-1　SI制基本量的单位名称和单位符号

量的名称	单位名称	单位符号	量的名称	单位名称	单位符号
长度	米	m	热力学温度	开[尔文]	K
质量	千克[公斤]	kg	物质的量	摩[尔]	mol
时间	秒	s	发光强度	坎(德拉)	cd
电流	安[培]	A			

除了以上七个SI基本量及单位以外，还经常用到一些其他的量及单位，但都可以看成是由上面七个基本量及单位导出的，所以称为导出量及导出单位。如体积的单位为立方米（m^3）等。下面介绍基础化学中常用的一些量。

1. 质量及其单位

质量是描述物体本身固有性质的物理量，是国际单位制中七个基本量之一，符号为m，其单位为千克（kg）。质量的单位还常用克（g）、毫克（mg）表示，它们之间的关系为

$$1kg=1000g \qquad 1g=1000mg$$

2. 体积及单位

体积的符号为V，其单位为立方米（m^3）。常用的单位还有立方分米（dm^3）、立方厘米（cm^3）、立方毫米（mm^3）等。常用的还有升（L）、毫升（mL）等，它们之间的关系为

$$1m^3=1000dm^3 \qquad 1dm^3=1000cm^3 \qquad 1cm^3=1000mm^3$$

$$1L=1000mL=1dm^3$$

3. 密度及其单位

密度是单位体积物质的质量，符号为ρ，即

$$\rho=m/V$$

单位是千克每立方米（kg/m^3），常用的单位还有克每立方厘米（g/cm^3）。

4. 相对原子质量

相对原子质量是指元素的平均原子质量与核素^{12}C原子质量的1/12之比，符号为A_r。这里A代表原子，下标r代表相对。例如钠的相对原子质量$A_r(Na)=23$。

5. 相对分子质量

相对分子质量是指物质的分子或特定单元的平均质量与核素^{12}C原子质量的1/12之比，符号为M_r。例如NaOH的相对分子质量$M_r(NaOH)=40$。

6. 物质的量及其单位

物质的量是SI制中七个基本量之一，它是表示物质的基本单元多少的一个量，符号为n。物质的量的单位是摩尔，符号是mol。

7. 摩尔质量及其单位

摩尔质量是指物质的质量除以物质的量，符号为M，即$M=m/n$。摩尔质量的单位为千克每摩［尔］，符号为kg/mol。常用的单位还有克每摩［尔］(g/mol)、毫克每摩［尔］(mg/mol)。

摩尔质量M是物质的量的一个导出量。因此，在具体使用摩尔质量时，应指明其基本单元。基本单元确定以后，其摩尔质量就是已知的了。

8. 气体摩尔体积及其单位

气体摩尔体积是指物质的体积除以物质的量，符号为V_m。即

$$V_m=V/n$$

式中　V_m——气体摩尔体积，m^3/mol；

V——系统的体积，m^3；

n——物质的量，mol。

气体摩尔体积的常用单位为升每摩［尔］(L/mol)。

在标准状况下，即温度为273.15K和压力为101.325kPa时，理想气体[1]的摩尔体积为$V_m=0.0224m^3/mol$（或22.4L/mol）。

9. 物质的量浓度及其单位

物质的量浓度在分析中应用非常广泛。它是指物质B的物质的量除以混合物的体积，符号为c_B，表达式为

$$c_B=n_B/V$$

式中　c_B——B的物质的量浓度，mol/m^3；

n_B——B的物质的量，mol；

V——混合物的体积，m^3。

常用单位为摩［尔］每升（mol/L），或摩［尔］每毫升（mol/mL）。

第二节　物质的量

一、物质的量及其单位

在初中化学里学习过原子、分子、离子等构成物质的基本微粒，知道单个这样的微粒是肉眼看不见的，也是难于称量的。但是，在实验室里取用的物质不论是单质还是化合

---

[1] 理想气体指分子本身没有体积、分子之间没有作用的气体。

物，都是看得见和可以称量的。物质之间的反应，是肉眼看不见的原子、分子或离子之间按照一定个数比来进行的，而实际上又是可以称量的物质进行的反应。由此可见，很需要用一个量把微粒跟可称量的物质联系起来。

1971 年 10 月，有 41 个国家参加的第 14 届国际计量大会决定，在国际单位制（SI）中，增加第七个基本单位——摩尔。对应于摩尔的量名称是“物质的量”。

“物质的量”是表示组成物质的基本单元数目多少的量（国际单位制的基本量），“物质的量”是一个量的整体名词，这四个字是不能拆开使用的，正如“长度”这一物理量不能拆成“长”和“度”一样。在讨论物质的量时，还应分辨清楚物质的量与质量的关系。“物质的量”与质量在概念上是根本不同的。质量是代表物质惯性大小的量，它表示物体内含有物质的多少，而物质的量是表示组成物质的基本单元数目多少的量，它与质量是相互独立的两个量。

摩尔是一系统的物质的量，该系统中所包含的基本单元数与 0.012kg^{12}C 的原子数目相等。根据科学测定，0.012kg^{12}C 含有 6.02×10^{23} 个碳原子，这个数值就是阿佛加德罗[1]常数（阿佛加德罗经过实验已经测得比较精确的数值，本书中采用 6.02×10^{23} 这个非常接近的近似值）。1mol 就是 6.02×10^{23} 个微粒的集体。为此，对摩尔的定义作如下解释：即任何一个系统的物质，如果它的基本单元数为 6.02×10^{23}，则该系统的物质的量为 1mol。

1mol 碳原子含有 6.02×10^{23} 个碳原子；

1mol 氢分子含有 6.02×10^{23} 个氢分子；

1mol 水分子含有 6.02×10^{23} 个水分子；

1mol 硫酸分子含有 6.02×10^{23} 个硫酸分子；

1mol 氢离子含有 6.02×10^{23} 个氢离子；

1mol 氢氧根离子含有 6.02×10^{23} 个氢氧根离子。

综上所述，1mol 物质都含有 6.02×10^{23} 个基本单元。由此可推知物质的量相同的各种物质所含的基本单元数都相同。

使用摩尔时，应指明物质的基本单元。基本单元是指物质体系的结构微粒或根据需要指定的特定组合体。组成物质的基本单元可以是原子、分子、离子、电子或其他粒子或这些粒子的特定组合。比如 1mol 氢原子、1mol 氢分子等，这样把基本单元指明就清楚了。“1mol 氢”的说法是不正确的，因为没有指明是氢原子还是氢分子。

那么，如何确定基本单元呢？确定基本单元的原则是等物质的量反应规则。等物质的量反应规则是指两种物质相互发生化学变化时，它们反应的物质的量相等，也就是它们的基本单元数相等。确定基本单元的方法有两种，即比例系数法和指定法。

1. 比例系数法

在相互反应的两种物质中，以其中一种物质的分子作为基本单元，则另一种物质的基本单元就是其分子的某一系数倍。

【例 1-1】 $2NaOH + H_2SO_4 \xlongequal{} Na_2SO_4 + 2H_2O$

在这个反应中，如果选择 NaOH 作为基本单元，则 H_2SO_4 的基本单元为 $\frac{1}{2}H_2SO_4$；

---

[1] 阿佛加德罗（1776～1856），意大利物理学家。

反之，如果选择 H_2SO_4 作为基本单元，则 NaOH 的基本单元为 2NaOH。

这两种选择都满足等物质的量反应规则，即

$$n(NaOH)=n(\frac{1}{2}H_2SO_4)$$

或

$$n(H_2SO_4)=n(2NaOH)$$

可见，另一物质基本单元分子前面的比例系数，就是反应方程式中该物质分子式前的系数除以选择作为基本单元的那种物质的分子式前面的系数而得的数值。

【例 1-2】 $2KMnO_4+5H_2C_2O_4+3H_2SO_4 = 2MnSO_4+K_2SO_4+10CO_2+8H_2O$

该反应中，如果选择 $KMnO_4$ 作为基本单元，则 $H_2C_2O_4$ 的基本单元为 $\frac{5}{2}H_2C_2O_4$；如果选择 $H_2C_2O_4$ 作为基本单元，则 $KMnO_4$ 的基本单元为 $\frac{2}{5}KMnO_4$。这两种选择都满足等物质的量反应规则。

$$n(KMnO_4)=n(\frac{5}{2}H_2C_2O_4)$$

或

$$n(H_2C_2O_4)=n(\frac{2}{5}KMnO_4)$$

【例 1-3】 $6Fe^{2+}+Cr_2O_7^{2-}+14H^+ = 6Fe^{3+}+2Cr^{3+}+7H_2O$

在这个反应中，如果选择 $Cr_2O_7^{2-}$ 为基本单元，则 Fe^{2+} 的基本单元为 $6Fe^{2+}$；如果选择 Fe^{2+} 为基本单元，则 $Cr_2O_7^{2-}$ 的基本单元为 $\frac{1}{6}Cr_2O_7^{2-}$。这两种选择都满足等物质的量反应规则，即：

$$n(Cr_2O_7^{2-})=n(6Fe^{2+})$$

或

$$n(Fe^{2+})=n(\frac{1}{6}Cr_2O_7^{2-})$$

从以上可以看出，基本单元可以是离子，可以是分子，也可以是它们的特定组合。

2. 指定法

所谓指定法，是根据反应的类型，指定某种物质的基本单元，然后再根据化学方程式中各物质的关系确定其他物质的基本单元的方法。如在酸碱滴定中，确定 NaOH 为基本单元；在氧化还原滴定中，高锰酸钾法确定 $\frac{1}{5}KMnO_4$ 为基本单元，等等。根据这些已经确定的基本单元，可以确定其他物质的基本单元。

【例 1-4】 $2NaOH+H_2C_2O_4 = Na_2C_2O_4+2H_2O$

因为已经确定了 NaOH 为基本单元，则 $H_2C_2O_4$ 的基本单元为 $\frac{1}{2}H_2C_2O_4 \cdot 2H_2O$（因草酸含结晶水），即

$$n(NaOH)=n(\frac{1}{2}H_2C_2O_4 \cdot 2H_2O)$$

【例 1-5】 $MnO_4^-+5Fe^{2+}+8H^+ = Mn^{2+}+5Fe^{3+}+4H_2O$

反应中，因为已经确定了 $\frac{1}{5}MnO_4^-$ 为基本单元，则 Fe^{2+} 的基本单元为 Fe^{2+}，即

$$n(\frac{1}{5}MnO_4^-)=n(Fe^{2+})$$

二、摩尔质量

摩尔是表示物质基本单元数目多少的“物质的量”的单位，而每一种基本单元都有一定的质量，所以，1摩尔任何物质也有一定的质量，这就是摩尔质量。摩尔质量就是质量除以物质的量，用符号M表示。它的定义式为

$$M=m/n$$

单位为克/摩，国际符号为g/mol。

使用摩尔质量时也必须指明物质的基本单元。基本单元的摩尔质量，就是以g/mol为单位时，数值上等于基本单元的化学式量或化学式量的某一分数。当物质的基本单元是原子或分子时，物质的摩尔质量（以g/mol为单位时）数值上等于其相对原子质量或相对分子质量。如铁的相对原子质量为56，铁的摩尔质量为56g/mol。水的相对分子质量为18，水的摩尔质量为18g/mol。当物质的基本单元是原子或分子的某一分数时，物质的摩尔质量（以g/mol为单位时）数值上等于对应的相对原子质量或相对分子质量的某一分数倍数。例如在化学反应中硫酸的基本单元是$\frac{1}{2}H_2SO_4$时，基本单元的摩尔质量为49g/mol，即

$$M(\frac{1}{2}H_2SO_4)=\frac{1}{2}M(H_2SO_4)=\frac{1}{2}\times 98g/mol=49g/mol$$

三、物质的量的有关计算

物质的量（n）、物质的质量（m）和摩尔质量（M）之间的关系可用下式表示

$$物质的量(mol)=\frac{物质的质量(g)}{物质的摩尔质量(g/mol)}$$

$$n(mol)=\frac{m(g)}{M(g/mol)}$$

【例1-6】 90g水相当于多少摩尔水分子？

解　水的相对分子质量是18，水的摩尔质量$M(H_2O)=18g/mol$

$$n=m/M=90/18=5(mol)$$

答：90g水相当于5mol水。

【例1-7】 2mol H_2SO_4的质量是多少克？

解　H_2SO_4的相对分子质量为98，H_2SO_4摩尔质量为98g/mol，则2mol H_2SO_4的质量

$$m=M\times n=2\times 98=196(g)$$

答：2mol H_2SO_4的质量为196g。

【例1-8】 试求22g CO_2中含多少个CO_2分子。

解　CO_2相对分子质量为44，则CO_2的摩尔质量为44g/mol，22g CO_2的物质的量为

$$n=m/M=22/44=0.5(mol)$$

0.5mol CO_2所含分子数为：

$$6.02\times 10^{23}\times 0.5=3.01\times 10^{23}(个)$$

答：22g CO_2中含CO_2分子3.01×10^{23}个。

第三节 气体摩尔体积

一、气体摩尔体积

对于固态或液态的物质来说，1摩尔各种物质的体积是不相同的。如273.15K（0℃）时，1摩尔铁的体积是$7.17cm^3$，1摩尔铝的体积是$10cm^3$，1mol铅的体积是$18.3cm^3$，1摩尔水的体积是$18.0cm^3$，1摩尔纯硫酸的体积是$54.1cm^3$，1摩尔蔗糖的体积是$215.5cm^3$。

但是，对气体来说，情况就不一样了。气体的体积与温度、压力有关，因此要测量气体的体积或比较各种气体的体积大小时，必须在相同的温度和相同的压力的条件下进行。一般规定温度为273.15K和压力为101.325kPa时的状态称为标准状态。

实验测定，在标准状况下气体的体积分别为

$$1\text{mol 氢气的体积}=\frac{2.016\ g/mol}{0.0899\ g/L}=22.4\times10^{-3}m^3/mol$$

$$1\text{mol 氧气的体积}=\frac{32.00\ g/mol}{1.429\ g/L}=22.4\times10^{-3}m^3/mol$$

$$1\text{mol 二氧化碳的体积}=\frac{44.01\ g/mol}{1.977\ g/L}=22.4\times10^{-3}m^3/mol$$

从上面几个例子可以看出，在标准状况下，1摩尔三种气体的体积都约是$22.4\times10^{-3}m^3$。而且经过许多实验发现和证实，1摩尔任何气体在标准状况下所占的体积都约是$22.4\times10^{-3}m^3$。

在标准状况下，用气体体积除以物质的量就得到气体的摩尔体积，用符号V_m表示。它的国际单位是立方米/摩，符号是m^3/mol，也经常使用升/摩（L/mol）这个单位。

在使用气体摩尔体积时，也应指明物质的基本单元。如在标准状况下，氧气的摩尔体积$V_m(O_2)=22.4L/mol$。

在一定的温度和压强下，气体的体积的大小只随分子数的多少而变化，相同的体积含有相同的分子数，于是可得到下面的结论：在相同的温度和压强下，相同体积的任何气体都含有相同数目的分子数。这个结论叫**阿佛加德罗定律**。

二、关于气体摩尔体积的计算

【例1-9】 5.5g氨相当于多少摩氨？在标准状况时它的体积是多少升？

解 氨的相对分子质量是17，氨的摩尔质量是17g/mol，则

$$n(NH_3)=5.5/17=0.32(mol)$$

$$0.32\text{mol 氨的体积为 }22.4L/mol\times0.32mol=7.20L$$

答：5.5g氨相当于0.32mol的氨。在标准状况时，它的体积是7.20L。

【例1-10】 在实验室里用锌与稀盐酸反应制取氢气，若用9.75g的锌跟足量的稀盐酸完全反应后，在标准状况下能生成多少升的氢气？

解 设在标准状况下能生成xL的氢气，则

$$Zn + 2HCl = ZnCl_2 + H_2\uparrow$$

$$65g \qquad\qquad\qquad\qquad 22.4L$$

$$9.75g \qquad\qquad x$$

$$65:9.75=22.4:x$$

$$x=3.36\ (L)$$

答：在标准状况下能生成 3.36L 氢气。

【例 1-11】 在标准状况下，0.5L 的容器里所含某气体的质量为 0.625g，计算该气体的相对分子质量。

解 该气体在标准状况时的密度为

$$0.625g/0.5L=1.25g/L$$

该气体的摩尔质量为

$$1.25g/L\times22.4L/mol=28g/mol$$

则该气体的相对分子质量为 28。

答：该气体的相对分子质量为 28。

以上我们讨论的都是在标准状况下的气体的体积，但是在实际生产和科学实验中，技术条件要求的温度、压力往往不是标准状况。这时，又应怎样计算气体的体积呢？

三、理想气体状态方程式

1. 气体定律

(1) 波义耳定律　英国科学家波义耳（1627～1691）经过研究于 1662 年提出了**波义耳定律：当温度不变时，一定质量气体的体积与压力成反比**。表达式为

$$p_1V_1=p_2V_2$$

式中，V_1 和 V_2 分别表示状态 1 和状态 2 时气体的体积；p_1 和 p_2 分别表示状态 1 和状态 2 时气体的压力。

(2) 盖・吕萨克定律　法国科学家盖・吕萨克（1778～1850）经过研究于 1802 年提出了**盖・吕萨克定律：当压力不变时，一定质量气体的体积与热力学温度成正比**。表达式为

$$V_1T_2=V_2T_1$$

式中，T_1 和 T_2 分别表示状态 1 和状态 2 时的热力学温度。

(3) 查理定律　法国科学家查理（1746～1823）对气体的压力随温度而变化的关系通过研究提出了**查理定律：当体积不变时，一定质量气体的压力与热力学温度成正比**。表达式为

$$p_1T_2=p_2T_1$$

2. 理想气体状态方程式

当一定质量气体的温度、体积和压力三个量同时发生变化时，可以根据波义耳定律、盖・吕萨克定律和查理定律推导出联系 p、V、T 三个变量关系的气体状态方程式，即

$$pV=nRT$$

上式称为理想气体状态方程式，式中的 n 表示气体的物质的量；R 表示摩尔气体常数。理想气体方程式实际是一个近似方程式。严格来说，这个方程式只有对理想气体才适用。实际气体分子本身都有体积，分子之间都有力的作用。但是在较高温度（不低于 273.15K），较低压力（不高于 101.3kPa）的情况下，这两个因素都可以忽略不计，用理想气体状态方程式计算的结果能接近实际情况。

3. 摩尔气体常数

摩尔气体常数 R 是一个很重要的常数。它表示在标准状况下，即 $T_0=273.15\text{K}$，$p_0=101.325\text{kPa}$ 时，1 摩尔气体体积为 $V_m=22.4\times10^{-3}\text{m}^3$。$R$ 值可通过气体状态方程计算得出。

$$\begin{aligned}R&=p_0V_m/T\\&=(101325\text{Pa}\times22.4\times10^{-3}\text{m}^3/\text{mol})/273.15\text{K}\\&=8.314\text{Pa}\cdot\text{m}^3/(\text{K}\cdot\text{mol})\\&=8.314\text{J}/(\text{K}\cdot\text{mol})\end{aligned}$$

【例 1-12】 当温度为 278K，压力为 96.26kPa 时，32g O_2 的体积是多少？

解 已知 $m=32\text{g}$ $p=96.26\times10^3\text{Pa}$ $T=278\text{K}$ $R=8.314\text{J}/(\text{K}\cdot\text{mol})$

$M=32\text{g/mol}$ $n=32\text{g}/(32\text{g/mol})=1.0\text{mol}$

据理想气体状态方程式 $pV=nRT$

$$\begin{aligned}V&=nRT/p\\&=1.0\times8.314\times278/96.26\times10^3\\&=24\times10^{-3}(\text{m}^3)\end{aligned}$$

答：32g O_2 在 278K 和 96.26kPa 时，体积为 $24\times10^{-3}\text{m}^3$。

【例 1-13】 温度为 298K，压力为 101.325kPa 时，0.3L 某气体的质量为 0.39g，求气体的相对分子质量。

解 已知 $T=298\text{K}$ $p=101.325\times10^3\text{Pa}$ $V=0.3\times10^{-3}\text{m}^3$ $m=0.39\text{g}$ $R=8.314\text{J}/(\text{K}\cdot\text{mol})$

根据 $pV=nRT=\dfrac{m}{M}RT$

则
$$\begin{aligned}M&=\frac{mRT}{pV}\\&=\frac{0.39\times8.314\times298}{101.325\times10^3\times0.3\times10^{-3}}\\&=32\ (\text{g/mol})\end{aligned}$$

答：该气体的相对分子质量为 32。

知识窗

阿佛加德罗的一生

阿佛加德罗（1776～1856）是意大利物理学家和化学家。阿佛加德罗出生于都灵的一个贵族家庭，1792 年进入都灵大学学习法学，1796 年获法学博士学位，以后从事律师工作。1800～1805 年又专门攻读数学和物理学，尔后主要从事物理学和化学研究。1803 年他发表了第一篇科学论文。1809 年任韦尔切利学院自然哲学教授。1811 年被选为都灵科学院院士。阿佛加德罗毕生致力于原子-分子学说的研究。1811 年，他发表了题为《原子相对质量的测定方法及原子进入化合物时数目之比的测定》的论文。他以盖·吕萨克气体化合体积比实验为基础，进行了合理的假设和推理，首先引入了“分子”概念，并把它与原子概念相区别，指出原子是参加化学反应的最小粒子，分子是能独立存在的最小粒子。单质的分子是由相同元素的原子组成的，化合物的分子则由不同元素的原子所组成。文中明确指出：“必须承认，气态物质的体积和组成气态物质的简单分子或复合分子的数目之间也存在着非常简单的关系，把它们联系起来的一个，甚至是唯一容许的假设，是相同体积中所有气体的分子数目相等”。这样就可以使气体的相对原子质量、相对分子质量以及分子组成的测定与物理上、化学上已获得的定律完全一致。阿佛加德罗的这一假说，后来被称为阿佛加德罗定律。阿佛加德罗还根据他的这条定律详细研究了测定相对原子质量和相对分子质量的方法，但他的方法长期不为人们所接受，这是由于当时科学界还不能区分分子和原子，分子假说很难被人理解，再加上当时的化学权威们拒绝接受分子假说的观点，致使他的假说默默无闻地被搁置了半个世纪之久，这无疑是科学史上的一大遗憾。直到 1860 年，意大利化学家坎尼扎罗在一次国际化学会议上慷慨陈词，声言他的本国人阿佛加德罗在半个世纪以前已经解决了确定原子量的问题。坎尼扎罗以充分的论据、清晰的条理、易懂的方法，很快使大多数化学家相信阿佛加德罗的学说是普遍正确的。但这时阿佛加德罗已经在几年前默默地死去了，没能亲眼看到自己学说的胜利。阿佛加德罗是第一个认识到物质由分子组成、分子由原子组成的人。他的分子假说奠定了原子-分子论的基础，推动了物理学、化学的发展，对近代科学产生了深远的影响。他的四卷著作《有重量的物体的物理学》(1837～1841) 是第一部关于分子物理学的教程。1856 年 7 月 9 日阿佛加德罗在都灵逝世。阿佛加德罗生前非常谦逊，对名誉和地位从不计较。他没有到过国外，也没有获得任何荣誉称号，但是在他死后却赢得了人们的崇敬，1911 年，为了纪念阿佛加德罗定律提出 100 周年，在纪念日颁发了纪念章，出版了阿佛加德罗选集，在都灵建成了阿佛加德罗的纪念像并举行了隆重的揭幕仪式。1956 年，意大利科学院召开了纪念阿佛加德罗逝世 100 周年纪念大会。在会上意大利总统将首次颁发的阿佛加德罗大金质奖章授予了两名著名的诺贝尔化学奖获得者：英国化学家邢歇伍德和美国化学家鲍林。他们在致词中一致赞颂了阿佛加德罗，指出“为人类科学发展作出突出贡献的阿佛加德罗永远为人们所崇敬”。

第二章　化学反应速率和化学平衡

第一节　化学反应速率

一、化学反应速率

1. 化学反应速率

自然界中，各种化学反应进行的快慢差别很大。有的反应进行得快，如火药爆炸。有的反应进行得很慢，如钢铁生锈。而有的甚至要经过若干年才能完成。可见化学反应是有一定速率的。人们把化学反应中单位时间、单位体积内反应物或生成物数量的变化称为化学反应的速率，它是衡量化学反应快慢的物理量。

2. 化学反应速率的表示方法

从化学反应速率的概念可以看出，化学反应速率与两个因素有关，一个是时间，另一个是反应物或生成物的浓度。时间的单位是秒（s），浓度的单位是摩［尔］每升（mol/L），所以化学反应速率的单位是 mol/(L·s)。

在化学反应中，反应物的减少或生成物的增加是按化学反应方程式表示的定量关系进行的。例如

$$N_2 + 3H_2 = 2NH_3$$

反应式的定量关系表明，N_2 和 H_2 是按 1∶3 的定量关系进行化学反应的，N_2 和 NH_3 是按 1∶2 的定量关系进行转化的。可以看出，每生成 1mol 的 NH_3，需要消耗 3/2mol的 H_2 和 1/2mol 的 N_2。因此，在同一个反应中，用不同物质的浓度变化来表示反应的速率，其数值可能是不同的。如

	N_2 +	$3H_2$ =	2 NH_3
起始浓度/(mol/L)	1	3	0
1s 后浓度/(mol/L)	0.9	2.7	0.2

下面分别用各种物质浓度变化来表示该反应的速率。

$$v_{N_2} = 0.9 - 1 = -0.1 \text{mol/(L·s)}$$

$$v_{H_2} = 2.7 - 3 = -0.3 \text{mol/(L·s)}$$

$$v_{NH_3} = 0.2 - 0 = 0.2 \text{mol/(L·s)}$$

由此可见，用不同物质浓度的变化表示同一个反应的速率，不仅数值不同，符号还有正负之分。式中的负号表明反应物的浓度是随时间而降低的。那么，这些数值之间还有关系吗？如果把各种不同物质的浓度表示的速率值除以上式方程式中的定量关系系数（方程式中各物质前的系数）则所得各值都是相同的。即

$$\frac{1}{3}v_{H_2}=\frac{1}{1}v_{N_2}=\frac{1}{2}v_{NH_3}=0.1\text{mol/L}$$

对于任一反应 $aA+bB \xlongequal{} cC+dD$

则均有 $$\frac{1}{a}v_A=\frac{1}{b}v_B=\frac{1}{c}v_C=\frac{1}{d}v_D$$

人们经过长期大量的实验，总结出了反应速率与反应物浓度的定量关系式：在恒温下，对一步就能完成的简单反应而言，反应速率与反应物浓度的系数次方的乘积成正比(反应物浓度的方次等于反应式中反应物质前的系数)，这一关系称为**质量作用定律**，对 $aA+bB \xlongequal{} cC$ 的简单反应，质量作用定律的表达式为

$$v=K[A]^a[B]^b$$

式中，K 称为反应速率常数。它只随温度变化而变化，与浓度无关，K 值可在化学手册中查找。

二、影响化学反应速率的因素

1. 浓度对化学反应速率的影响

初中化学里学习过氧气的性质，知道可燃物在氧气中燃烧比在空气中燃烧快得多，因为在氧气中含氧量比在空气中的高，因此燃烧得快。

【实验 2-1】 在一个试管中加入 0.1mol/L 硫代硫酸钠（$Na_2S_2O_3$）溶液 10mL，在另一个试管中加入 5mL 0.1mol/L 的硫代硫酸钠溶液和 5mL 蒸馏水，再取两支试管，分别加入 0.1mol/L 硫酸 10mL，并同时分别倒入上面两个盛硫代硫酸钠溶液的试管里。观察出现浑浊现象的先后。

可以看出，盛浓度大的硫代硫酸钠溶液的试管中首先出现浑浊现象。说明反应物浓度大的，反应速率快。上述反应的方程式可以表示为

$$Na_2S_2O_3+H_2SO_4(\text{稀}) \xlongequal{} Na_2SO_4+SO_2+S\downarrow+H_2O$$

大量实验证明，当其他条件不变时，增加反应物的浓度，可以增大反应速率；减小反应物浓度，可以减小反应速率。这是因为，浓度越大，单位体积里参加反应的物质分子数目越多，在单位时间内发生的有效碰撞次数越多，反应速率就越快。反之，反应速率就越小。

2. 温度对反应速率的影响

许多化学反应都是在加热的情况下发生的。如常温下煤在空气里甚至在纯氧里也不能燃烧，只有在加热到一定温度时才能燃烧，并且越燃越旺。物质在溶液中进行的反应也有类似的情况。

【实验 2-2】 在两个试管中分别加入 0.1mol/L 硫代硫酸钠溶液 10mL，在另外两个试管中分别加入 0.1mol/L 硫酸溶液 10mL，然后将四支试管分成两组，使每组的两支试管一支盛硫代硫酸钠溶液，另一支盛硫酸溶液。将一组试管插入热水里，另一组试管插入冷水里。过一会儿，分别将每组中两支试管里的溶液同时混合，并仔细观察热水和冷水中盛混合溶液的试管里出现浑浊的情况。

可以见到，插在热水中盛混合溶液的试管里先出现浑浊现象，插在冷水中盛混合溶液的试管里后出现浑浊现象。这是因为前者温度高，反应速率快，首先析出硫，所以先出现浑浊现象；后者温度低，反应速率慢，后析出了硫，后出现浑浊现象。

由此可见，当其他条件不变时，升高温度，化学反应速率增大；降低温度，化学反应速率减慢。这是因为升高温度，使分子的热运动速率加快，从而增加分子之间的碰撞次数，使反应速率加快。同时，由于升高温度使某些分子的能量增大，致使反应速率也增大。经过大量实验测得，温度每升高10K，反应速率通常增加到原来的2～4倍。

3. 催化剂对化学反应速率的影响

在初中化学里已经学习过有关催化剂的知识，知道催化剂就是在化学反应里能改变其他物质的化学反应速率，而本身的质量和化学性质在化学反应前后没有变化的物质。能加快化学反应速率的催化剂称为正催化剂，减慢化学反应速率的催化剂称为负催化剂。本书以后讲的催化剂都是指能加快反应速率的正催化剂。

催化剂能极大地加快反应速率，有的甚至可以提高成千上万倍，这主要是因为催化剂能缩短反应的历程，从而使反应速率加快。

第二节　化学平衡

一、可逆反应和化学平衡

1. 可逆反应

在相同条件下，既能向正反应方向进行，同时又能向逆反应方向进行的反应称为可逆反应。

绝大多数的化学反应都有一定的可逆性，但有的逆反应倾向比较弱，从整体上看反应实际上是朝一个方向进行的。例如氯化银的沉淀反应

$$AgNO_3 + NaCl = AgCl\downarrow + NaNO_3$$

有些反应在进行时，逆反应发生的条件尚未具备，反应物即已经耗尽，如二氧化锰作为催化剂的氯酸钾受热分解放氧气的反应

$$2KClO_3 \xrightarrow[\triangle]{MnO_2} 2KCl + 3O_2\uparrow$$

这些反应习惯上称为不可逆反应。

2. 化学平衡

在温度为500K和压力为101.325kPa时，把2体积的二氧化硫和1体积的氧气混合物，通入一个装有催化剂的密闭器里，将发生下列反应

$$2SO_2 + O_2 \rightleftharpoons 2SO_3$$

反应开始后，SO_2 和 O_2 的浓度逐渐减小，SO_3 的浓度逐渐增大，最后得到含91%（体积组成）SO_3 的混合气体。这时容器里反应物 SO_2、O_2 和生成物 SO_3 在混合物中的浓度就不再发生变化。

反应为什么不能进行到底呢？当反应开始时，SO_2 和 O_2 的浓度最大，因而它们化合生成的 SO_3 正反应速率最大；而 SO_3 的浓度为零，因而它分解生成 SO_2 和 O_2 的逆反应速率为零。以后，随着反应的进行，反应物 SO_2 和 O_2 的浓度逐渐减少。正反应的速率逐渐减少，生成物 SO_3 的浓度逐渐增大，逆反应的速率就逐渐增大。

如果外界条件不发生变化，化学反应进行到一定程度的时候，正反应和逆反应的速率相等，反应物和生成物的浓度不再随时间的增加而发生变化，这时反应物和生成物的混合

物质就处于化学平衡状态。

如果条件不改变，这种状态可以维持下去，外表看来反应好像已经停止，实际上正逆反应都在进行，只不过是它们的速率相等，方向相反，两个反应的结果互相抵消，使整个体系处于动态平衡。化学平衡状态有以下几个重要特点。

① 只有在恒温条件下，封闭体系中进行的可逆反应才能建立化学平衡，这是建立平衡的前提。

② 正逆反应速率相等是平衡建立的条件。

③ 平衡状态是封闭体系中可逆反应进行的最大限度，达到平衡后各物质浓度都不再随时间而改变。

④ 化学平衡是有条件的平衡，当这种条件改变时，正、逆反应的速率发生变化，原有的平衡将受到破坏，直到建立新的动态平衡。

二、化学平衡常数及应用

1. 化学平衡常数

以一氧化碳和水蒸气在高温时进行反应生成二氧化碳和氢气为例来研究化学平衡的性质。反应式为

$$CO + H_2O \xrightleftharpoons{\text{高温}} CO_2 + H_2$$

对这一反应，从表 2-1 可以看出，不论 CO 和 H_2O 两者原始浓度怎样，在达到平衡时，其产物的浓度乘积与反应物的浓度乘积之比，有一固定的比值，它的平均值大约为 1.0。

表 2-1　CO 变换反应中各物质平衡浓度的关系

起始浓度/(mol/L)				平衡浓度/(mol/L)				平衡浓度关系
[CO]	[H_2O]	[CO_2]	[H_2]	[CO]	[H_2O]	[CO_2]	[H_2]	$\frac{[CO_2][H_2]}{[CO][H_2O]}$
1	3	0	0	0.25	2.25	0.75	0.75	1.0
0.25	3	0.75	0.75	0.21	2.96	0.79	0.79	1.0
1	5	0	0	0.167	4.167	0.833	0.833	1.0
0	0	2	1	0.67	0.67	1.33	0.33	1.0

上述关于反应物和生成物平衡浓度之间的关系对一切可逆反应都适用。对于任何一个可逆反应

$$aA + bB \rightleftharpoons cC + dD$$

这里 A、B、C、D 代表四种物质，a、b、c、d 代表对应各物质化学式前面的系数。

在一定温度下，反应达到平衡时，反应物与生成物的平衡浓度间的关系是

$$\frac{[C]^c \cdot [D]^d}{[A]^a \cdot [B]^b} = \text{常数} = K_c$$

K_c 称为浓度平衡常数。上式表示：可逆反应在一定温度下达到平衡时，生成物浓度系数次方的乘积与反应物浓度系数次方的乘积之比是一个常数。

平衡常数和物质的初始浓度无关，并且与反应从正反应开始进行还是从逆反应开始进行也无关，只与温度有关。在一定温度下，对指定的反应它是常数。

2. 使用平衡常数应注意的几个问题

① 如果反应中有固体和纯液体参加，它们的浓度不应写在平衡常数关系式中，因为

它们的浓度是固定不变的。化学平衡常数关系式中只包括气态物质和溶液中各溶质的浓度，如

$$CaCO_3(s) \rightleftharpoons CaO(s) + CO_2(g) \qquad K_c = [CO_2]$$

$$CO_2(g) + H_2(g) \rightleftharpoons CO(g) + H_2O(l) \qquad K_c = \frac{[CO]}{[CO_2][H_2]}$$

② 同一化学反应，可以用不同的化学反应方程式来表示，每个化学方程式都有自己的平衡常数关系式及相应的平衡常数

如 373K 时

$$N_2O_4(g) \rightleftharpoons 2NO_2(g) \qquad K_1 = \frac{[NO_2]^2}{[N_2O_4]}$$

$$\frac{1}{2}N_2O_4(g) \rightleftharpoons NO_2(g) \qquad K_2 = \frac{[NO_2]}{[N_2O_4]^{1/2}}$$

$$2NO_2(g) \rightleftharpoons N_2O_4(g) \qquad K_3 = \frac{[N_2O_4]}{[NO_2]^2}$$

显然　$K_1 = K_2^2 = 1/K_3$

因此要注意使用与反应方程式对应的平衡常数。

③ 对于有气体参加的反应，写平衡常数关系式时，除可以用平衡时物质的量浓度表示以外，也可用平衡时各气体的分压表示。

如　　$N_2(g) + 3H_2(g) \rightleftharpoons 2NH_3(g)$

可以写出两个平衡常数关系式

$$K_c = \frac{[NH_3]^2}{[N_2][H_2]^3} \quad 或 \quad K_p = \frac{p_{NH_3}^2}{p_{N_2} \cdot p_{H_2}^3}$$

式中，p_{H_2}、p_{N_2}、p_{NH_3} 是各物质的平衡分压。

④ 同一化学反应中，K_c 与 K_p 有如下关系

$$K_p = K_c(RT)^{\Delta n}$$

式中　　$\Delta n = (d+e) - (a+b)$

当 $\Delta n = 0$ 时　　$K_p = K_c$

3. 平衡常数应用举例

【例 2-1】 氮气和氢气在密闭容器中合成氨的反应式为：$N_2(g) + H_2(g) \rightleftharpoons 2NH_3(g)$，在 673K 时达到平衡，测得各物质的平衡浓度，$[N_2] = 3mol/L$，$[H_2] = 9mol/L$，$[NH_3] = 4mol/L$，求在该温度下合成氨反应的平衡常数 K_c 和 N_2、H_2 的起始浓度。

解　　$N_2(g) + 3H_2(g) \rightleftharpoons 2NH_3(g)$

$$K_c = \frac{[NH_3]^2}{[N_2][H_2]^3} = 4^2/(3 \times 9^3) = 7.32 \times 10^{-3}$$

设生成 4mol NH_3 消耗 N_2 为 $x$mol，消耗 H_2 为 y mol。

$N_2(g) + 3H_2(g) \rightleftharpoons 2NH_3(g)$

1mol　3mol　2mol

$x$mol　$y$mol　4mol

$1 : x = 2 : 4$　则　$x = 2$(mol)

$3 : y = 2 : 4$　则　$y = 6$(mol)

N_2 消耗浓度为 2mol/L，H_2 消耗浓度为 6mol/L。

因为对可逆反应而言平衡浓度＝物质的起始浓度－消耗浓度

所以　　物质的起始浓度＝平衡浓度＋消耗浓度

故　　N_2 的起始浓度＝3＋2＝5（mol/L）

H_2 的起始浓度＝9＋6＝15（mol/L）

答：合成氨反应的平衡常数 K_c 为 7.32×10^{-3}，N_2 和 H_2 的起始浓度分别为 5mol/L 和 15mol/L。

【例 2-2】 已知 1073K 时，可逆反应 $CO+H_2O(气) \rightleftharpoons CO_2+H_2$ 的平衡常数 $K_c=1.0$，CO 和 $H_2O(g)$ 的起始浓度分别为 0.2mol/L 和 0.8mol/L，求四种物质的平衡浓度。

解　设平衡时　$[H_2]=[CO_2]=x$ mol/L

则　$[CO]=(0.2-x)$mol/L

$[H_2O]=(0.8-x)$mol/L

$$CO + H_2O(g) \rightleftharpoons CO_2 + H_2$$

	CO	$H_2O(g)$	CO_2	H_2
起始浓度/(mol/L)	0.2	0.8	0	0
平衡浓度/(mol/L)	$0.2-x$	$0.8-x$	x	x

$$K_c=\frac{[CO_2][H_2]}{[CO][H_2O]}$$

$$=\frac{x\cdot x}{(0.2-x)(0.8-x)}=1.0$$

则　$x=0.16$(mol/L)

四种物质的平衡浓度为 $[CO_2]=[H_2]=0.16$mol/L，$[CO]=0.2-0.16=0.04$mol/L，$[H_2O]=0.8-0.16=0.64$mol/L

答：CO_2、H_2、CO 和 H_2O（g）的平衡浓度分别为 0.16mol/L、0.16mol/L、0.04mol/L 和 0.64mol/L。

【例 2-3】 合成氨生产中 CO 变换的反应：$CO+H_2O(g) \rightleftharpoons CO_2+H_2$。在 1073K 时，平衡常数 $K_c=1.0$，反应开始时，CO 和 $H_2O(g)$ 的浓度分别为 1mol/L 和 3mol/L，求平衡时各物质的浓度和 CO 转化为 CO_2 的平衡转化率。

解　设平衡时　$[H_2]=[CO_2]=x$mol/L

则　$[CO]=(1-x)$mol/L

$[H_2O]=(3-x)$mol/L

$$CO + H_2O(g) \rightleftharpoons CO_2 + H_2$$

	CO	$H_2O(g)$	CO_2	H_2
起始浓度/(mol/L)	1	3	0	0
平衡浓度/(mol/L)	$1-x$	$3-x$	x	x

$$K_c=\frac{[CO_2][H_2]}{[CO][H_2O]}$$

$$=\frac{x\cdot x}{(1-x)(3-x)}$$

$$=1.0$$

$$x=0.75(mol/L)$$

平衡时　$[CO_2]=[H_2]=0.75$(mol/L)

$[CO]=1-x=1-0.75=0.25(mol/L)$

$[H_2O]=3-x=3-0.75=2.25(mol/L)$

$$CO的转化率=\frac{起始浓度-平衡浓度}{起始浓度}\times100\%$$
$$=(1-0.25)/1\times100\%$$
$$=75\%$$

答：平衡时 CO_2、H_2、CO、$H_2O(g)$ 的平衡浓度分别为 0.75mol/L、0.75mol/L、0.25mol/L 和 2.25mol/L，CO 的平衡转化率为 75%。

三、影响化学平衡的因素

化学平衡和其他平衡一样，只有在一定条件下才能维持暂时的平衡状态，一旦条件改变，对正逆反应速率发生不同程度的影响，使正逆反应速率不再相等，原有的平衡状态就遭到破坏，可逆反应从暂时的平衡变为不平衡，直到新的条件下又建立新的暂时的平衡。在新的平衡状态中，反应物和生成物的浓度与原有的状态已经不同了。

由于反应条件（浓度、压力、温度）的改变，旧的平衡被破坏，引起混合物中各组成物质的含量随之改变，从而达到新的平衡状态的过程叫化学平衡移动。影响化学平衡的主要因素有浓度、压强、温度。

1. 浓度对化学平衡的影响

【实验 2-3】 在一个小烧杯中混合 10mL 0.01mol/L 氯化铁溶液和 10mL 0.01mol/L 的硫氰化钾溶液，溶液立即变成红色。

把这红色溶液平均分到三个试管里，在第一个试管里加入少量氯化铁溶液，在第二个试管里加入少量硫氰化钾溶液，观察这两个试管里溶液颜色的变化，并跟第三个试管相比较。这个反应可表示为

$$FeCl_3+3KSCN \rightleftharpoons \underset{(红色)}{Fe(SCN)_3}+3KCl$$

从上面实验可以看出，在平衡混合物里，当加入氯化铁溶液或硫氰化钾溶液后，溶液的颜色都变深了。这说明增大了任何一种反应的浓度都促使化学平衡向正反应的方向移动，生成更多的硫氰化铁。

通过无数的实验可得到以下结论：在其他条件不变时，增大反应物的浓度或减小生成物的浓度，都可以使平衡向着正反应方向移动；增大生成物的浓度或减小反应物的浓度，都可以使平衡向着逆反应的方向移动。

2. 压强对化学平衡的影响

处于平衡状态的反应混合物里，不管是反应物或生成物，只要有气态物质存在，那么改变压强也常常会使化学平衡发生移动。

【实验 2-4】 如图 2-1，用注射器（50mL 或更大些的）吸入约 20mL NO_2 和 N_2O_4 的混合气体，（使注射器活塞达到Ⅰ处）将细管端用橡皮塞加以封闭，然后把注射器的活塞往外推到Ⅱ处。观察当活塞反复地从Ⅰ处到Ⅱ处时，以及从Ⅱ处到Ⅰ处，管内混合气体颜色的变化。

这个反应可表示为

$$\underset{(2体积,红棕色)}{2NO_2(g)} \rightleftharpoons \underset{(1体积,无色)}{N_2O_4(g)}$$

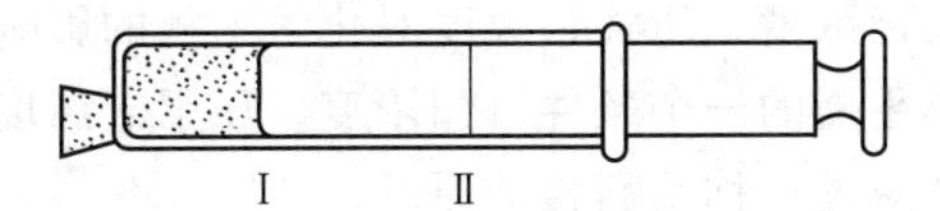

图 2-1　压强对化学平衡的影响

从实验可以看出，把活塞往外拉，管内气体体积增大，气体的压强减小，混合气体颜色先变浅又逐渐变深，这是因为平衡向逆反应方向移动，生成了更多的有色 NO_2。把活塞往里压，管内体积减小，气体压强增大，浓度增大，混合气体的颜色先变深又逐渐变浅，这是因为平衡向正反应方向移动，生成了更多的无色气体 N_2O_4。通过大量实验得到以下结论。

在其他条件不变的情况下，增大压强会使化学平衡向着气体体积减小的方向移动；减小压强，会使平衡向着气体体积增大的方向移动。

在有些可逆反应里，反应前后气态物质的总体积没有变化。如

$$2HI \rightleftharpoons H_2 + I_2(g)$$

2 体积　1 体积　　1 体积

在这种情况下，增大或减小压强就不能使化学平衡移动。

固态物质或液态物质的体积受压强的影响很小，可以略去不计。因此，平衡混合物都是固体或液体的，改变压强不能使化学平衡发生移动。

3. 温度对化学平衡的影响

在吸热或放热的可逆反应里，反应混合物达到平衡状态以后，改变温度也会使化学平衡移动。

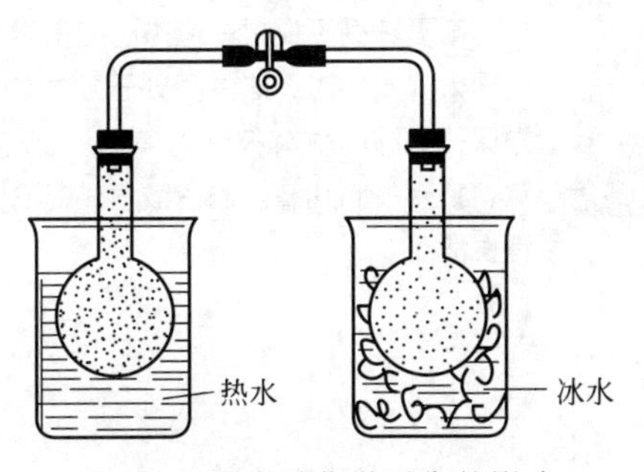

图 2-2　温度对化学平衡的影响

【实验 2-5】 如图 2-2，两个以玻璃管连接的烧瓶里，盛有 NO_2 和 N_2O_4 达到平衡的混合气体。然后用夹子夹住橡皮管，把一个烧瓶放进热水里，把另一个烧瓶放入冰水中，观察混合气体的颜色的变化。该反应可表示为

$$2NO_2 \rightleftharpoons N_2O_4 + 569kJ$$

通过实验可以得出：混合气体受热颜色变深，说明温度增高，NO_2 浓度增大，平衡向逆反应方向移动了。混合物被冷却颜色变浅，说明 NO_2 浓度减小，平衡向正反应方向移动了。

通过大量实验得出如下结论：在其他条件不变时，升高温度会使平衡向着吸热反应的方向移动；降低温度，会使化学平衡向着放热反应的方向移动。

4. 勒夏特列原理

法国化学家勒夏特列把浓度、压强、温度对化学平衡的影响概括成一个原理，即**勒夏特列原理：如果改变影响平衡的一个条件（如浓度、压强或温度等）平衡就向能够减弱这种改变的方向移动**。这个原理也称平衡移动原理。

由于催化剂能够同等程度地增加正反应和逆反应的速率，因此对化学平衡的移动没有影响，但使用催化剂能够大大地缩短反应达到平衡所需的时间。

勒夏特列

法国化学家勒夏特列（1850～1936）生于巴黎的一个化学世家，他的祖父和父亲都从事跟化学有关的事业和企业。当时法国许多知名化学家常是他家座上客。因此，他从小就受化学家的熏陶，中学时代特别爱好化学实验，一有空便到祖父开设的水泥厂实验室做化学实验。1875 年，他以优异成绩毕业于巴黎工业大学，1887 年获得博士学位，随即升为化学教授。1897 年，他任法兰西学院化学教授，1907 年还兼任法国矿业总监（部长），在第一次世界大战期间一度出任法国武装部长，1919 年退休。

勒夏特列

勒夏特列一生发明、发现众多，最主要的成就是发现平衡移动原理，又称为勒夏特列原理。改变影响平衡的一个条件，如浓度、压强、温度等，平衡就向能够减弱这种变化的方向移动。这一原理不仅适用于化学平衡，而且适用于一切平衡系统，如物理、生理，甚至社会上各种平衡系统。此外，勒夏特列发明热电偶和光学高温计，高温计可顺利地测定 3000℃以上的高温。他还发明乙炔氧焰发生器，迄今还用于金属切割和焊接。勒夏特列的代表作有《高温测量》、《碳的教科书》、《冶金学研究导论》，其中《高温测量》被公认为经典著作。

勒夏特列不仅是一位杰出的化学家，还是杰出的爱国者。当第一次世界大战发生时，法兰西处于危急中，他勇敢地担任武装部长的职务，为保卫祖国而战斗被传为美谈。退休后他还致力于智力和道德学的研究，特别关心儿童。他在最后一篇论文《道德和人类》发表后不久便与世长辞了。

第三章 溶 液

很多反应是在水溶液中进行的。所以，研究溶液的性质，学习溶液的有关概念和计算是非常重要的。

第一节 溶液和胶体

一、水

1. 水的组成和结构

水是人类宝贵的自然财富，它对于工农业生产、科学研究和维持生命都起着重大的作用。

水在直流电的作用下，可分解成氢气和氧气，说明水是由氢、氧两种元素组成的。经过实验测定水的化学式为 H_2O。在水分子中，两个氢原子与一个氧原子形成三角形结构，结构示意如图 3-1。

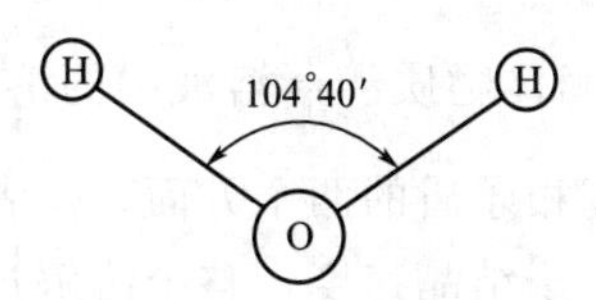

图 3-1 水的结构示意图

2. 水的物理性质

纯净的水是无色无味无臭的液体，常压下，水的凝固点是 273K，沸点为 373K，在 277K 时水的密度最大，为 $1.0g/cm^3$。

3. 化学分析用水

在化学分析中使用的水有天然水、蒸馏水和离子交换水等。

(1) 天然水　天然水主要是指从江湖或深井取得的水，其中主要含有铁、铝、钙、镁、钠、氯化物、硫酸盐、碳酸盐、硅酸盐等杂质和某些有机物。在江湖水中，有机物含量较高一些，在深井水（地下水）中，矿物质含量较高一些。这些杂质对分析反应有不同程度的干扰。因此，在化学分析中，这种水仅可以用于洗涤器皿，降低反应温度等。

(2) 蒸馏水　将天然水用蒸馏器蒸馏、冷凝，就得到蒸馏水。由于大部分矿物质在蒸馏时不挥发，所以蒸馏水所含杂质比天然水少得多。但一些易挥发组分在蒸馏时随水一起挥发，所以蒸馏水中仍然含有一些杂质。如二氧化碳在蒸馏时挥发并重新溶解于水中形成碳酸，使蒸馏水微显酸性；冷凝器的材料成分也会或多或少地被带入蒸馏水中。

(3) 离子交换水（去离子水） 用离子交换树脂去掉水中的阳离子和阴离子，得到去离子水。如果处理得当，去离子水的纯度比一般蒸馏水高，但仍含有由树脂带入的某些有机物杂质。

4. 化学分析用水的要求

(1) 金属杂质含量低。可以通过铬黑 T 试验检验，将水调节到 pH=10，加入铬黑 T，呈蓝色说明金属杂质含量低，符合分析要求。

(2) 氯化物含量低。可以通过硝酸银试验检验，将水用硝酸酸化，加入硝酸银溶液，溶液澄清无白色沉淀说明氯化物含量极低，符合分析要求。

(3) 外观澄清透明，无气味，pH 值在 5.5～7.5。如果 pH 值太小，说明水中溶解二氧化碳的量较大；如果 pH 值太大，一般是由于 HCO_3^- 含量较高引起的。

二、溶液

溶液、悬浊液和乳浊液都是一种物质（或几种物质）的微粒分散到另一种物质里形成的混合物。这种混合物叫做分散系；分散成微粒的物质叫做分散质；微粒分散在其中的物质叫分散剂。对溶液来说，溶质是分散质，溶剂是分散剂，溶液是一种分散系。悬浊液和乳浊液也各是一种分散系，通常称为粗分散系，其中的固体小颗粒或小液滴是分散质，分散质溶液是分散剂。溶液是由溶剂和溶质组成的，一般把量多的一种叫做溶剂，量少的一种叫溶质。当溶液中有水存在时，不论水的量有多少，都习惯把水看作溶剂。通常不指明溶剂的溶液，一般指的是水溶液。

三、溶解与结晶

溶解是指固体物质表面的粒子通过扩散作用均匀地分散在整个溶液中的过程。结晶是指从溶液中析出固体溶质的过程，溶解和结晶的关系可以表示如下。

$$\text{固体物质} \underset{\text{结晶}}{\overset{\text{溶解}}{\rightleftharpoons}} \text{溶液中的溶质}$$

溶解和结晶是溶解过程中互相矛盾的两个方面，二者互相依存，并在一定的条件下互相转化。刚开始时，溶解速度大于结晶速度，整个溶解过程表现为溶质不断溶解。随着溶解的进行，溶液里的溶质粒子不断增多，结晶速度逐渐增大，当两种速度相等时，两个过程达到平衡。这时表面看来没什么变化，实际上两个过程仍在继续，所以溶解平衡也是一个动态平衡。

加速物质溶解常用的方法有两种，一种是搅拌，另一种是加热。对于常温下溶解度较大的物质，一般通过搅拌就能使溶质较快地溶解。对于常温下溶解度较小的物质，仅通过搅拌是不够的，这时一般要将溶液加热。大多数物质的溶解度都是随温度的升高而增大的。在进行溶解操作时，搅拌和加热通常是结合进行的。

促进结晶常用的方法也有两种。对于溶解度受温度变化影响不大的固态溶质，一般就用蒸发溶剂的方法得到晶体。如从海水中提取食盐，就是把海水引到海滩上，利用日光和风力使水分蒸发，从而得到食盐。对于溶解度受温度变化影响相当大的固态溶质，一般可以用冷却热饱和溶液的方法，使溶质结晶析出。如 KNO_3 和 NaCl 的混合物，其中 KNO_3 的溶解度受温度变化的影响较大，而 NaCl 溶解度受温度变化的影响较小。所以将较高温度下的混合溶液降温时，结晶析出的主要是 KNO_3 晶体，用这种方法可以初步分离 KNO_3 和 NaCl。

有些溶质从溶液中析出结晶时，溶剂分子（H_2O）会随溶质一起离开溶液，进入到晶体内部形成结晶水合物，如 $CuSO_4 \cdot 5H_2O$。结晶水合物受热时一般分解放出结晶水。

四、胶体

胶体是分散质微粒的大小介于溶液和粗分散系（悬浊液和乳浊液）之间的一种分散系。胶体在自然界中普遍存在。胶体的重要性质有以下几项。

1. 光学性质——丁达尔现象

当把一束通过聚光镜会聚的强光照射盛有胶体溶液的烧杯时，这时在光束照射的垂直方向上能看到有一条发亮的光柱，这种现象称为丁达尔效应。

丁达尔效应是由于胶体粒子对光的散射而形成的一种光学现象。这种现象在实际生活中也存在。例如，在天气晴朗的时候，如果有一束阳光射入一间小黑屋，就能看见尘埃在阳光下闪烁不定、上下跳动，这种现象也属丁达尔现象。利用丁达尔现象可以区别溶液和胶体。

2. 动力学性质——布朗运动

布朗运动就是胶体粒子不断地进行无规则的运动。布朗运动的产生是由于胶体粒子周围分散的分子作热运动时，产生对胶体粒子不均匀地碰击，致使胶体粒子发生无规则的运动。

3. 电学运动——电泳

在胶体溶液中插入两个电极，可以看到胶体将发生粒子的定向运动，这种现象称为电泳。

胶体粒子之所以会带电，主要是由于胶体粒子具有吸附作用和电离作用。吸附作用是指胶体粒子把周围介质中的分子、离子吸附在自己表面的作用。电离作用主要是指某些胶体粒子表面上的基团电离而产生电荷，使胶体粒子带电的作用。

由于胶体粒子带电，所以胶体具有很强的稳定性。这是由于胶体粒子带有同种电荷，相互排斥，很难聚成较大颗粒形成沉淀。破坏胶体一般有两种方法，一是加电解质，增加离子总数并产生沉淀；二是加热，增加粒子的热运动，从而增加碰撞次数和强度，形成大颗粒。分析中对某些溶液过滤总是在加热条件下进行，目的之一就是为了防止产生胶体。

第二节 溶液的浓度

溶液的浓度是指在一定量溶液或溶剂中所含的溶质的量。由于溶质的量可以用不同的单位表示，如克、摩尔等；溶液的量也可以用不同的单位表示，如克、升等。所以，溶液的浓度就有各种不同的表示方法。下面几种是常用的表示溶液浓度的方法。

一、溶液浓度的表示方法

1. 质量分数

溶质 B 的质量分数是溶质 B 的质量与溶液的质量之比，符号为 w_B，表达式为

$$w_B = m_B / m$$

式中 w_B——溶质 B 的质量分数，%；

m_B——溶质 B 的质量，g；

m——溶液的质量，g。

【例 3-1】 从一瓶氯化钾溶液中取出 20g 溶液，蒸干后得到 2.8g 氯化钾固体。试求这瓶溶液中溶质的质量分数。

解 溶质的质量分数

$$w(\mathrm{KCl})=m(\mathrm{KCl})/m\times100\%$$
$$=2.8/20\times100\%$$
$$=14\%$$

答：这瓶溶液中氯化钾的质量分数为 14%。

【例 3-2】 配制 500mL 质量分数为 20%（密度为 1.14g/cm³）的 H_2SO_4 溶液，需要质量分数为 98%（密度为 1.84g/cm³）的 H_2SO_4 多少毫升？

解 设需要质量分数为 98%的 H_2SO_4 的体积为 xmL，利用溶质的质量在稀释前后不变可得

$$x\times1.84\times98\%=500\times1.14\times20\%$$
$$x=63.2(\mathrm{mL})$$

答：需要 98%的 H_2SO_4 溶液 63.2mL。

2. 质量浓度

用 B 的质量除以混合物的体积，就得到 B 的质量浓度，用符号 ρ_B 表示，其表达式为

$$\rho_B=m_B/V$$

式中 ρ_B——溶质 B 的质量浓度，g/L；

m_B——溶质 B 的质量，g；

V——混合物的体积，L。

【例 3-3】 欲配制质量浓度为 200g/L 的 NaOH 溶液 500mL，问需要固体 NaOH 多少克？

解 根据质量浓度定义式

$$\rho(\mathrm{NaOH})=m(\mathrm{NaOH})/V$$

可得

$$m(\mathrm{NaOH})=\rho(\mathrm{NaOH})\cdot V$$
$$=200\times500\times10^{-3}$$
$$=100(\mathrm{g})$$

答：需要固体 NaOH 100g。

3. 体积分数

B 的体积分数是指 B 的体积与混合物的体积之比，用 φ 表示。表达式为

$$\varphi_B=V_B/V$$

式中 V——混合物的体积，L；

φ_B——B 的体积分数；

V_B——B 的体积，L。

【例 3-4】 在含有 H_2 和 N_2 的混合气体 20.00mL，加入过量氧气燃烧后，体积缩小 3.20mL，试计算原气体中 H_2 和 N_2 的体积分数。

解 根据氢气燃烧反应

$$V_{H_2}=\frac{2}{3}\times V=\frac{2}{3}\times3.20=2.13(\mathrm{mL})$$

$$\varphi(H_2)=V_{H_2}/V=2.13/20.00=0.1065$$
$$\varphi(N_2)=V_{N_2}/V=(20.00-2.13)/20.00=0.8935$$

答：原气体中 H_2 的体积分数为 0.1065，N_2 的体积分数为 0.8935。

4. 物质的量浓度

（1）定义　B 的物质的量除以混合物的体积，叫 B 的物质的量浓度，用符号 c_B 表示，单位是摩/米^3 或摩/升，符号是 mol/m^3 或 mol/L。其表达式为

$$c_B=n_B/V$$

式中　c_B——B 的物质的量浓度，mol/m^3 或 mol/L；

n_B——B 的物质的量，mol；

V——混合物的体积，m^3 或 L。

1L 溶液中含有 1mol 的溶质，这种溶液的物质的量浓度就是 1mol/L。如蔗糖的摩尔质量是 342g/mol。把 342g 蔗糖溶解在适量水里制成 1L 溶液，它的物质的量浓度就是 1mol/L，这种溶液就称为 1mol/L 的蔗糖溶液。

（2）用物质的量浓度表示的溶液中溶质微粒的数目　1mol 任何物质的微粒都是 6.02×10^{23}，蔗糖是非电解质，在 1L 浓度为 1mol/L 的蔗糖溶液中含有 6.02×10^{23} 个蔗糖分子。由此可见，对于非电解质来说，体积相同，物质的量浓度相同的任何溶液中所含溶质的分子数目相同。

但是，当溶质为电解质时，情况就比较复杂一些。例如，NaCl 溶解在水里电离为 Na^+ 和 Cl^-，所以在 1L 1mol/L 的 NaCl 溶液中含有 6.02×10^{23} 个 Na^+ 和 6.02×10^{23} 个 Cl^-。但是，在 1L 1mol/L 的 $CaCl_2$ 溶液中却含有 6.02×10^{23} 个 Ca^{2+} 和 $2\times6.02\times10^{23}$ 个 Cl^-，在 1L 1mol/L 的 $Al_2(SO_4)_3$ 溶液中含有 $2\times6.02\times10^{23}$ 个 Al^{3+} 和 $3\times6.02\times10^{23}$ 个 SO_4^{2-}。

（3）物质的量浓度的计算

① 已知溶质的质量和溶液的体积，计算溶液的物质的量浓度。

【例 3-5】　在 200mL 的稀盐酸中，溶有 0.73g 氯化氢，计算稀盐酸溶液的物质的量浓度。

解　HCl 的摩尔质量　$M(HCl)=36.5g/mol$

0.73g HCl 的物质的量　$n(HCl)=0.73g/(36.5g/mol)=0.02mol$

稀盐酸的物质的量浓度　$c(HCl)=0.02mol/0.2L=0.1mol/L$

答：稀盐酸的物质的量浓度是 0.1mol/L。

② 已知溶液的物质的量浓度，计算一定体积的溶液中所含溶质的质量。

【例 3-6】　配制 250mL 0.1mol/L 的氢氧化钠溶液，需氢氧化钠多少克？

解　NaOH 的摩尔质量　$M(NaOH)=40g/mol$

0.1mol NaOH 的质量 $m(NaOH)=40g/mol\times0.1mol=4g$

250mL 0.1mol/L 的 NaOH 溶液中含 NaOH 的质量是

$$m(NaOH)=(4g\times0.25L)/1L=1g$$

答：配制 250mL 0.1mol/L 的氢氧化钠溶液需氢氧化钠 1g。

③ 已知起反应的两种溶液的物质的量浓度以及其中一种溶液的体积，计算所需另一种溶液的体积。

【例 3-7】 完全中和 0.5L 0.1mol/L H_2SO_4 溶液，需要多少升 0.5mol/L NaOH 溶液？

解 设需 NaOH 溶液 xL。

则

$$\begin{array}{ccccc} H_2SO_4 & + & 2NaOH & = & Na_2SO_4 + 2H_2O \\ 1mol & & 2mol & & \\ 0.5L\times 0.1mol/L & & xL\times 0.5mol/L & & \end{array}$$

$$1:2=0.05:0.5x$$

$$x=0.2(L)$$

答：需要 0.5mol/L 的 NaOH 溶液 0.2L。

④ 有关溶液稀释的计算。溶液稀释前后溶质的物质的量不变，即

$$c_1V_1=c_2V_2$$

式中 c_1，c_2——分别为稀释前、后溶液的物质的量浓度，mol/L；

V_1，V_2——分别为稀释前、后溶液的体积，L。

【例 3-8】 将 300L 18.4mol/L 的 H_2SO_4 溶液稀释成 3mol/L 的 H_2SO_4 溶液，需加水多少升？

解 已知 $c_1=18.4$mol/L　$V_1=300$L　$c_2=3$mol/L

设需加水 xL

根据 $c_1V_1=c_2V_2$

则：$18.4\times 300=3\times(300+x)$

$x=1540$(L)

答：需加水 1540L。

二、各种浓度的相互换算

从以上介绍的四种浓度可以看出，对于同一种溶液，其浓度的表示方法可以有多种。但是对一定量的溶液来说，溶质的多少与溶液的表示方法是无关的，也就是说，溶质的量是不变的。利用这一原则，可以将溶液的各种浓度进行相互换算。其中物质的量浓度和质量分数间的换算最为重要。如果溶液的密度为 ρ，体积为 V，质量分数为 w_B，溶质的摩尔质量为 M_B，则溶液的物质的量浓度为

$$c_B=\frac{1000\times\rho\times w_B}{M_B}$$

【例 3-9】 市售浓 H_2SO_4 的质量分数为 98%，密度为 1.84g/cm^3，这种浓硫酸的物质的量浓度是多少？

解 根据上述计算式，浓 H_2SO_4 的物质的量浓度为

$$c(H_2SO_4)=\frac{1000\times 1.84\times 98\%}{98}$$

$$=18.4(mol/L)$$

答：这种浓 H_2SO_4 的物质的量浓度为 18.4mol/L。

【例 3-10】 完全中和 0.5L 0.1mol/L 的 H_2SO_4 溶液，需要多少升 20g/L 的 NaOH 溶液？

解 **方法一** 将 NaOH 的质量浓度换算为物质的量浓度

$$c(\text{NaOH})=\frac{20\text{g}/(40\text{g/mol})}{1\text{L}}$$
$$=0.5\text{mol/L}$$

设需要 x L 20g/L 的 NaOH 溶液，根据等物质的量规则可得

$$H_2SO_4 \quad + \quad 2NaOH = Na_2SO_4 + 2H_2O$$
$$1\text{mol} \qquad 2\text{mol}$$
$$0.5\text{L}\times 0.1\text{mol/L} \qquad x\text{L}\times 0.5\text{mol/L}$$
$$1:2=0.05:0.5x$$
$$x=0.2\text{L}$$

方法二

$$H_2SO_4 + 2NaOH = Na_2SO_4 + 2H_2O$$
$$1\text{mol} \quad 2\text{mol}$$

0.5L 0.1mol/L H_2SO_4 溶液中含 H_2SO_4 的物质的量 $n(H_2SO_4)$为

$$n(H_2SO_4)=0.5\text{L}\times 0.1\text{mol/L}=0.05\text{mol}$$

完全中和 0.05mol H_2SO_4 需 NaOH 的物质的量 n(NaOH)为

$$n(\text{NaOH})=0.05\text{mol}\times 2=0.1\text{mol}$$

0.1mol NaOH 的质量 m(NaOH)为：

$$m(\text{NaOH})=0.1\text{mol}\times 40\text{g/mol}=4\text{g}$$

含 4g 的 20g/L 的 NaOH 溶液的体积为：

$$V(\text{NaOH})=\frac{4\text{g}}{20\text{g/L}}$$
$$=0.2\text{L}$$

答：需要 20g/L 的 NaOH 溶液 0.2L。

第三节 一般溶液的配制

下面以具体实例说明配制一般溶液的方法。

一、用质量分数表示的溶液的配制

【例 3-11】 用固体 KOH 配制 500g w(KOH)为 20%的溶液，如何配制？

解 ① 计算所需溶质的质量

配制 w(KOH)=20%的 KOH 溶液 500g 所需固体 KOH 质量为

$$m(\text{KOH})=500\text{g}\times 20\%=100\text{g}$$

② 配制

称取 KOH 100g，放入盛有 400g 水的烧杯中搅拌溶解即可。

【例 3-12】 用无水乙醇配制 100g $w(C_2H_5OH)$为 70%的溶液，如何配制？

解 ① 计算所需溶质的质量

配制 $w(C_2H_5OH)$=70%的无水乙醇 100g,所需无水乙醇的质量为

$$m(C_2H_5OH)=100\text{g}\times 70\%=70\text{g}$$

② 配制

称取无水乙醇 70g，加入到盛有蒸馏水 30g 的烧杯中相互混匀即可。

二、用质量浓度表示的溶液的配制

【例 3-13】 用固体 KOH 配制 500mL $\rho(KOH)=200g/L$ 的溶液，如何配制？

解 ① 计算所需溶质的质量

配制 $\rho(KOH)=200g/L$ 的 KOH 溶液 500mL，所需的 KOH 的质量为

$$m(KOH)=0.5L\times200g/L=100g$$

② 配制

称取 KOH 100g，溶于盛有适量蒸馏水的烧杯中，再将溶液移入 500mL 的容量瓶中，定量至 500mL 即可。

【例 3-14】 用固体 $AgNO_3$ 配制 100mL $\rho(AgNO_3)$为 10g/L 的溶液，如何配制？

解 ① 计算所需溶质的质量

配制 $\rho(AgNO_3)=10g/L$ 的 $AgNO_3$ 溶液 100mL 需要的 $AgNO_3$ 的质量为

$$m(AgNO_3)=10g/L\times0.1L=1g$$

② 配制

称取 1g $AgNO_3$ 溶于盛有适量蒸馏水的烧杯中，再将溶液移入 100mL 的容量瓶中，定容至 100mL 即可。

三、用体积分数表示的溶液的配制

【例 3-15】 用 0.5mol/L 的盐酸溶液配制成体积分数为 2/5 的稀盐酸溶液，如何配制？

解 用量筒量取 0.5mol/L 的盐酸溶液 2 体积（mL 或 L），加水稀释成 7（即 2+5）体积（mL 或 L）即可。

四、用物质的量浓度表示的溶液的配制

【例 3-16】 要配制 500mL 5mol/L 的 NaOH 溶液，如何配制？

解 ① 计算所需溶质的质量

配制 5mol/L 的 NaOH 溶液 500mL 需 NaOH 质量为

$$m(NaOH)=5mol/L\times0.5L\times40g/L=100g$$

② 配制

称取 NaOH 100g，在烧杯中用蒸馏水溶解后移入 500mL 的容量瓶中，再加蒸馏水定容至刻度线即可。

【例 3-17】 今有密度为 $1.83g/cm^3$，质量分数为 98.0%的浓硫酸，需配制成 6mol/L 的稀硫酸 500mL，如何配制？

解 ① 计算所需浓硫酸的体积

浓硫酸的物质的量浓度为

$$c(H_2SO_4)=\frac{1000\times1.83\times98.0\%}{98.0}$$

$$=18.3(mol/L)$$

据稀释定律

$$c_1V_1=c_2V_2$$

$$18.3\times V_1=6\times500$$

$$V_1=164\ (mL)$$

② 配制

量取上述浓硫酸164mL，缓慢倒入约盛有400mL蒸馏水的烧杯中，再移入500mL的容量瓶中，定容至刻度线即可。

第四节 电解质溶液

很多化学反应都是在水溶液中进行的，参与这些反应的物质主要是酸、碱和盐。它们都是电解质，在水溶液中能电离成带电的离子。掌握酸碱反应的本质和规律，是化学基础的重要内容之一。

一、弱电解质的电离

1. 电解质的强弱

酸、碱、盐都是电解质，它们的水溶液都能导电。但在相同的条件下其导电的能力是不同的。如将体积和浓度都相同的HCl溶液、NaCl溶液、NaOH溶液、HAc溶液和氨水溶液在相同条件下进行导电实验。将会发现，HCl溶液、NaOH溶液、NaCl溶液的导电性比HAc溶液和氨水溶液要强。这是由于在相同条件下，各种溶液的电离的程度不同造成的。一般根据电离程度的不同将电解质分为两类，在水溶液中能完全电离的电解质称为强电解质，如强酸、强碱和大多数盐；在水溶液中仅能部分电离的电解质称为弱电解质，如弱酸和弱碱。

2. 弱电解质的电离平衡和电离度

弱酸、弱碱等弱电解质在水溶液中的电离过程是可逆的，在电离过程中存在着电离平衡。下面以HAc为例加以说明。

$$HAc \rightleftharpoons H^+ + Ac^-$$

从HAc电离式可以看出，HAc的电离同时存在两个过程，一个是HAc分子电离为H^+和Ac^-的过程，另一个是H^+与Ac^-结合成HAc分子的逆过程。当两个可逆过程速度相等时，分子和离子之间就达到了动态平衡。这种平衡叫做电离平衡，它是化学平衡的一种。在动态平衡下弱电解质的电离程度叫电离度，常用符号α表示。电离度就是在电离平衡时，已电离的弱电解质的分子数与电离前它的分子总数之比。即

$$\alpha=\frac{\text{已电离的弱电解质的分子数}}{\text{电离前弱电解质的分子数}}\times 100\%$$

在相同条件下，弱电解质电离度数值的大小可表示弱电解质的相对强弱。表3-1是几种常见物质的电离度。

表 3-1 几种常见物质的电离度(291K,0.1mol/L)

电解质	化学式	电离度/%	电解质	化学式	电离度/%
氢氰酸	HCN	0.007	醋酸	CH_3COOH	1.33
亚硝酸	HNO_2	6.5	氢氟酸	HF	15
甲酸	HCOOH	4.2	氨水	$NH_3 \cdot H_2O$	1.33

电离度的大小除与电解质本身性质有关外，还与温度和溶液的浓度有关。在相同温度下，同一电解质的浓度越小，则电离度越大。这是因为，弱电解质浓度越小，正负离子互相碰撞形成分子的机会减少，而使形成分子的速度明显降低，故电离度越大。那么，是否

溶液越稀，电离度越大，H^+浓度也越大呢？由于［H^+］$=c\cdot\alpha$，α虽然增大，但c减小了，所以溶液稀释后电离度增大，不等于H^+浓度也增大。

3. 电离常数

醋酸是一元弱酸，其电离过程为

$$HAc \rightleftharpoons H^+ + Ac^-$$

在一定温度下，这个过程很快达到平衡状态，其平衡常数关系式为

$$K_a=\frac{[H^+][Ac^-]}{[HAc]}$$

K_a称为弱酸的电离平衡常数，简称酸常数。式中［H^+］和［Ac^-］表示H^+和Ac^-的平衡浓度，［HAc］表示平衡时未电离的醋酸分子浓度。

同样，一元弱碱氨水电离过程是

$$NH_3\cdot H_2O \rightleftharpoons NH_4^+ + OH^-$$

平衡常数关系式为

$$K_b=\frac{[NH_4^+][OH^-]}{[NH_3\cdot H_2O]}$$

K_b称为弱碱的电离平衡常数，简称碱常数。

K_a和K_b是化学平衡常数的一种，意义如下。

(1) 从电离常数值的大小可以估计弱电解质电离的趋势。K值越大，电离程度越大。

(2) 电离常数与弱酸、弱碱的浓度无关。同一温度下，不论弱电解质的浓度如何变化，电离常数是不会改变的。

(3) 电离常数随温度而变化，但由于温度对电离常数的影响不大，所以在室温范围内可以忽略温度对电离常数的影响。

对于弱酸、弱碱的水溶液，人们最关心其酸强度（H^+浓度）和碱强度（OH^-浓度）。通过电离常数，便可计算弱酸、弱碱水溶液的H^+浓度、OH^-浓度和溶液的pH值。

【例 3-18】 298K 时 HAc 的电离常数为1.76×10^{-5}，计算 0.10mol/L 的 HAc 溶液的H^+浓度和电离度。

解 设 HAc 在电离平衡时［H^+］为x mol/L

	HAc ═══	H^+ +	Ac^-
起始浓度	0.1	0	0
平衡浓度	$0.1-x$	x	x

$$K_{HAc}=\frac{[H^+][Ac^-]}{[HAc]}=\frac{x^2}{0.1-x}=1.76\times10^{-5}$$

由于x值很小，则$0.1-x\approx0.1$

$$x^2=1.76\times10^{-6}$$

$[H^+]=\sqrt{1.76\times10^{-6}}=1.33\times10^{-3}$ mol/L

$\alpha=[H^+]/c_{酸}=1.33\times10^{-3}/0.10=1.33\%$

答：0.10mol/L 的 HAc 溶液的 H^+ 浓度为 1.33×10^{-3}mol/L，解离度为 1.33%。

把以上结果推广到浓度为 $c_{酸}$ 的一元弱酸溶液中，有

$$[H^+]=\sqrt{K_a c_{酸}}$$

$$\alpha=\sqrt{K_a/c_{酸}}$$

对一元弱碱溶液，同理可得

$$[OH^-]=\sqrt{K_b c_{酸}}$$

值得注意的是：由于上式采用了近似值 $c_{酸}=$ [酸]。所以只有在解离度较小时才能成立，即 $c_{酸}/K\geqslant400$ 时，上式公式可适用，否则必须通过解一元二次方程求 $[H^+]$。

多元弱酸的电离情况和一元弱酸的电离一样，只是酸中的氢离子是一个一个地电离出来的，也就是它的电离是分步进行的。每一步电离都建立一个电离平衡，也有相应的电离平衡常数。如磷酸在水中分三步电离。

第一步 $H_3PO_4 \rightleftharpoons H^+ + H_2PO_4^-$

$K_1=7.6\times10^{-3}$

第二步 $H_2PO_4^- \rightleftharpoons H^+ + HPO_4^{2-}$

$K_2=6.3\times10^{-8}$

第三步 $HPO_4^{2-} \rightleftharpoons H^+ + PO_4^{3-}$

$K_3=4.35\times10^{-13}$

可以看出，$K_1>K_2>K_3$，说明 H_3PO_4 的电离一步比一步困难，可见多元弱酸溶液中 $[H^+]$ 主要由第一步电离所决定。

多元弱碱的电离与多元弱酸的电离情况相似。

二、同离子效应

弱电解质的电离平衡是暂时的、相对的，一旦条件改变，平衡也会发生移动。温度对电离平衡的影响较小，促使电离平衡发生移动的最主要的因素是浓度。

【实验 3-1】 在一支试管中加入 10mL 0.1mol/L 的氨水和两滴酚酞指示剂，然后将溶液分成两份，一份加入少量固体 NH_4Ac，振荡使其溶解，对比两支试管中溶液的颜色。

氨水使酚酞显红色，当加入 NH_4Ac 后，由于 NH_4Ac 完全电离，溶液中 $[NH_4^+]$ 增大，使 $NH_3\cdot H_2O$ 的电离平衡向左移动，于是氨的解离度就减小了，溶液中 $[OH^-]$ 浓度必然减小，溶液的颜色变浅。

$$NH_3\cdot H_2O \rightleftharpoons NH_4^+ + OH^-$$

$$NH_4Ac \rightleftharpoons NH_4^+ + Ac^-$$

这种在弱电解质溶液中，加入含有与弱电解质具有相同离子的强电解质后，使弱电解质的解离度降低的现象叫同离子效应。

三、酸碱质子理论简介

1. 质子理论认为：凡是能给出质子 H^+ 的物质是酸，凡是能接受质子的物质都是碱。如 HCl、NH_4^+、HSO_4^- 等都是酸，因为它们都能给出质子；Cl^-、NH_3、HSO_4^-、NaOH 等都是碱，因为它们都能接受质子。质子理论中，酸和碱不局限于分子，还可以是阴阳离子。

根据质子理论，酸和碱是可以相互转化的。酸给出质子后生成碱，碱接受质子后就变成酸。

如：

$$酸 \rightleftharpoons 质子+碱$$

$$HCl \rightleftharpoons H^+ + Cl^-$$

$$NH_4^+ \rightleftharpoons H^+ + NH_3$$

这种对应关系叫酸和碱的共轭关系。右边的碱是左边酸的共轭碱；左边的酸又是右边碱的共轭酸。酸越强，它的共轭碱越弱；酸越弱，它的共轭碱越强。由此可以得出，质子理论中没有盐的概念，如 NH_4Cl 中的 NH_4^+ 是酸，Cl^- 是碱。

2. 酸碱反应

根据质子理论，酸碱反应的实质，就是两个共轭酸碱对之间质子传递的反应。如

$$\underset{酸_1}{HCl} + \underset{碱_2}{NH_3} = \underset{酸_2}{NH_4^+} + \underset{碱_1}{Cl^-}$$

酸碱质子理论不仅扩大了酸和碱的范围，还可以把电离理论中的电离作用、中和作用、水解作用统统包含在酸碱反应的范围之内，即都可以看成是质子传递的酸碱反应。但是，质子理论只限于质子的放出和接受，所以必须含有氢，这就不能解释不含氢的化合物的反应。

第五节 离子反应方程式

一、离子反应与离子方程式

电解质溶于水后就电离成离子，电解质在溶液里所起的反应实质上是离子之间的反应，这样的反应称为离子反应。分析一下硫酸钠溶液跟氯化钡溶液起反应的情况。反应式为

$$BaCl_2 + Na_2SO_4 = 2NaCl + BaSO_4\downarrow$$

如把易溶的、易电离的物质写成离子的形式，把难溶物质、难电离的物质或气体用分子式表示，上式可改写为

$$Ba^{2+} + 2Cl^- + 2Na^+ + SO_4^{2-} = 2Na^+ + 2Cl^- + BaSO_4\downarrow$$

从上式可以看出，反应前后 Na^+ 和 Cl^- 都没有变化，可以从方程式中消去，则得

$$Ba^{2+} + SO_4^{2-} = BaSO_4\downarrow$$

这种用实际参加反应的离子的符号来表示离子反应的式子，叫做离子方程式。

如在硫酸钾溶液中加入硝酸钡溶液生成硝酸钾和白色的硫酸钡沉淀，反应方程式为

$$Ba(NO_3)_2 + K_2SO_4 = 2KNO_3 + BaSO_4\downarrow$$

将上式中 $Ba(NO_3)_2$、K_2SO_4、KNO_3 写成离子形式，并消去未参加反应的 K^+ 和 NO_3^- 得

$$Ba^{2+} + 2NO_3^- + 2K^+ + SO_4^{2-} = 2K^+ + 2NO_3^- + BaSO_4\downarrow$$

$$Ba^{2+} + SO_4^{2-} = BaSO_4\downarrow$$

于是得到与前一反应相同的离子方程式。这就是说，只要是可溶性的钡盐跟可溶性的硫酸盐之间的反应，都可以用上述这个离子方程式来表示。因为在这种情况下，均发生同样的化学反应，即 Ba^{2+} 与 SO_4^{2-} 结合生成 $BaSO_4$ 沉淀。

由此可见，离子方程式跟一般化学方程式不同。离子方程式不仅表示一定物质间的反应，而且表示了同一类型的离子反应。所以，离子方程式更能反映化学反应的本质。

那么，怎样书写离子方程式呢？以硝酸银溶液与氯化钠溶液的反应为例。

第一步，写出反应的化学方程式。

$$AgNO_3 + NaCl = AgCl\downarrow + NaNO_3$$

第二步，把易电离的物质写成离子形式，难溶的物质或难电离的物质及气体等仍用分子式表示。

$$Ag^+ + NO_3^- + Na^+ + Cl^- = AgCl\downarrow + Na^+ + NO_3^-$$

第三步，删去方程式两边不参加反应的离子。

$$Ag^+ + Cl^- = AgCl\downarrow$$

第四步，检查方程式两边各元素的原子个数和离子电荷数是否相等。

二、离子互换反应发生的条件

酸、碱、盐之间的以交换离子的形式发生的反应属离子反应中的离子互换反应，其发生的条件如下。

1. 生成难溶的物质

如　$CuSO_4 + H_2S = CuS\downarrow + H_2SO_4$

其离子方程式为　$Cu^{2+} + H_2S = CuS\downarrow + 2H^+$

2. 生成难电离的物质（如水）

如　$H_2SO_4 + 2NaOH = Na_2SO_4 + 2H_2O$

其离子方程式为　$H^+ + OH^- = H_2O$

这个离子方程式说明酸与碱起中和反应的实质是 H^+ 和 OH^- 结合生成 H_2O。

3. 生成挥发性物质

如　$Na_2CO_3 + 2HCl = 2NaCl + H_2O + CO_2\uparrow$

其离子方程式为　$CO_3^{2-} + 2H^+ = H_2O + CO_2\uparrow$

凡具备上述条件之一，这类离子反应就能发生。如果把 NaCl 溶液和 $Ca(NO_3)_2$ 溶液混合在一起，它们之间是否发生离子反应呢？

$$2NaCl + Ca(NO_3)_2 = 2NaNO_3 + CaCl_2$$

$$2Na^+ + 2Cl^- + Ca^{2+} + 2NO_3^- = 2Na^+ + 2NO_3^- + Ca^{2+} + 2Cl^-$$

上式中等号左右两端离子种类和数量相等，也就是说，没有发生离子反应。

离子反应除以离子互换形式进行的复分解反应外，还有其他类型的反应，例如有离子参加的置换反应等。

如　$Zn + 2HCl = ZnCl_2 + H_2\uparrow$

其离子方程式为　$Zn + 2H^+ = Zn^{2+} + H_2\uparrow$

如　$Cl_2 + 2KI = 2KCl + I_2$

其离子方程式为　$Cl_2 + 2I^- = 2Cl^- + I_2$

第六节　水的电离和溶液的 pH 值

水是最重要的溶剂，本章讨论的离子平衡都是在水溶液中建立的，水溶液的酸碱性取决于溶质和水的电离平衡，所以这里先讨论水的电离。

一、水的电离

纯水有微弱的导电能力，说明水分子能够电离。

$$H_2O \rightleftharpoons H^+ + OH^-$$

实验测定，在 295K 时，1L 纯水仅有 10^{-7}mol 水分子电离，所以 $[H^+]=[OH^-]=10^{-7}$mol/L。根据化学平衡原理得

$$K_W=[H^+][OH^-]=1.0\times10^{-14}$$

K_W 称水的离子积常数，简称水的离子积。即一定温度时，水溶液中 $[H^+]$ 和 $[OH^-]$ 之积为一常数。

水的电离是吸热反应，温度升高，K_W 增大，但常温时一般认为 $K_W=1.0\times10^{-14}$。

二、溶液的酸碱性

水的电离平衡，不仅存在于纯水中，而且还存在于所有电解质溶液里。在常温下，溶液中的 H^+ 和 OH^- 浓度的乘积始终等于水的离子积 10^{-14}。只要知道 H^+ 浓度，就可以算出 OH^- 浓度，反之亦然。那么，根据 H^+ 和 OH^- 相互依存、相互制约的关系，可以统一用 $[H^+]$ 或 $[OH^-]$ 来表示溶液的酸碱性。溶液是酸性还是碱性，主要由溶液中 $[H^+]$ 和 $[OH^-]$ 的相对大小决定。在室温范围内，当 $[H^+]=[OH^-]=1\times10^{-7}$mol/L 时，溶液显中性。$[H^+]>1\times10^{-7}$mol/L，$[H^+]>[OH^-]$时，溶液显酸性。$[H^+]<1\times10^{-7}$mol/L，$[H^+]<[OH^-]$时，溶液显碱性。

三、溶液的 pH 值

实验中常用到一些 H^+ 浓度很小的溶液，如果直接用 H^+ 浓度表示溶液的酸碱性，使用和记忆时都很不方便，这时常采用 pH 值来表示溶液的酸碱性。溶液中 H^+ 浓度的负对数叫做 pH 值。即

$$pH=-\lg[H^+]$$

从氢离子浓度换算为 pH 值的方法很简单。如

$$[H^+]=m\times10^{-n}$$

$$pH=n-\lg m$$

式中，m 为小于 10 的正数，n 为正整数。

【例 3-19】 已知某溶液的 $[H^+]=1.33\times10^{-3}$mol/L，求该溶液的 pH 值。

解 $pH=-\lg[H^+]=-\lg(1.33\times10^{-3})=3-\lg1.33=2.88$

答：溶液的 pH 值为 2.88。

pH 值是溶液酸碱性的量度，常温下有如下关系

$[H^+]=1\times10^{-7}$mol/L 时，pH=7，溶液呈中性；

$[H^+]>1\times10^{-7}$mol/L 时，pH<7，溶液显酸性；

$[H^+]<1\times10^{-7}$mol/L 时，pH>7，溶液显碱性。

也可用 pOH 来表示溶液的酸碱性，pOH 是 OH^- 浓度的负对数，即

$$pOH=-\lg[OH^-]$$

因为 $[H^+][OH^-]=10^{-14}$，两边取对数得

$$pH+pOH=14$$

通常，溶液的 $[H^+]$ 在 $1\sim10^{-14}$mol/L 时，使用 pH 值表示，这时 pH 在 0～14 之间。更强的酸性溶液 pH 值也可以小于 0，如 10mol/L 的 HCl 溶液的 pH=−1。更强的碱性溶液 pH 也可大于 14，如 10mol/L 的 NaOH 溶液的 pH=15。在这种情况下，用物质的量浓度表示更为方便，通常就不再用 pH 值表示溶液的酸碱性了。

【例 3-20】 已知氨水溶液的 $K_{NH_3\cdot H_2O}=1.8\times10^{-5}$，计算 0.1mol/L 氨水溶液的

pH 值。

解　$[OH^-]=\sqrt{K_b c_{酸}}=\sqrt{1.8\times10^{-5}\times0.1}=1.34\times10^{-3}mol/L$

$[H^+]=10^{-14}/(1.34\times10^{-3})=7.64\times10^{-12}mol/L$

$pH=-lg[H^+]=-lg(7.46\times10^{-12})=11.13$

答：0.1mol/L 氨水溶液的 pH 值为 11.13。

【例 3-21】 已知某溶液的 pH 值为 4.35，求其氢离子浓度。

解　$pH=-lg[H^+]=4.35$

则　$lg[H^+]=-4.35=-5+0.65$

查反对数表得 $[H^+]=4.47\times10^{-5}mol/L$

答：该溶液的氢离子浓度为 $4.47\times10^{-5}mol/L$。

四、酸碱指示剂

pH 值是反应溶液酸碱性的一个重要数据。在生产实际中，有时只需要大概知道溶液的 pH 值，这时可以选用酸碱指示剂进行测定。酸碱指示剂是一种借助于自身颜色变化来指示溶液 pH 值的物质，它们在不同的 pH 值溶液中能显示不同的颜色，可以根据它们在某溶液中显示的颜色来粗略判断溶液的 pH 值。指示剂发生颜色变化的 pH 值范围叫做指示剂的变色范围。常见的酸碱指示剂有石蕊、酚酞和甲基橙等，它们的变色范围如表 3-2 所示。

表 3-2　常用酸碱指示剂的变色范围

指示剂	变色范围 pH 值	颜色		pK_{HIn}	配制浓度	用量/(滴/10mL 试液)
		酸色	碱色			
百里酚蓝	1.2～2.8	红	黄	1.7	0.1%的 20%酒精溶液	1～2
甲基黄	2.9～4.0	红	黄	3.3	0.1%的 90%酒精溶液	1
甲基橙	3.1～4.4	红	黄	3.4	0.1 水溶液	1
溴酚蓝	3.0～4.4	黄	紫	4.1	0.1%的 20%酒精溶液或其钠盐的水溶液	1
溴甲酚绿	3.8～5.4	黄	蓝	4.9	0.1%的 20%酒精溶液或其钠盐的水溶液	1～2
甲基红	4.4～6.2	红	黄	5.0	0.1%的 60%酒精溶液或其钠盐的水溶液	1
溴百里酚蓝	6.2～7.6	黄	蓝	7.3	0.1%的 20%酒精溶液或其钠盐的水溶液	1
中性红	6.8～8.0	红	黄橙	7.4	0.1%的 60%酒精溶液	1
苯酚红	6.8～8.4	黄	红	8.0	0.1%的 60%酒精溶液或其钠盐的水溶液	1
酚酞	8.0～9.8	无	红	9.1	0.1%的 90%酒精溶液	1～2
百里酚酞	9.4～10.6	无	蓝	10.0	0.1%的 90%酒精溶液	1～2

如果要比较精确地知道溶液的 pH 值，可采用 pH 计（酸度计）或 pH 试纸。使用 pH 试纸时，将待测溶液滴在 pH 试纸上，再将试纸上显示的颜色与标准比色卡对比，便可知道溶液的 pH 值。

第七节　盐类的水解

一、盐的水解及其规律

1. 盐的水解

由于溶液中 H^+ 和 OH^- 浓度的相对大小不同，溶液可以显酸性、中性和碱性。那么，像 NaCl、BaAc、NH_4Cl 这些盐类物质，在水中既不能电离出 H^+，也不能电离出 OH^-，它们的水溶液是否都呈中性呢？经过实验证明，NaCl 溶液显中性，而 NaAc 溶液显碱性，NH_4Cl 溶液显酸性。这是为什么呢？这是因为有的盐溶于水时，盐的离子与水电离出的 H^+ 或 OH^- 作用，生成了弱酸或弱碱，使水的电离平衡发生移动，改变了溶液中 H^+ 和 OH^- 的相对浓度，所以溶液就不都是中性的了。

盐的离子与溶液中水电离出的 H^+ 或 OH^- 作用产生弱电解质的反应叫做盐的水解。

2. 盐类水解的规律

（1）弱酸强碱盐发生水解，水溶液显碱性。以 NaAc 为例，在 NaAc 溶液中，存在着下列电离平衡

$$
\begin{array}{l}
NaAc = Na^+ + Ac^- \\
\qquad\qquad\qquad\quad + \\
H_2O \rightleftharpoons OH^- + H^+ \\
\qquad\qquad\qquad\quad \Updownarrow \\
\qquad\qquad\qquad\quad HAc
\end{array}
$$

由于 NaAc 电离出的 Ac^- 与水电离出的 H^+ 结合生成弱电解质 HAc，使水的电离平衡被破坏，平衡向生成 OH^- 和 H^+ 的方向移动。当达到新的平衡时，$[OH^-]>[H^+]$，所以溶液显碱性。

所有的弱酸强碱盐的水解，实质上都是弱酸根阴离子和水作用生成了弱酸，破坏了水的电离平衡，从而水溶液都显碱性。

（2）强酸弱碱盐发生水解，水溶液显酸性。以 NH_4Cl 为例，NH_4Cl 溶液中有以下电离平衡

$$
\begin{array}{l}
NH_4Cl = NH_4^+ + Cl^- \\
\qquad\qquad\quad + \\
H_2O \rightleftharpoons OH^- + H^+ \\
\qquad\qquad\quad \Updownarrow \\
\qquad\quad NH_3 \cdot H_2O
\end{array}
$$

由于 NH_4Cl 电离出的 NH_4^+ 与 H_2O 电离出的 OH^- 结合生成弱电解质 $NH_3 \cdot H_2O$，使水的电离平衡被破坏，平衡向生成 OH^- 和 H^+ 的方向移动，当达到新的平衡时，$[OH^-] < [H^+]$，所以水溶液显酸性。

（3）弱酸弱碱盐发生水解，水溶液可能显酸性，也可能显碱性。这类盐的水解比上述两种盐的水解要复杂。以 NH_4Ac 为例进行分析，在 NH_4Ac 溶液中存在以下电离平衡

$$
\begin{array}{l}
NH_4Ac = NH_4^+ + Ac^- \\
\qquad\qquad\quad + \qquad + \\
H_2O \rightleftharpoons OH^- + H^+ \\
\qquad\qquad\quad \Updownarrow \qquad \Updownarrow \\
\qquad NH_3 \cdot H_2O \quad HAc
\end{array}
$$

由于 NH_4Ac 电离出的 NH_4^+ 和 Ac^- 分别与水电离出的 OH^- 和 H^+ 结合生成难电离的 $NH_3 \cdot H_2O$ 和 HAc，破坏了水的电离平衡，从而使水的电离强烈地向右移动。水溶液的酸碱性则取决于水解生成的弱酸和强碱的电离常数的相对大小。如果 $K_a>K_b$，那么溶液显酸性；如果 $K_a<K_b$，那么溶液显碱性；如果 $K_a=K_b$，那么溶液显中性。由于醋酸和氨水的电离常数基本相等，所以 NH_4Ac 溶液显中性。

(4) 强酸强碱盐不发生水解，水溶液显中性。以 NaCl 为例进行分析。NaCl 溶于水时，电离出 Na^+ 和 Cl^-，但无论是 Na^+ 或 Cl^- 都不与水电离出的 H^+ 或 OH^- 结合生成弱电解质。$[H^+]$ 或 $[OH^-]$ 均不发生变化。水的电离平衡不受影响。所以，NaCl 不水解，水溶液仍为中性。

通过以上盐类水解实例可以看出，水解后生成的酸和碱正好是中和反应参加反应的酸和碱。因此，水解反应是中和反应的逆反应。中和反应是放热反应，水解反应是吸热反应。

$$\text{酸}+\text{碱}\underset{\text{水解}}{\overset{\text{中和}}{\rightleftharpoons}}\text{盐}+\text{水}$$

3. 影响盐类水解的因素

盐类水解程度的大小与盐的组成和浓度有关。水解盐对应的弱酸或弱碱愈弱，盐的水解程度愈大。对弱酸强碱盐和强酸弱碱盐，盐的浓度越小，水解程度愈大。

其次，盐类水解也受温度的影响，因为中和反应是放热反应，水解是吸热反应，据化学平衡移动原理，加热可以促进水解反应的进行。

二、盐类水解的应用

1. 水解盐溶液 pH 值的简单计算

根据盐类水解的实质，可以简单计算一些盐溶液的 pH 值。

【例 3-22】 已知 $K_{a(HAc)}=1.76\times10^{-5}$，计算 0.1mol/L NaAc 溶液的 pH 值。

解　NaAc 水解离子方程式为

$$Ac^- + H_2O \rightleftharpoons HAc + OH^-$$

忽略水电离出的 $[OH^-]$，可以认为 $[HAc]=[OH^-]$，设溶液中 $[OH^-]=x$mol/L

则
$$Ac^- + H_2O \rightleftharpoons HAc + OH^-$$

平衡浓度　$0.1-x$　　x　　x

$$\text{水解平衡常数 } K_h=\frac{[HAc][OH^-]}{[Ac^-]}=\frac{x\cdot x}{0.10-x}$$

又由于　$K_h=K_w/K_a=(1.0\times10^{-14})/(1.76\times10^{-5})=5.68\times10^{-10}$

又由于　$c_{\text{盐}}/K_h>400$

所以　$0.10-x\approx0.10$

解出　$x=7.5\times10^{-6}$(mol/L)

$$pOH=lg(7.5\times10^{-6})=5.1$$

$$pH=14-5.1=8.9$$

答：0.1mol/L NaAc 溶液的 pH 值为 8.9。

2. 盐类水解的应用

在分析中，无机盐提纯是为了除去少量混入的铁盐杂质，常用加热的方法促进盐的水解，在沸水中甚至能生成 $Fe(OH)_3$ 沉淀。经过滤，可除去产品中的 Fe^{3+}。

$$Fe^{3+} + 3H_2O \rightleftharpoons Fe(OH)_3\downarrow + 3H^+$$

水解反应使溶液显酸性或碱性，因此，控制溶液的酸碱性通常可以促进或抑制水解。

如分析中配制 Sn^{2+}、Fe^{3+}、Sb^{3+} 和 Hg^{2+} 等盐的水溶液时，由于水解会生成沉淀，不能得到所需溶液。

$$SnCl_2 + H_2O \rightleftharpoons Sn(OH)Cl \downarrow + HCl$$

$$SbCl_3 + H_2O \rightleftharpoons SbOCl \downarrow + 2HCl$$

加入相应的酸，可使平衡左移，抑制水解。所以在配制这些溶液时，通常将它们溶于较浓的酸中，然后再加水稀释到所需的浓度。

总之，利用平衡移动原理，控制水解反应的条件，使可达到防止和利用水解的目的。

第八节　缓冲溶液

在工农业生产、科研工作和化学分析中，经常需要使溶液的 pH 值保持在一定范围内，以使反应和活动正常进行。如加碱分离 Al^{3+} 和 Mg^{2+} 时，如果 OH^- 浓度太小，Al^{3+} 沉淀不完全；OH^- 浓度太大，已沉淀的 $Al(OH)_3$ 又可能被溶解。因此必须把溶液 pH 值控制在一定范围才能把 Al^{3+} 有效地分离。人体血液的 pH 值是 7.4 左右，大于 7.8 或小于 7.0，就会导致人的死亡。要想法控制溶液的 pH 值，这就要依靠缓冲溶液。

一、缓冲溶液的概念

纯水的 pH 值为 7，在纯水中加入少量的酸或碱，pH 值就显著变化。但在 HAc 和 NaAc 组成的混合液中加入少量的酸或碱时，则溶液的 pH 值几乎不变，说明 HAc 和 NaAc 组成的混合溶液有保持 pH 值相对稳定的能力。

把能抵抗外来少量酸或碱，而保持溶液 pH 值相对稳定的作用叫做缓冲作用。具有缓冲作用的溶液称为缓冲溶液。

弱酸及其盐（如 HAc-NaAc，H_2CO_3-$NaHCO_3$），多元弱酸酸式盐及其次级盐（NaH_2PO_4-Na_2HPO_4，$NaHCO_3$-Na_2CO_3），弱碱及其盐（$NH_3 \cdot H_2O$-NHCl）的溶液都具有缓冲作用。

二、缓冲作用原理

缓冲溶液为什么会有缓冲作用呢？现以 HAc-NaAc 缓冲体系为例进行讨论。在含有 HAc 和 NaAc 的溶液中存在下列电离过程。

$$HAc \rightleftharpoons H^+ + Ac^-$$

$$NaAc = Na^+ + Ac^-$$

由于同离子效应降低了 HAc 的解离度，这时 [HAc] 和 [Ac^-] 都较大，[H^+] 较小。

当向上述溶液中加入少量强酸时，强酸电离出的 H^+ 便和溶液中的 Ac^- 结合生成 HAc，使电离平衡向左移动生成 HAc。因此，达到新平衡时，H^+ 浓度不会显著增加。NaAc 是缓冲溶液的抗酸成分。

当向上述溶液中加入少量强碱时，强碱电离出的 OH^- 与溶液中的 H^+ 结合生成水，这时 HAc 的电离平衡向右移动，以补充 H^+。因此，建立新的平衡时，溶液中的 H^+ 几乎保持不变。HAc 是缓冲溶液的抗碱成分。

显然，当加入大量的酸或碱时，溶液中的 HAc 或 Ac^- 消耗将尽时，溶液就不再具有缓冲能力了。所以缓冲溶液的缓冲能力是有限的。

三、缓冲溶液的 pH 值

$$HAc \rightleftharpoons H^+ + Ac^-$$

$$K_a=\frac{[H^+][Ac^-]}{[HAc]}$$

$$[H^+]=K_a\frac{[HAc]}{[Ac^-]}=K_a\frac{c_{酸}}{c_{盐}}$$

两边取对数 $pH=pK_a-\lg(c_{酸}/c_{盐})$

同理，对于弱碱及盐组成的缓冲溶液同样可得

$$[OH^-]=K_b(c_{碱}/c_{盐})$$

$$pOH=pK_b-\lg(c_{碱}/c_{盐})$$

利用缓冲公式可以计算缓冲溶液的 pH 值和外加酸碱后溶液 pH 值的变化。

【例 3-23】 乳酸（HLac）的平衡常数 $K_a=1.4\times10^{-4}$，1L 含有 1mol HLac 和 1mol NaLac 的缓冲溶液，其 pH 值是多少？在该缓冲溶液中加酸，使 $c_{H^+}=0.01mol/L$，溶液的 pH 值又是多少？加碱使 $c_{OH^-}=0.01mol/L$ 时，pH 值又是多少？

解 ① 求缓冲溶液的 pH 值

$c_{酸}=1mol/L$ $c_{盐}=1mol/L$

$pK_a=-\lg(1.4\times10^{-4})=3.85$

$pH=pK_a-\lg(c_{酸}/c_{盐})=3.85-\lg1=3.85$

② 加酸使 $c_{H^+}=0.01mol/L$，则 H^+ 与 Lac^- 结合生成 HLac

$$c_{HLac}=1+0.01=1.01(mol/L)$$

$$c_{Lac^-}=1-0.01=0.99(mol/L)$$

$$pH=3.85-\lg(1.01/0.99)$$
$$=3.84$$

③ 加碱使 $c_{OH^-}=0.01mol/L$，同样可算出

$$pH=3.85-\lg(0.99/1.01)$$
$$=3.86$$

通过以上计算，可以清楚地看到缓冲溶液的缓冲作用。但是，如果加入 H^+ 的浓度大于 1.00mol/L 或更多时，可以看出，这个缓冲溶液将被破坏。

那么，在实际工作中，为了配制一定 pH 值的缓冲溶液，怎样选择合适的缓冲对呢？选择缓冲对时一般应有以下原则。

① 当弱酸及其盐的浓度相等（即 $c_{酸}=c_{盐}$）时，$pH=pK_a$，所以配制时可选择 pK_a 与所需 pH 值相等或接近的弱酸及其盐，这时对外加酸或碱有同等的缓冲能力。

② 如 pK_a 与 pH 值不完全相等，可以按照所需 pH 值，利用缓冲公式，适当地调整酸和盐的浓度比。

③ 所选择的缓冲溶液，不能与反应物或生成物发生化学反应。

有关缓冲溶液的配制可查分析化学手册。

知识窗

溶液 pH 值的实际意义

无论是在化工、农业、医药，还是在人们的实际生活中，溶液的 pH 值都有相当重要的作用。例如：在化

工生产中，许多反应必须在一定 pH 值的溶液中才能进行。特别是一些氧化还原反应，由于介质的酸碱性不同，其产物往往不同。在农作物的生成中，农作物一般适宜在 pH 值等于 7 或接近 7 的土壤里生长。有关部门也需要经常测定雨水的 pH 值。当雨水的 pH 值小于 5.6 时，就成为酸雨，它将对生态环境造成危害。人们的体液和代谢都有正常的 pH 值范围，了解人体体液和代谢产物的 pH 值，可以帮助了解人的健康状况。人体胃液的 pH 值一般为 0.9～1.5，尿液的 pH 值为 4.7～8.4，唾液的 pH 值为 6.6～7.1，血液的 pH 值为 7.35～7.45，小肠液的 pH 值为 7.6 左右。在实际生活中一些常见食物的近似 pH 值列于下表 3-3 内。

表 3-3　一些常见食物的近似 pH 值

食物	pH 值	食物	pH 值	食物	pH 值
醋	2.4～3.4	啤酒	4.0～5.0	卷心菜	5.2～5.4
李、梅	2.8～3.0	番茄	4.0～4.4	白薯	5.3～5.6
苹果	2.9～3.3	香蕉	4.5～4.7	面粉	5.5～6.5
草莓	3.0～3.5	辣椒	4.6～5.2	马铃薯	5.6～6.0
柑橘	3.0～4.0	南瓜	4.8～5.2	豌豆	5.8～6.4
桃	3.4～3.6	甜菜	4.9～5.5	谷物	6.0～6.5
杏	3.6～4.0	胡萝卜	4.9～5.3	牡蛎	6.1～6.6
梨	3.6～4.0	蚕豆	5.0～6.0	牛奶	6.3～6.6
葡萄	3.5～4.5	菠菜	5.1～5.7	饮用水	6.5～8.0
果酱	3.5～4.0	萝卜	5.2～5.6	虾	6.8～7.0

第四章　沉淀反应

许多化学反应都是在水溶液中进行的，有的生成物在水溶液中以沉淀形式析出，把有沉淀生成的反应叫沉淀反应。

在基础化学的学习中，经常要利用沉淀反应来制备、分离和提纯物质。而在很多情况下，又需要防止沉淀的生成或促使沉淀溶解。本章就这方面的基本原理及规律作简要讨论。

第一节　沉淀-溶解平衡和溶度积常数

一、沉淀-溶解平衡

任何难溶物质，在水中或多或少总是要溶解的，绝对不溶的物质是不存在的。因此，任何难溶物质在水中都有一个溶解与沉淀之间的平衡关系。以固体 AgCl 在水中的溶解为例

$$AgCl(s) \underset{\text{沉淀}}{\overset{\text{溶解}}{\rightleftharpoons}} Ag^{+} + Cl^{-}$$

在水分子作用下，AgCl 将有小部分离开固体表面扩散到水溶液里，这个过程叫溶解。与此同时，已溶解的 Ag^{+} 和 Cl^{-} 在溶液中不断运动，若碰到未溶解的 AgCl 固体时，会重新回到固体表面上去，这个过程叫沉淀。在一定温度下，当溶解速度等于沉淀速度时，未溶解的固体和溶液中的离子之间，便建立了难溶电解质的沉淀-溶解平衡，简称沉淀平衡。

沉淀平衡也是一个动态平衡，与化学平衡一样，也服从化学平衡规律。平衡时的溶液是饱和溶液。由于沉淀平衡是固体与溶液中离子之间建立的一种平衡，所以浓度和压力对沉淀平衡没什么影响，影响沉淀平衡的主要因素是温度。

二、溶度积

$$AgCl(s) \rightleftharpoons Ag^{+} + Cl^{-}$$

在一定温度下，当上述反应达到平衡时，其平衡常数表达式为

$$K = \frac{[Ag^{+}][Cl^{-}]}{[AgCl]}$$

温度一定，K 一定，固体 AgCl 的浓度也看作是常数，这两项的乘积可以用 K_{sp} 表示，则

$$K_{sp} = [Ag^{+}][Cl^{-}]$$

式中，$[Ag^{+}]$、$[Cl^{-}]$ 为饱和溶液中的 Ag^{+} 和 Cl^{-} 浓度（mol/L），K_{sp} 叫做难溶电解质的溶度积常数，简称溶度积。

对于任一难溶电解质 A_mB_n，溶度积的一般关系式为

$$A_mB_n(s) = mA^{n+} + nB^{m-}$$

$$K_{sp}=[A^{n+}]^m[B^{m-}]^n$$

一定温度下，在难溶电解质的饱和溶液中，相应离子浓度的系数次方之积为一常数，叫溶度积常数。溶度积常数的大小与难溶物质的溶解性有关。它反映了难溶电解质的溶解能力。常见难溶物质的溶度积常数列于附表中。

三、溶度积与溶解度的关系

溶解度和溶度积都是表示物质溶解能力大小的数值。但是，一般用溶解度表示易溶物质的溶解能力，溶度积表示难溶物质的溶解能力。二者既有区别又有联系，并可以互相进行换算。

【例 4-1】 298K 时，AgCl 的 $K_{sp}=1.8\times10^{-10}$，计算该温度下 AgCl 的溶解度。

解 设 AgCl 的溶解度为 x mol/L。

在 AgCl 饱和溶液中$[Ag^+]=[Cl^-]=x$ mol/L

$$AgCl(s)\rightleftharpoons Ag^+ + Cl^-$$

$$K_{sp(AgCl)}=[Ag^+][Cl^-]=x^2=1.8\times10^{-10}$$

$$x=1.34\times10^{-5}(mol/L)$$

答：298K 时，AgCl 在水中的溶解度为 1.34×10^{-5}mol/L。

【例 4-2】 298K 时，$BaSO_4$ 的溶解度为 1.04×10^{-5}mol/L，求 $BaSO_4$ 的 K_{sp}。

解 在 $BaSO_4$ 饱和溶液中有以下平衡

$$BaSO_4(s)\rightleftharpoons Ba^{2+} + SO_4^{2-}$$

即每溶解 1mol/L 的 $BaSO_4$，就能电离出 1mol/L 的 Ba^{2+} 和 SO_4^{2-}。

则 $[Ba^{2+}]=[SO_4^{2-}]=1.04\times10^{-5}$mol/L。

$$K_{sp(BaSO_4)}=[Ba^{2+}][SO_4^{2-}]=[1.04\times10^{-5}]^2=1.08\times10^{-10}$$

答：298K 时，$BaSO_4$ 的溶度积为 1.08×10^{-10}。

【例 4-3】 298K 时，Ag_2CrO_4 的 $K_{sp}=1.1\times10^{-12}$，计算该温度下 Ag_2CrO_4 的溶解度。

解 设 Ag_2CrO_4 的溶解度为 x mol/L。

在 Ag_2CrO_4 饱和溶液中$[Ag^+]=2x$ mol/L　$[CrO_4^{2-}]=x$ mol/L

$$Ag_2CrO_4(s)\rightleftharpoons 2Ag^+ + CrO_4^{2-}$$

$$K_{sp(Ag_2CrO_4)}=[Ag^+]^2[CrO_4^{2-}]=(2x)^2\cdot x=4x^3=1.1\times10^{-12}$$

$$x=6.5\times10^{-5}(mol/L)$$

答：298K 时，Ag_2CrO_4 的溶解度为 6.5×10^{-5}mol/L。

【例 4-4】 298K 时，$Mg(OH)_2$ 的溶解度为 1.44×10^{-4}mol/L，求 $Mg(OH)_2$ 的 K_{sp}。

解 在 $Mg(OH)_2$ 饱和溶液中

$$[Mg^{2+}]=1.44\times10^{-4}\ mol/L, [OH^-]=2\times1.44\times10^{-4}\ mol/L$$

$$K_{sp[Mg(OH)_2]}=[Mg^{2+}][OH^-]^2=1.44\times10^{-4}\times(2\times1.44\times10^{-4})^2=1.2\times10^{-11}$$

答：298K 时，$Mg(OH)_2$ 的溶度积为 1.2×10^{-11}mol/L。

通过上面计算可以看出，溶度积的大小与溶解度有关。对于同一类型的（如 AB 型、A_2B 型或 AB_2 型）难溶电解质，如 AgCl、AgBr 可以由溶度积的大小直接比较其溶解度的大小。溶度积越大，溶解度也越大。但对不同类型的电解质，则不能直接由它们的溶度积来比较溶解度的大小，必须通过具体的计算确定。

第二节 溶度积规则

根据溶度积常数可以判断沉淀、溶解进行的方向。

任一难溶电解质溶液中，其离子浓度系数次方之积称为离子积，用 Q_i 表示。如对于 AgCl，$Q_i=c_{Ag^+}\cdot c_{Cl^-}$

对于某一给定的溶液，溶度积 K_{sp} 与离子积 Q_i 之间的关系可能有以下三种情况：

(1) $Q_i=K_{sp}$ 是饱和溶液，无沉淀析出，达到动态平衡。

(2) $Q_i<K_{sp}$ 是不饱和溶液，无沉淀析出，若体系中有固体存在，反应向沉淀溶解的方向进行，直至饱和。

(3) $Q_i>K_{sp}$ 是过饱和溶液，此时反应向生成沉淀的方向进行，直至饱和。

以上规则称为溶度积规则，它是难溶电解质多相离子平衡移动规律的总结。

溶度积规则的使用也是有一定条件的，下列几种情况就不适用。

① 从原理上讲，只要 $Q_i>K_{sp}$ 便应该有沉淀生成，但是只有当每毫升含约 10^{-5}g 固体时，肉眼才能观察到沉淀的浑浊现象。

② 有时由于生成了过饱和溶液，虽然 Q_i 已经超过 K_{sp}，仍然观察不到沉淀的生成。

③ 有时由于加入过量的沉淀剂而生成配离子，沉淀也不会产生。

④ 由于副反应的发生，致使按理论计算所需沉淀剂的浓度与被沉淀离子浓度之积不能超过 K_{sp}。

【例 4-5】 在 2.0×10^{-3}mol/L 的 $BaCl_2$ 溶液中，加入等体积的 2.0×10^{-3}mol/L 的 Na_2SO_4 溶液，有无沉淀生成？[$K_{sp(BaSO_4)}=1.1\times10^{-10}$]

解 两种溶液等体积混合，体积增加一倍，浓度降低一半。即

$$[Ba^{2+}]=2.0\times10^{-3}/2=1.0\times10^{-3}(mol/L)$$

$$[SO_4^{2-}]=2.0\times10^{-3}/2=1.0\times10^{-3}(mol/L)$$

$$Q_i=[Ba^{2+}][SO_4^{2-}]=1.0\times10^{-3}\times1.0\times10^{-3}=1.0\times10^{-6}>K_{sp}=1.1\times10^{-10}$$

答：由于 $Q_i>K_{sp}$，所以有 $BaSO_4$ 沉淀生成。

【例 4-6】 在 2.0×10^{-3}mol/L 的 $AgNO_3$ 溶液中，加入等体积的 2.0×10^{-3}mol/L 的 Na_2SO_4 溶液，有无 Ag_2SO_4 沉淀生成？[$K_{sp(Ag_2SO_4)}=1.4\times10^{-5}$]

解 与例 4-5 同理 $[Ag^+]=2.0\times10^{-3}/2=1.0\times10^{-3}(mol/L)$

$$[SO_4^{2-}]=2.0\times10^{-3}/2=1.0\times10^{-3}(mol/L)$$

$$Q_i=[Ag^+]^2[SO_4^{2-}]=(1.0\times10^{-3})^2\times1.0\times10^{-3}$$

$$=1.0\times10^{-9}<K_{sp}=1.4\times10^{-5}$$

答：由于 $Q_i<K_{sp}$，所以不能生成 Ag_2SO_4 沉淀。

第三节 溶度积的应用

一、沉淀的生成

1. 加入沉淀剂

在 $AgNO_3$ 溶液中加入 KCl，当 $[Ag^+][Cl^-]>K_{sp(AgCl)}$ 时，即有沉淀生成，KCl 溶液就是沉淀剂。

【例 4-7】 为使浓度为 0.0010mol/L 的 CrO_4^{2-} 完全沉淀，需要加入沉淀剂 $AgNO_3$ 晶体，问 Ag^+ 必须达到多大浓度时才能使 CrO_4^{2-} 完全沉淀？[$K_{sp(Ag_2CrO_4)}=9\times10^{-12}$]

解

$$Ag_2CrO_4 \rightleftharpoons 2Ag^+ + CrO_4^{2-}$$

$$K_{sp}=[Ag^+]^2[CrO_4^{2-}]$$

所谓完全沉淀是指溶液中被沉淀的离子浓度不超过 10^{-5}mol/L，则

$$K_{sp}=[Ag^+]^2\times10^{-5}=9\times10^{-12}$$

$$[Ag^+]=\sqrt{9\times10^{-12}/10^{-5}}=9.5\times10^{-4}(mol/L)$$

答：$[Ag^+]$ 必须大于 9.5×10^{-4}mol/L 才能使 CrO_4^{2-} 完全沉淀。

2. 控制溶液的 pH 值

某些难溶的弱酸盐和难溶的氢氧化物，通过控制溶液的 pH 值可以使其沉淀或溶解。

【例 4-8】 计算欲使 0.010mol/L Fe^{3+} 开始沉淀和完全沉淀时溶液的 pH 值。[$K_{sp(Fe(OH)_3)}=1.1\times10^{-36}$]

解 ① 求开始沉淀时溶液的 pH 值

$$Fe(OH)_3(s) \rightleftharpoons Fe^{3+} + 3OH^-$$

$$K_{sp}=[Fe^{3+}][OH^-]^3=1.1\times10^{-36}$$

$$[OH^-]=\sqrt[3]{1.1\times10^{-36}/[Fe^{3+}]}=\sqrt[3]{1.1\times10^{-36}/0.01}=4.79\times10^{-12}$$

$$pH=14-pOH=14-\lg(4.79\times10^{-12})=2.68$$

② 求沉淀完全时溶液的 pH 值

$$[OH^-]=\sqrt[3]{1.1\times10^{-36}/1.0\times10^{-5}}=\sqrt[3]{1.1\times10^{-31}}=4.79\times10^{-11}$$

$$pH=14-pOH=14-\lg(4.79\times10^{-11})=3.68$$

答：使 0.01mol/L Fe^{3+} 开始沉淀时溶液的 pH 值为 2.68，完全沉淀时溶液的 pH 值为 3.68。

3. 分步沉淀

当溶液里同时含有几种离子，而加入某种试剂时该试剂又可以和多种离子生成难溶化合物的沉淀。在这种情况下，离子的沉淀是分步进行还是同时进行？如在含有 Cl^-、Br^-、I^- 的 0.1mol/L 的溶液中，逐滴加入 $AgNO_3$ 试液，此时 Cl^-、Br^-、I^- 是分步沉淀还是同时沉淀？可以通过计算三种离子开始沉淀时所需要的 $[Ag^+]$ 来回答此问题。

(1) Cl^- 开始沉淀时需要的 $[Ag^+]$ 为

$$[Ag^+]=\frac{K_{sp(AgCl)}}{[Cl^-]}=\frac{1.56\times10^{-10}}{0.1}=1.56\times10^{-9}(mol/L)$$

(2) Br^- 开始沉淀时需要的 $[Ag^+]$ 为

$$[Ag^+]=\frac{K_{sp(AgBr)}}{[Br^-]}=\frac{5.0\times10^{-13}}{0.1}=5.0\times10^{-12}(mol/L)$$

(3) I^- 开始沉淀时需要的 $[Ag^+]$ 为

$$[Ag^+]=\frac{K_{sp(AgI)}}{[I^-]}=\frac{1.5\times10^{-16}}{0.1}=1.5\times10^{-15}(mol/L)$$

从计算结果可知，I^- 开始沉淀时需要的 Ag^+ 浓度最小，Br^- 次之，Cl^- 最大。显然，

首先生成 AgI 沉淀，其次是 AgBr，最后是 AgCl，这种先后产生沉淀的现象称为分步沉淀。利用分步沉淀原理，可分离两种离子。两种沉淀的溶度积相差越大，分离越完全。

二、沉淀的溶解

根据溶度积规则，要使沉淀溶解，必须减小该饱和溶液中某一离子的浓度，以使 $Q_i < K_{sp}$，常用的方法有以下几种。

1. 生成弱电解质

难溶于水的氢氧化物都溶于酸。以盐酸溶解 $Mg(OH)_2$ 为例加以说明。

$$\begin{array}{l} Mg(OH)_2 \rightleftharpoons Mg^{2+} + 2OH^- \\ \qquad\qquad\qquad\qquad\qquad + \\ \quad 2HCl = 2Cl^- + 2H^+ \\ \qquad\qquad\qquad\qquad\quad \Downarrow\Uparrow \\ \qquad\qquad\qquad\qquad\quad 2H_2O \end{array}$$

由于 $Mg(OH)_2$ 固体电离出的 OH^- 与酸电离的 H^+ 结合生成了弱电解质水，降低了 OH^- 浓度，$Q_i < K_{sp}$，平衡向沉淀溶解的方向移动。只要加入足量的酸，$Mg(OH)_2$ 将全部溶解。

2. 氧化还原反应

加入氧化剂或还原剂，使某一离子发生氧化还原反应而降低其浓度，进一步使难溶物溶解。如

$$3CuS + 8HNO_3 = 3Cu(NO_3)_2 + 3S\downarrow + 2NO\uparrow + 4H_2O$$

由于 HNO_3 使 CuS 电离出的 S^{2-} 氧化生成了 S，降低了溶液中的 $[S^{2-}]$，使 CuS 的电离平衡向生成 Cu^{2+} 和 S^{2-} 的方向移动，进一步使 CuS 溶解。

3. 生成配合物

$$AgCl(s) + 2NH_3 = [Ag(NH_3)_2]^+ + Cl^-$$

由于 $[Ag(NH_3)_2]^+$ 配离子的生成，降低了 Ag^+ 浓度，破坏了 AgCl 的溶解平衡，并使之向溶解的方向移动，从而使 AgCl 溶解。

4. 沉淀的转化

在含有沉淀的溶液中加入适当试剂，使之与某一离子结合生成为更难溶的物质的过程叫沉淀转化。如在 $PbCl_2$ 的沉淀中加入 Na_2CO_3 溶液后，生成更难溶的沉淀 $PbCO_3$。

$$PbCl_2(s) + CO_3^{2-} = PbCO_3(s) + 2Cl^-$$

这一反应之所以能发生，是由于生成了 K_{sp} 更小的 $PbCO_3$ 沉淀，$PbCO_3$ 沉淀的生成，降低了溶液中的 $[Pb^{2+}]$，破坏了 $PbCl_2$ 的溶解平衡，使 $PbCl_2$ 溶解，最后可全部转化为 $PbCO_3$ 沉淀。

奇妙的水下花园

你见过水下花园吗？在一个盛满无色透明水溶液的玻璃缸中投入几颗不同颜色的固体，不一会儿，在玻璃缸中就会出现各种各样的枝条来，纵横交错地伸长着，绿色的叶子越来越茂盛，鲜艳夺目的花儿也开放突起！一座根深叶茂、五光十色的水下花园，就会展现在眼前。你知道怎样建造这样一座"水下花园"吗？

原来，玻璃缸中原先盛放的那种无色透明的液体不是水，而是一种叫做硅酸钠的水溶液（人们称为水玻

璃）。投入的各种颜色的小颗粒，是几种能溶解于水的有色盐类的小晶体，它们是氯化亚钴、硫酸铜、硫酸铁、硫酸亚铁、硫酸锌、硫酸镍等，这些小晶体与硅酸钠发生化学反应，结果生成紫色的硅酸亚钴、蓝色的硅酸铜、红棕色的硅酸铁、淡绿色的硅酸亚铁、深绿色的硅酸镍、白色的硅酸锌。这些小晶体和硅酸钠的反应，是非常独特而有趣的化学反应。当把这些小晶体投入到玻璃缸里后，它们的表面立刻生成一层不溶于水的硅酸盐薄膜，这层带颜色的薄膜覆盖在晶体的表面上。然而，这层薄膜有个非常奇妙的特性，它只允许水分子通过，而把其他物质的分子拒之门外，当水分子进入这种薄膜之后，小晶体即被水溶解而生成浓度很高的盐溶液存在于薄膜之中，由此而产生了很高的压力，使薄膜鼓起直至破裂。膜内带有颜色的盐溶液流了出来，而后又和硅酸钠反应，生成新的薄膜，水又向膜内渗透，薄膜又重新鼓起、破裂……如此循环下去，每循环一次，花的枝叶就新长出一段。这样，只需片刻，就形成了枝叶繁茂花盛开的水下花园了。

第五章　氧化还原反应

第一节　氧化还原反应概述

一、氧化还原反应

在初中化学里已经学习了物质与氧化合的反应是氧化反应，含氧物质的氧被夺去的反应是还原反应。这两个相反的过程是在同一个反应中同时发生的，这样的反应称为氧化还原反应。现在，从元素氧化值升降的角度来进一步认识氧化还原反应。

1. 氧化值

氧化值是指化合物分子中，各元素的原子形式上的或表观的电荷数。其数值有正负之分。原子形成分子时，得电子或电子对靠近的元素的氧化值为负；反之，失去电子或电子对偏离的元素的氧化值为正。确定氧化值的方法如下。

① 在单质中，元素的氧化值为零。

② 氧的氧化值在正常氧化物中为－2。例外的是过氧化物中的氧元素的氧化值为－1，氟化氧中氧元素的氧化值为正值。

③ 氢元素的氧化值除了在活泼金属氢化物中为－1 外，在一般化合物中其氧化值都为＋1。

④ 在离子型化合物中，元素的氧化值在数值上等于该元素的离子所带的电荷数。

⑤ 在共价型化合物中，元素的氧化值可根据元素吸引共用电子对能力的大小来确定。吸引电子对能力强的元素的氧化值为负值，吸引电子对能力弱的元素的氧化值为正值。

⑥ 在化合物中各元素的氧化值的代数和等于零。

按以上规则，可以求出各种化合物中不同元素的氧化值。如 H_2O_2 中氧元素的氧化值为－1，NaOH 中氢元素的氧化值为－1，$K_2Cr_2O_7$ 中铬元素的氧化值为＋6，而 Fe_3O_4 中铁的氧化值为 8/3，铁的氧化值实际上是 2 个 Fe^{3+} 和 1 个 Fe^{2+} 氧化值的平均值，又称为平均氧化值。

如以氢气还原氧化铜为例来说明氧化还原反应中各元素氧化值的变化情况。

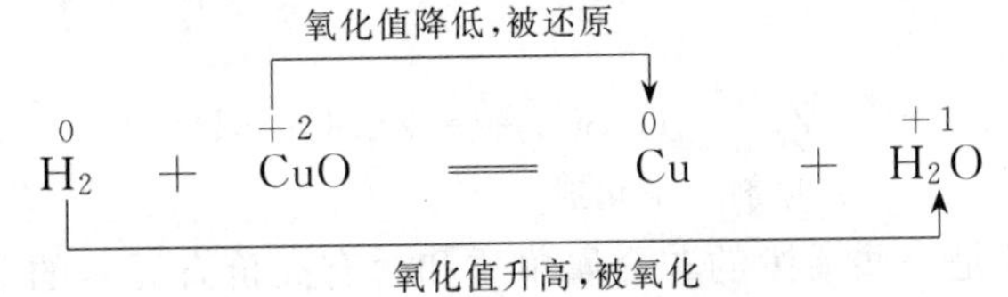

可以看出，氢元素的氧化值由 0 变成了＋1，氧化值升高了，则说氢气被氧化了。同

时铜元素的氧化值由+2变成0，铜元素氧化值降低了，则说氧化铜被还原了。

从氧化值的角度分析大量的氧化还原反应，于是得到以下结论：物质所含元素氧化值升高的反应就是氧化反应，物质所含元素氧化值降低的反应就是还原反应。凡有元素氧化值升降的化学反应就是氧化还原反应。

这样就把氧化还原反应的概念扩展到不一定有氧参加的反应范围，如

$$2Na+Cl_2 = 2NaCl$$

这个反应虽然没有氧元素参加，但它也是一个氧化还原反应。

2. 氧化还原反应中电子的转移

为了进一步认识氧化还原反应的本质，可从电子得失的角度来分析钠与氯气的反应。

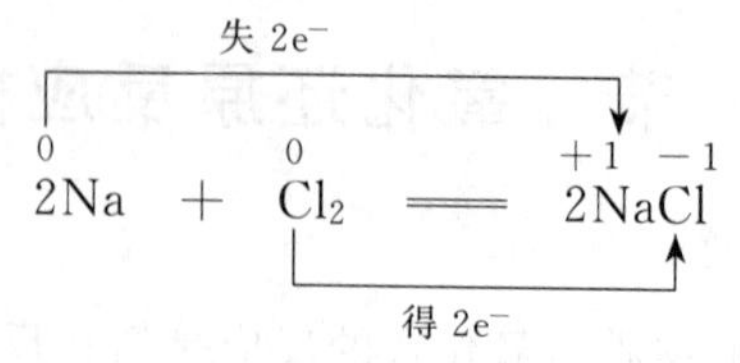

钠与氯气反应时，由于钠原子最外电子层有1个电子，易失去1个电子成为Na^+，而氯原子最外层有7个电子，易得到一个电子成为Cl^-。在这个反应中钠的氧化值从0升到+1，氯的氧化值从0降到−1。通过前面的分析可知，元素氧化值升高就是由于该元素的原子失去了电子，元素氧化值升高的数目就是该元素的原子失去的电子个数。元素的氧化值降低就是由于该元素的原子得到了电子，元素的氧化值降低的数目就是该元素的原子得到的电子个数。于是可得到以下结论：物质失去电子的反应就是氧化反应，物质得到电子的反应就是还原反应。当然，并非所有的氧化还原反应都有电子的得失。如

$$H_2+Cl_2 = 2HCl$$

这个反应也属于氧化还原反应，但在生成的氯化氢分子中氢原子和氯原子之间没有完全失去或得到电子，它们之间靠共用电子结合形成分子，但电子对偏向氯原子而偏离氢原子。所以可以这样说：氧化还原反应的本质是电子的转移，或者说有电子转移（得失或偏移）的化学反应叫氧化还原反应。

氧化还原反应中，电子转移和氧化值的关系可以归为两句话，即氧化失电子，氧化值升高；还原得电子，氧化值降低。

二、氧化剂和还原剂

在氧化还原反应中，失去电子的物质叫还原剂。还原剂本身被氧化，表现为所含元素氧化值升高。还原剂具有还原性。

在氧化还原反应中，得到电子的物质叫氧化剂。氧化剂本身被还原，表现为所含元素氧化值降低。氧化剂具有氧化性。

氧化剂和还原剂与氧化反应和还原反应一样，总是同时存在于一个氧化还原反应中，如

$$\underset{\text{还原剂}}{Zn} + \underset{\text{氧化剂}}{H_2SO_4} = ZnSO_4 + H_2$$

常见的氧化剂都是一些活泼的非金属单质和含有高价态元素的化合物，因为这些物质在氧化还原反应中易得电子。如Cl_2、Br_2、I_2、O_2、$KMnO_4$、$KClO_3$、H_2SO_4、

HNO_3 等。

常见的还原剂都是一些活泼的金属单质和含有低价态元素的化合物，因为这些物质在氧化还原反应中都易失去电子。如 Zn、Mg、Na、Fe、Al、H_2、KI、Na_2SO_3、H_2S 等。

为了更清楚地表明氧化还原反应中电子转移的方向和数目，通常采用单线桥法。如

$$\overset{2e^-}{\overbrace{2Na \quad + \quad Cl_2}} \quad = \quad 2NaCl$$

还原剂　氧化剂

箭头表明电子转移的方向，即钠元素的两个钠原子共失去两个电子，转给了氯元素的两个氯原子。

第二节 氧化还原反应方程式的配平

一、氧化值升降法

下面以硫与稀硝酸的反应为例介绍氧化值升降法配平化学方程式的步骤。

（1）步骤 1　写出反应物和生成物的化学式。

$$S + HNO_3 —— SO_2\uparrow + NO\uparrow + H_2O$$

（2）步骤 2　标出氧化值发生变化的元素的氧化值及其变化值。

氧化值升高 4

$$\overset{0}{S} + H\overset{+5}{N}O_3 —— \overset{+4}{S}O_2\uparrow + \overset{+2}{N}O\uparrow + H_2O$$

氧化值降低 3

（3）步骤 3　求出氧化值变化值的最小公倍数，再分别除以氧化值升降值，将商作为对应反应物和产物化学式前的系数。

氧化值升高 4 × 3

$$3\overset{0}{S} + 4H\overset{+5}{N}O_3 —— 3\overset{+4}{S}O_2\uparrow + 4\overset{+2}{N}O\uparrow + H_2O$$

氧化值降低 3 × 4

（4）步骤 4　调平其他元素的原子个数，并把短线改成等号。

$$3S + 4HNO_3 = 3SO_2\uparrow + 4NO\uparrow + 2H_2O$$

【例 5-1】 配平铜与稀硝酸反应的化学方程式。

解　① 按步骤 1

$$Cu + HNO_3 —— Cu(NO_3)_2 + NO\uparrow + H_2O$$

② 按步骤 2

氧化值升高 2

$$\overset{0}{Cu} + H\overset{+5}{N}O_3 —— \overset{+2}{Cu}(NO_3)_2 + \overset{+2}{N}O\uparrow + H_2O$$

氧化值降低 3

③ 按步骤 3

$$\overset{0}{3Cu} + \overset{+5}{HNO_3} —— \overset{+2}{3Cu(NO_3)_2} + \overset{+2}{2NO}\uparrow + H_2O$$

（氧化值升高 2×3；氧化值降低 3×2）

④ 按步骤 4　可以看出上述反应里，有 2 个 NO_3^- 还原成 NO，还有 6 个 NO_3^- 没有参加氧化还原反应，所以硝酸的系数应是二者之和为 8，于是得

$$3Cu + 8HNO_3 = 3Cu(NO_3)_2 + 2NO\uparrow + 4H_2O$$

像例 5-1 这种类型的氧化还原反应称为部分氧化还原反应。

【例 5-2】 配平氯气通入热的浓氢氧化钠溶液的化学反应方程式。

解　① 按步骤 1

$$Cl_2 + NaOH —— NaCl + NaClO_3 + H_2O$$

② 按步骤 2

$$\overset{0}{Cl_2} + NaOH —— \overset{-1}{NaCl} + \overset{+5}{NaClO_3} + H_2O$$

（氧化值降低 1；氧化值升高 5）

③ 按步骤 3

$$\overset{0}{Cl_2} + NaOH —— \overset{-1}{5NaCl} + \overset{+5}{1NaClO_3} + H_2O$$

（氧化值降低 1×5；氧化值升高 5×1）

④ 按步骤 4　有 1 个 Cl 原子作还原剂，有 5 个 Cl 原子作氧化剂，共 6 个 Cl 原子，即 3 个 Cl_2 参加反应，则

$$3Cl_2 + 6NaOH = 5NaCl + NaClO_3 + 3H_2O$$

像例 5-2 这种类型的反应，即在同一分子内同一元素既被氧化又被还原的氧化还原反应，称为歧化反应。

除此之外，氧化还原反应的类型还有很多种，如氧化还原反应发生在同一分子内不同元素之间，或者有两种以上元素参加氧化还原的，等等，这里就不再一一举例了。总而言之，运用氧化值升降法，基本上能将绝大多数的氧化还原反应比较准确、快速地配平，但对于个别方程式，特别是多种元素参加氧化还原反应的，或者是同一种元素反应后产生多种价态的氧化还原反应，运用氧化值升降法配平化学反应方程式还是比较麻烦和困难，另一种配平化学反应方程式的方法为待定系数法。

二、待定系数法

1. 基本原理

对于任意一个给定的化学方程式 A＋B ══ C＋D，只要一旦配平，反应前后各类原子的个数必然相等。利用这一点，先设定各物质前的系数，假定这时已经相等，再利用反应前后各类原子个数相等的关系建立方程，然后通过解方程组，求出各系数就可以了。

【例 5-3】 配平 NH_4HCO_3 —— $NH_3\uparrow+H_2O+CO_2\uparrow$

解 设各物质前的系数分别为 a,b,c,d,那么方程式配平之后,即

$$aNH_4HCO_3 = bNH_3\uparrow+cH_2O+dCO_2\uparrow$$

利用反应前后各类原子数相等,可得

N 原子 $a=b$

H 原子 $5a=3b+2c$

C 原子 $a=d$

O 原子 $3a=c+2d$

解方程组得 $a=b=c=d=1$,代入原方程可得

$$NH_4HCO_3 = NH_3\uparrow+H_2O+CO_2\uparrow$$

2. 基本步骤

如果每一个化学方程式都像上面这样列式求解方程组,比较麻烦。事实上,对于绝大多数的方程式,设定两个系数,即"1"和"n"基本都能配平了。而一些比较简单的方程式,只需设定系数"1"就可配平。下面举例说明。

【例 5-4】 配平 $Cu(NO_3)_2$ 受热分解的方程式

解 $Cu(NO_3)_2$ —— $CuO+NO_2\uparrow+O_2\uparrow$

设定 $Cu(NO_3)_2$ 前面的系数为"1",利用反应前后各原子个数相等的关系便直接可确定各生成物前的系数。

$$1Cu(NO_3)_2 — 1CuO+2NO_2\uparrow+\frac{1}{2}O_2\uparrow$$

将分数改为整数,短线改为等号,则

$$2Cu(NO_3)_2 = 2CuO+4NO_2\uparrow+O_2\uparrow$$

【例 5-5】 配平 $KIO_3+KI+H_2SO_4$ —— $K_2SO_4+I_2+H_2O$

解 此方程如果只任意设定一种物质前的系数为"1",则无法确定反应前后各物质前的系数,于是再另设定一物质前的系数为"n",便可确定了。

假设 KIO_3 前的系数为"1",KI 前的系数为"n",利用反应前后各原子个数相等的关系,便可确定其余物质前的系数了。

$$1KIO_3+nKI+(n+1)/2H_2SO_4 = (n+1)/2K_2SO_4+(n+1)/2I_2+(n+1)/2H_2O$$

利用确定各系数过程中没有用到的氧原子列等式(注意不能选用过的原子列等式,否则无解),得到

氧原子 $3+4(n+1)/2=4(n+1)/2+(n+1)/2$

求出 $n=5$

代回原方程可得 $KIO_3+5KI+3H_2SO_4 = 3K_2SO_4+3I_2+3H_2O$

如果解出 n 值为分数,代回原方程后,需将所有的分数化成最小的整数。

由此得出用待定系数法配平氧化还原反应方程式的一般步骤如下。

① 设定较复杂的物质前的系数为"1",如果能确定其余各物质的系数便可直接确定。

② 如果仅设一个系数"1",还不能确定所有物质前的系数,需再选一种物质,设定它的系数为"n",然后从反应物到生成物或者从生成物到反应物依次确定其他各种物质前的系数,确定的原则是选定一种原子,利用反应前后原子个数相等的关系进行确定。

③ 当所有物质前的系数都确定好后，必然有一种原子没有被利用过，就以这种原子为标准列等式求出未知的“n”。

④ 将“n”值代回原方程，算出各物质前的系数，方程便配平了。

通过学习可以发现，待定系数法是一种比较简单易掌握的方法，它除了可以配平氧化还原反应方程式外，对非氧化还原反应方程式也同样适用。

三、离子-电子法简介

离子-电子法的配平原则是，氧化还原反应中氧化剂和还原剂得失电子数必然相等。现举例说明配平步骤。

【例 5-6】 $KMnO_4 + FeSO_4 + H_2SO_4 \longrightarrow Fe_2(SO_4)_3 + MnSO_4 + K_2SO_4 + H_2O$

解 ① 将化学方程式改成离子反应式

$$MnO_4^- + Fe^{2+} + H^+ \longrightarrow Fe^{3+} + Mn^{2+} + H_2O$$

② 分别写出氧化、还原反应式并配平

氧化反应 $Fe^{2+} - e^- \longrightarrow Fe^{3+}$

还原反应 $MnO_4^- + 8H^+ + 5e^- \longrightarrow Mn^{2+} + 4H_2O$

为了使 MnO_4^- 被还原成 Mn^{2+}，必须要有 H^+ 与 MnO_4^- 中的 O 反应生成 H_2O，所以需要一定的 H^+ 参加。

③ 调整两个反应的系数，使得失电子数相等，然后把两个反应相加，消去电子。

$$\begin{array}{rl} & 5Fe^{2+} - 5e^- \longrightarrow 5Fe^{3+} \\ +) & MnO_4^- + 8H^+ + 5e^- \longrightarrow Mn^{2+} + 4H_2O \\ \hline & 5Fe^{2+} + MnO_4^- + 8H^+ \longrightarrow 5Fe^{3+} + Mn^{2+} + 4H_2O \end{array}$$

④ 调整反应式两边所有的原子数相等，再改写成分子方程式。

$$10FeSO_4 + 2KMnO_4 + 8H_2SO_4 = 5Fe_2(SO_4)_3 + 2MnSO_4 + K_2SO_4 + 8H_2O$$

【例 5-7】 配平 $ClO^- + Cr(OH)_4^- \longrightarrow Cl^- + CrO_4^{2-}$

解 ① 写出氧化还原反应式并配平

氧化反应 $Cr(OH)_4^- + 4OH^- - 3e^- \longrightarrow CrO_4^{2-} + 4H_2O$

还原反应 $ClO^- + H_2O + 2e^- \longrightarrow Cl^- + 2OH^-$

说明：在 $Cr(OH)_4^- \longrightarrow CrO_4^{2-}$ 反应中，左边有 H 原子而右边没有，故在 H 原子多的一边加 OH^-（说明反应在碱性溶液中进行），使它生成 H_2O。而在 $ClO^- \longrightarrow Cl^-$ 反应中显然左边有 O 原子右边没有，为使 O 原子相等，通常在 O 原子多的一边加 H_2O，故在反应式左边加入 H_2O，右边生成 OH^-。

② 调整两个反应的系数使得失电子数相等，然后相加，并消去电子

$$\begin{array}{rl} & 2Cr(OH)_4^- + 8OH^- - 6e^- \longrightarrow 2CrO_4^{2-} + 8H_2O \\ +) & 3ClO^- + 3H_2O + 6e^- \longrightarrow 3Cl^- + 6OH^- \\ \hline & 2Cr(OH)_4^- + 2OH^- + 3ClO^- = 2CrO_4^{2-} + 3Cl^- + 5H_2O \end{array}$$

离子电子法的优点是可以避免求氧化值的麻烦，对于许多复杂反应，特别是分析中的氧化还原滴定相关反应方程式的配平是很方便的。

第三节 原 电 池

一、原电池的原理

物质发生化学变化时常伴有化学能与热能或光能的相互转化，那么化学能是怎样转变

为电能的？

【实验 5-1】 如图 5-1 所示，把一块锌片和一块铜片平行地插入盛有稀硫酸溶液的烧杯里，可以看到锌片上有气体放出，铜片上则没有气体放出。再用导线把锌片和铜片连接起来，观察铜片上有没有气体放出。在导线中间插入一个电流计，观察指针是否偏转。

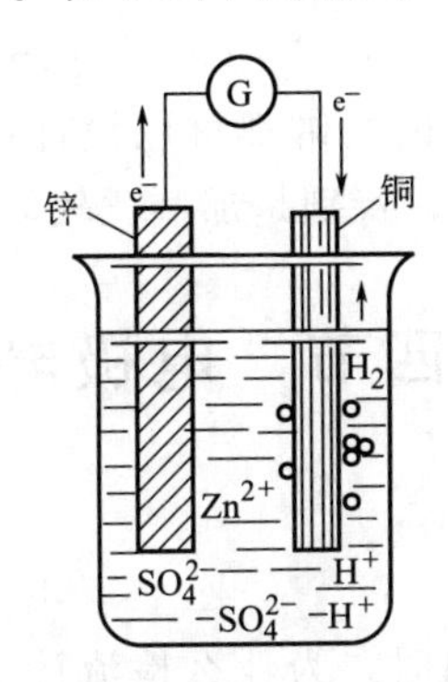

图 5-1　原电池示意图

实验结果表明：用导线连接后，锌片在不断溶解，铜片上有氢气产生。电流计指针发生偏转。这说明当铜片和锌片一同浸入稀 H_2SO_4 时，由于锌比铜活泼，容易失去电子，锌被氧化成 Zn^{2+} 而进入溶液，电子由锌片通过导线流向铜片，溶液中的 H^+ 从铜片获得电子，被还原成氢原子，氢原子结合成氢分子从铜片上放出。

这个实验证明上述氧化还原反应确实因电子的转移而产生了电流，这种把化学能变为电能的装置叫原电池。

二、原电池的电极反应及电池的表示

原电池中电子流出的一极是负极（如锌片），电极被氧化。电子流入的一极是正极（如铜片），H^+ 在正极上被还原。

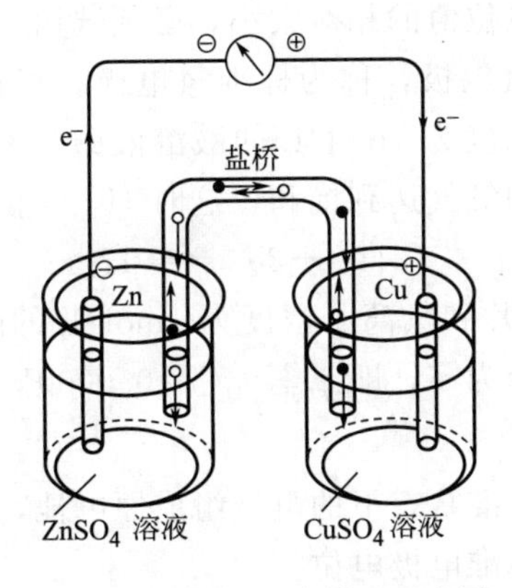

图 5-2　铜锌原电池装置示意图

原电池中的反应如下

锌电极：　$Zn-2e^- = Zn^{2+}$　　（氧化反应）

铜电极：　$2H^+ + 2e^- = H_2$　　（还原反应）

电池反应：　$Zn + 2H^+ = Zn^{2+} + H_2$　　（氧化还原反应）

原电池的表示方法：$(-)Zn|H_2SO_4|Cu(+)$

式中，"｜"表示界面。如果中间有盐桥，用"‖"表示盐桥。如将锌和锌盐溶液与铜和铜盐溶液分开为两个半电池，外电路用导线接通，半电池用盐桥沟通，如图 5-2 所示。

这样得到的 Cu-Zn 原电池可以表示为：

$$(-)Zn|Zn^{2+}(1mol/L) \parallel Cu^{2+}(1mol/L)|Cu(+)$$

任何一个氧化还原反应，从理论上讲都可以设计成一个原电池，证明有电子转移发生，然而实际操作有时会发生困难，特别是那些比较复杂的反应。

第四节 电极电位

一、电极电位

1. 电极电位

在测定 Cu-Zn 原电池电流方向时，为什么检流计的指针总是指示一个偏转方向，即电子由 Zn 到 Cu，而不是相反呢？这是因为两个电极之间存在着电位差，就如同水有水位差，水就会自然流动一样。电位差的存在，表明构成原电池的两个电极各自具有不同电位，这个电位是在金属和它的盐溶液接触处产生的，我们把它叫做电极电位。一般用符号 φ 表示，单位是伏特（V）。

原电池的正极与负极的电位差，就是原电池的电动势，常用符号 E 表示。原电池的电动势规定为正极电位减去负极电位，即 $E=\varphi_{(+)}-\varphi_{(-)}$。

2. 标准氢电极

如何测定电极的电位？电极电位的绝对值至今仍无法测定。但电极电位值是表示构成电极的电对在氧化还原反应中争夺电子能力大小的一个量度。因此不必知道它们的绝对值，只要知道它们之间相对大小的数值就可以判断它们在氧化还原反应中争夺电子能力的强弱。为了获得各种电极的电位值的相对大小，必须选用一个适用的标准电极。

目前通用的标准电极是氢电极，称为标准氢电极。将铂片表面镀上一层多孔的铂黑（细粉状的铂），放入氢离子浓度为 1mol/L 的酸溶液中，不断地通入压力为 101.3kPa 的氢气流，使铂黑电极上吸附的氢气达到饱和，这时 H_2 与溶液中的 H^+ 达到以下平衡：

$$2H^+ + 2e^- \rightleftharpoons H_2$$

被 101.3kPa 氢气饱和了的铂片和氢离子浓度为 1mol/L 的酸溶液之间产生的电位差就是标准氢电极的电极电位，规定为零，即 $\varphi^{\ominus}_{(H^+/H_2)}=0.0000V$。

3. 标准电极电位

标准氢电极与其他各种标准状态下的电极组成原电池，用实验方法测得这个原电池的电动势数值，就是该电极的标准电极电位。

常用的一些标准电极电位列于附录之中。

二、能斯特方程

化学反应实际上经常在非标准状态下进行，这时的电极电位又如何计算呢？实验证明，影响电极电位的因素，在温度一定时（一般指 298K），主要是溶液中的离子浓度（或气体的分压）。经理论推导证明，电极电位与溶液中离子浓度的定量关系式，可用能斯特方程式表示。

1. 能斯特方程

$$\varphi=\varphi^{\ominus}+\frac{0.059}{n}\lg\frac{[\text{氧化态}]^a}{[\text{还原态}]^b}$$

式中 n——电极反应中得失电子数；

$\varphi^{\ominus}$——电极的标准电极电位；

φ——任意浓度下的电极电位；

$\frac{[\text{氧化态}]^a}{[\text{还原态}]^b}$——表示参加电极反应的所有氧化态、还原态物质浓度乘积之比，浓度的方次等于电极反应中氧化态或还原态的系数。

在电极反应中，固态、纯液态物质的浓度取1.0，离子浓度单位为mol/L。

【例5-8】 已知 $\varphi^{\ominus}_{Zn^{2+}/Zn}=-0.763V$，求 $[Zn^{2+}]=0.001mol/L$ 的盐溶液中锌电极的电位。

解

$$Zn^{2+}+2e^-\rightleftharpoons Zn$$

$$\begin{aligned}\varphi&=\varphi^{\ominus}+\frac{0.059}{n}\lg\frac{[\text{氧化态}]^a}{[\text{还原态}]^b}\\&=-0.763+\frac{0.059}{2}\lg\frac{[Zn^{2+}]}{[Zn]}\\&=-0.763+\frac{0.059}{2}\lg0.01\\&=-0.852\ (V)\end{aligned}$$

答：在该条件下锌电极的电位值为－0.852V。

2. 介质的酸度对氧化还原反应的影响

在许多电极反应中，H^+ 或 OH^- 的电荷数虽然没有变化，却参与了电极反应。当它们的浓度改变时，对电极电位也产生较大的影响。例如重铬酸根和铬离子的电极反应

$$Cr_2O_7^{2-}+14H^++6e^-=2Cr^{3+}+7H_2O$$

氢离子在氧化型中出现，参与了电极反应，反应生成水，氢离子浓度与电极电位的关系可以用能斯特方程求出。

当 $[H^+]=1mol/L$ 时，$\varphi_{Cr_2O_7^{2-}/Cr^{3+}}=1.33V$

当 $[H^+]=2mol/L$ 时，$\varphi_{Cr_2O_7^{2-}/Cr^{3+}}=1.37V$

当 $[H^+]=10^{-3}mol/L$ 时，$\varphi_{Cr_2O_7^{2-}/Cr^{3+}}=0.916V$

在该反应中，由于氢离子浓度的指数很高，氢离子浓度甚至可成为控制电极电位的决定因素。这就是说，在酸性溶液中，重铬酸钾能氧化的某些物质，在中性溶液中就不一定能氧化了，这就是许多氧化还原反应要求在一定酸度下进行的道理。

介质酸度除了可能影响氧化还原反应发生的方向外，还会有以下两个方面的影响。

① 氧化还原反应的产物因介质不同而异。如高锰酸钾在酸性、中性、碱性介质中可以分别被还原为 Mn^{2+}、MnO_2 和 MnO_4^{2-}。

② 介质的酸度影响氧化还原反应的速率。如分别在硫酸、醋酸溶液中进行重铬酸钾与溴化钾的反应。前者速度快，后者速度慢。

三、电极电位的应用

1. 判断氧化剂、还原剂的相对强弱

电极电位的大小，反应了物质得失电子的难易，即反映了物质氧化还原能力的强弱。电极电位值越小，表示该电对中的还原态物质越易失去电子，是越强的还原剂；电极电位

值越大，表示该电对中的氧化态物质越易获得电子，是越强的氧化剂。

【例 5-9】 比较 Cl_2/Cl^-，Fe^{2+}/Fe，Ag^+/Ag 三个电对中，氧化态物质氧化能力大小的顺序。

解 查表得 $\varphi^{\ominus}_{Cl_2/Cl^-}=1.36V$ $\varphi^{\ominus}_{Fe^{2+}/Fe}=0.44V$ $\varphi^{\ominus}_{Ag^+/Ag}=0.799V$

故氧化态物质氧化能力由大到小的顺序为：Cl_2，Ag^+，Fe^{2+}。

2. 判断氧化还原反应进行的方向

根据原电池的电动势，可以判断氧化还原反应进行的方向，具体判断步骤如下。

① 按给定的反应方向，根据元素氧化值的变化情况，确定氧化剂和还原剂。

② 分别查出氧化电对和还原电对的标准电极电位。

③ 以氧化剂的电对为正极，还原剂的电对为负极，组成原电池并计算其标准电动势$E^{\ominus}=\varphi^{\ominus}_{(+)}-\varphi^{\ominus}_{(-)}$

若 $E^{\ominus}>0$，则反应自发正向进行。

若 $E^{\ominus}<0$，则反应自发逆向进行。

【例 5-10】 判断标准状态下，反应 $Fe^{2+}+Cu = Fe+Cu^{2+}$ 自发进行的方向。

解 由 $Fe^{2+}+Cu = Fe+Cu^{2+}$ 推出，Fe^{2+} 是氧化剂，Cu 是还原剂。

查表得

$$\varphi_{Fe^{2+}/Fe}=-0.44V \quad \varphi_{Cu^{2+}/Cu}=0.337V$$

$$E^{\ominus}=\varphi^{\ominus}_{(+)}-\varphi^{\ominus}_{(-)}=-0.44V-0.337V=-0.777V$$

$$E^{\ominus}<0$$

所以反应自发地逆向进行。

3. 判断氧化还原反应的次序。

某溶液中同时含有 Br^- 和 I^-，当向溶液中通入氯气时，哪种离子先被氧化呢？可以根据它们与氯的电位差的大小，判断被氧化的次序。

查表得 $\varphi^{\ominus}_{I_2/I^-}=+0.545V$，$\varphi^{\ominus}_{Br_2/Br^-}=+1.065V$，$\varphi^{\ominus}_{Cl_2/Cl^-}=+1.36V$

所以

$$\Delta\varphi^{\ominus}_1=\varphi^{\ominus}_{Cl_2/Cl^-}-\varphi^{\ominus}_{I_2/I^-}=1.36-0.545=0.815(V)$$

$$\Delta\varphi^{\ominus}_2=\varphi^{\ominus}_{Cl_2/Cl^-}-\varphi^{\ominus}_{Br_2/Br^-}=1.36-1.065=0.295(V)$$

由此可以知道，溶液中的 I^- 首先被氧化，然后才是 Br^- 被氧化。反应的方程式如下

$$Cl_2+2I^- = I_2+2Cl^-$$

$$Cl_2+2Br^- = Br_2+2Cl^-$$

关于氧化还原的次序，通常有以下规律：当把一种氧化剂加入同时含有几种还原剂的溶液中时，氧化剂首先与最强的还原剂（$E^{\ominus}$最小的电对中的还原态物质）发生反应。反之，如果把一种还原剂加入到同时含有几种氧化剂的溶液中，还原剂首先与最强的氧化剂（$E^{\ominus}$最大的电对中的氧化态物质）发生反应。

第五节 电 解

一、电解的原理

电解质溶液的导电与金属的导电是不同的。金属导电时金属本身看不出变化，电解质溶液导电时，电解质则发生了明显的变化。

【实验 5-2】 如图 5-3 所示，往 U 形管中注入 $CuCl_2$ 溶液，插入两根石墨棒作电极，用湿润的碘化钾淀粉试纸放在阳极碳棒附近，检验放出的气体。接通直流电源，观察管内发生的现象。

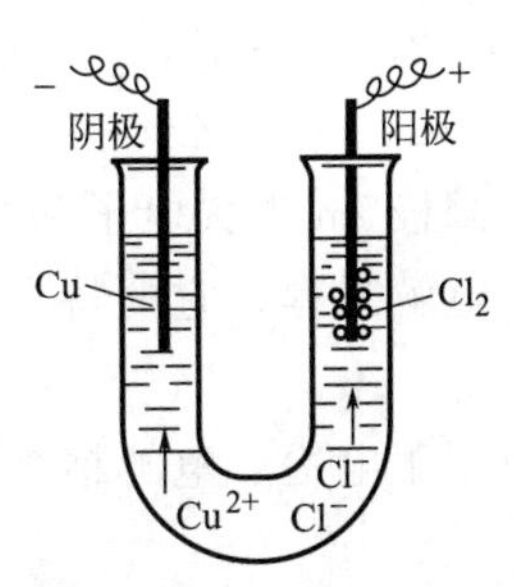

图 5-3　$CuCl_2$ 溶液电解实验装置示意图

从实验可以看出，通电后不久，在作为阴极的碳棒上有一层铜覆盖在它的表面，说明有铜析出。在阳极碳棒上有气泡放出，从它的气味和它能使湿润的碘化钾淀粉试纸变蓝的特性，可以判断放出的气体是氯气。由此可见，氯化铜溶液受到电流的作用，在导电的同时发生了化学变化，生成了铜和氯气。

那么，通电时氯化铜溶液为什么会生成铜和氯气呢？这是因为，在氯化铜溶液中存在着以下电离过程

$$CuCl_2 = Cu^{2+} + 2Cl^-$$

向溶液通电后，根据异性相吸的原理，Cu^{2+} 向阴极移动，Cl^- 向阳极移动。在阳极，Cl^- 失去电子生成氯原子，然后两两结合成氯分子，从阳极放出。在阴极，Cu^{2+} 得到电子生成金属铜，覆盖在阴极上。像这种在外加电源作用下被迫发生的氧化还原过程叫电解。发生电解的装置叫电解池或电解槽。与电源的负极相连的电极是电解池的阴极，与电源正极相连的电极是电解池的阳极。电解时，阳离子在阴极上得到电子发生还原反应；阴离子在阳极上失去电子发生氧化反应。如

阳极　　$2Cl^- - 2e^- = Cl_2\uparrow$　　（氧化反应）

阴极　　$Cu^{2+} + 2e^- = Cu$　　（还原反应）

电池反应　　$CuCl_2 \xlongequal{电解} Cu + Cl_2\uparrow$

二、电解原理的应用

1. 工业上生产烧碱就是用电解饱和食盐水的方法，其原理与电解 $CuCl_2$ 溶液是相似的。

阳极　　$2Cl^- - 2e^- = Cl_2\uparrow$　　（氧化反应）

阴极　　$2H^+ + 2e^- = H_2\uparrow$　　（还原反应）

由于溶液中 H^+ 得电子的能力比 Na^+ 强，故阴极上是 H^+ 得电子生成 H_2。电解饱和食盐水的总的方程式为

$$2NaCl + 2H_2O \xlongequal{通电} 2NaOH + H_2\uparrow + Cl_2\uparrow$$

2. 电镀

电镀是应用电解原理，在金属或其他制品表面上镀上一薄层其他金属或合金的过程。电镀时，把待镀金属制品作阴极，把镀层金属作阳极，用含有镀层金属离子的溶液作电解

液。在直流电的作用下，镀件表面就会覆盖上一层光滑、均匀、致密的镀层。如镀锌时，用锌片作阳极，待镀件作阴极，连接直流电源，不久就可以看到镀件表面被镀上了一层锌。其电极反应为

阳极 $Zn - 2e^- = Zn^{2+}$ （氧化反应）

阴极 $Zn^{2+} + 2e^- = Zn$ （还原反应）

由此可见，镀锌过程包括了在阳极Zn失去电子和在阴极Zn^{2+}得到电子的氧化还原过程。因此，电镀过程实质上是一个电解过程，它的特点是阳极本身也参加了电极反应，即失去电子而溶解。

除此之外，电解原理还广泛应用于电冶、电解精炼等。

知识窗

怎样保养金银饰品

金银首饰已经成为许多人的装饰品。精美的饰品如果保养不当，会失去原来的色泽，影响美观。因此，在佩戴时应注意保养，一旦沾上污物，应该及时清洗。目前市场上销售的黄金首饰中，含有一定数量的杂质，这些杂质在一定条件下能发生氧化反应，使首饰发生褪色或变色现象。因此，不要戴着金首饰烤火、做饭或用热水洗东西，也不要接触酸、碱或水银。

银能与硫发生反应，生成黑色的硫化银。冬季用煤火炉取暖的房间，以及烧煤火做饭的厨房中，空气里都有含硫的化合物。如果在这种环境中佩戴银饰物，就可能在表面生成一层薄薄的黑色硫化银膜。银首饰还不能和工业废水、废气接触，也不宜跟香水、香粉、香脂及硫黄香皂接触，同时也不宜长期与汗水接触。因为汗水中含有氯离子，也能与银发生反应，银饰品一旦被汗水浸湿后，应立即用软布擦干净。

第六章　物质结构与元素周期律

第一节　原子结构

一、原子核

原子是由居于原子中心的带正电的原子核和核外带负电的电子构成的。原子核又由质子和中子构成，质子带一个单位正电荷，中子不带电，电子带一个单位的负电荷。由于原子核所带电荷与核外电子所带电荷的电量相等而电性相反，因此整个原子不显电性。电子的质量很小，原子的质量主要集中在原子核上。如果忽略电子的质量，将原子核内所有的质子和中子的相对质量取近似整数值加起来，所得的数值叫做质量数，用符号 A 表示，质量数与相对原子质量近似相等。

$$质量数\ A=质子数\ Z+中子数\ N$$

$$核电荷数=质子数=核外电子数$$

归纳起来，如以 ${}_{Z}^{A}\mathrm{X}$ 表示一个质量数为 A，质子数为 Z 的原子，那么，构成原子的粒子间的关系可以表示如下。

$$原子\ ({}_{Z}^{A}\mathrm{X})\begin{cases}原子核\begin{cases}质子数\ Z\\中子数\ (A-Z)\end{cases}\\核外电子\end{cases}$$

二、同位素

同种元素的原子所含质子数相同，那么，它们所含的中子数是否也相同呢？科学实验证明不一定相同。例如有不含中子的普通氢原子称为氕，记为 ${}_{1}^{1}\mathrm{H}$，含有 1 个中子的重氢原子称为氘，记为 ${}_{1}^{2}\mathrm{H}$ 或 D，含有 2 个中子的超重氢原子称为氚，记为 ${}_{1}^{3}\mathrm{H}$ 或 T。

人们将原子里具有相同质子数和不同中子数的同一元素的原子互称为同位素。一般用在元素符号的左下角记核电荷数，左上角记质量数的方法表示同一元素的各种同位素。很多元素都有同位素，如碳元素有 ${}_{6}^{12}\mathrm{C}$，${}_{6}^{13}\mathrm{C}$，${}_{6}^{14}\mathrm{C}$ 等几种同位素。同一元素的各种同位素虽然质量数不同，但它们的化学性质几乎完全相同。

人们平常所说的某种元素的相对原子质量，实际上是按各种天然同位素原子所占的一定质量分数算出来的平均值。如元素氯是两种 Cl 原子同位素的混合物，人们平常所用到的氯的相对原子质量 35.5 是按以下方法计算的。

符号	同位素的原子量	在自然界中各同位素原子的质量分数/%
${}_{17}^{35}\mathrm{Cl}$	34.969	75.77
${}_{17}^{37}\mathrm{Cl}$	36.966	24.23

$$34.969 \times 0.7577 + 36.966 \times 0.2423 = 35.453$$

即氯的相对原子质量为35.5。

第二节　原子核外电子的排布

一、原子核外电子运动的特征

1. 电子云

原子核外的电子的运动形式和日常生活中接触到的客观物体不一样，既不能计算出它们在某一时刻所在的位置，也无法画出它们的运动轨迹。只能指出它在原子核外空间某处出现机会的多少。通常用小黑点的疏密来表示电子在核外空间单位体积内出现机会的多少。电子在核外空间一定范围内出现，好像带负电荷的云雾笼罩在原子核周围。人们形象地称它为电子云。图6-1所示就是氢原子的电子云示意图。

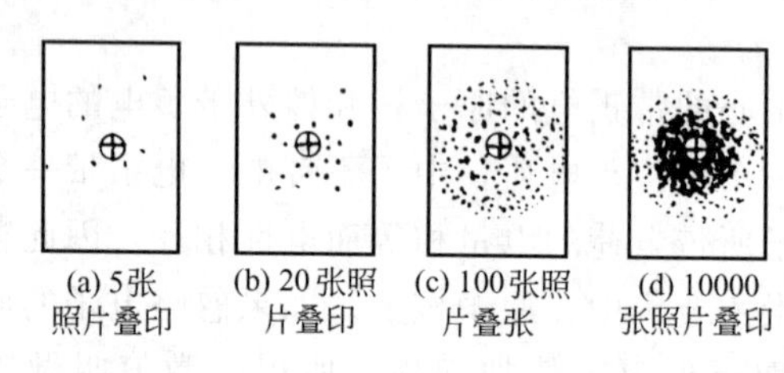

图6-1　将千万张氢原子瞬间照相叠印的结果

由图6-1可知，氢原子核外的电子云呈球形对称。在离核越近的地方电子出现的机会越多，在离核越远的地方电子出现的机会越少。

2. 四个量子数

要准确地描述核外电子的运动状态必须用四个量子数。

(1) 主量子数 n

核外电子不是杂乱无章地运动的，而通常是按能量的高低从里往外分层排布的。离原子核最近的称为第一层，其次是第二层，第三层…，这个层次就是主量子数 n，n 值可以为1，2，3，4…，与其对应的层次符号为K，L，M，N…

(2) 副量子数 l

在核外的每一个电子层里，电子的能量仍然不相同，我们将其分为亚层。每一个亚层，实际上就是代表一个不同形状的电子云。副量子数 l，就是描述电子云形状的一个量子数。在同一电子层内，电子云有几个形状，就有几个亚层，亚层分别用s，p，d，f表示，l 的取值可为（$n-1$）的所有正整数。例如

主量子数			
$n=1$	$l=0$	电子云呈球形	称1s轨道
$n=2$	$l=0$	电子云呈球形	称2s轨道
	$l=1$	电子云呈哑铃形	称2p轨道
$n=3$	$l=0$	电子云呈球形	称3s轨道
	$l=1$	电子云呈哑铃形	称3p轨道
	$l=2$	电子云呈花瓣形	称3d轨道

……

由此可见，n 值越大，l 值越多，电子云的亚层数越多，形状越复杂。图6-2和图6-3所示分别是s电子云和p电子云的示意图。

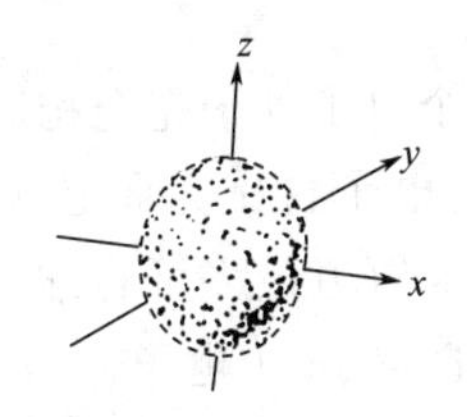

图 6-2　s 电子云示意图

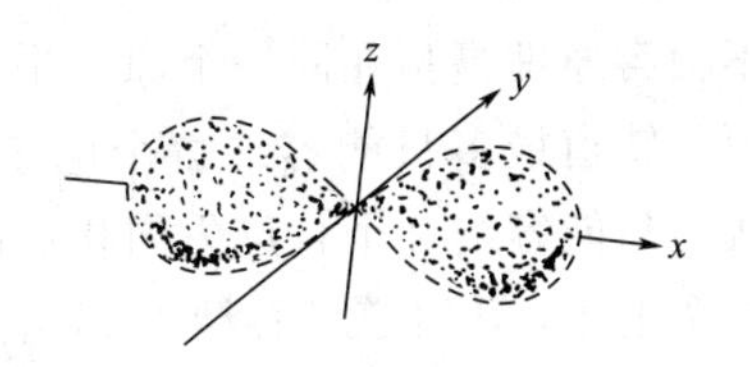

图 6-3　p 电子云示意图

（3）磁量子数 m

磁量子数是表示电子云在空间伸展方向的量子数，m 取值与 l 有关，从 $+l \sim -l$（包括 0）之间的一切正整数，每一取值都代表一个方向，取值越多，方向越多，如 $l=0$ 时，$m=0$，在空间只有一种状态，无方向性。$l=1$ 时，m 可以为 $+1$、0、-1，表示在空间有三个伸展方向。我们把电子层、电子云的形状和空间伸展方向都确定的运动状态称为一个轨道。s 状态有一个轨道，p 状态有 3 个轨道，d 状态有 5 个轨道，f 状态有 7 个轨道，每个轨道最多可容纳 2 个电子。

（4）自旋量子数 m_s

自旋量子数表示电子在核外运动时，自身转动的方向，即顺时针和逆时针两种方向，通常用箭头↑和↓表示。

综上所述，由三个量子数可以确定一个轨道，而由于电子本身有自旋，所以四个量子数可以描述一个电子的运动状态。由于每个轨道可以容纳两个自旋方向相反的电子，所以每个轨道最多容纳的电子数都是轨道数目的 2 倍。

二、核外电子的排布

核外电子的排布一般有如下几个规律。

1. 能量最低原理

能量最低原理是指核外电子在原子轨道上的分布，总是尽可能地使电子的能量为最低。即先排在能量低的轨道上，再排在能量较高的轨道上。这就是说，电子首先填充 1s 轨道，然后按如图 6-4 所示的次序依次向较高能级填充。

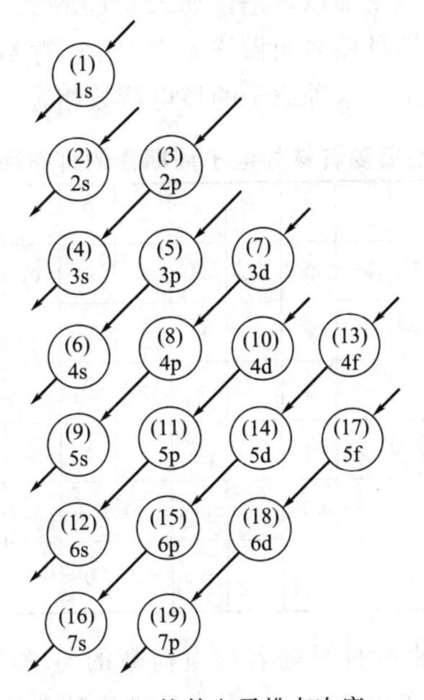

图 6-4　核外电子排布次序

2. 泡利不相容原理

泡利不相容原理是指在同一个原子中，不可能有两个电子处于完全相同的状态。或者说，每个原子轨道最多只能容纳 2 个电子，而且这两个电子自旋方向必须相反。由此可知，每个轨道只能容纳 2 个自旋方向相反的电子，所以 s 轨道最多可容纳 2 个电子，p 轨道可容纳 6 个电子，d 轨道可容纳 10 个电子，f 轨道可容纳 14 个电子。

3. 洪德规则

洪德规则的含意为最多轨道原则。它表明，在 n 和 l 相同的轨道上分布的电子，将尽可能分占 m 不同的轨道，且自旋方向相同。如碳原子中 2 个 p 电子的排布，按洪德规则为 2p [↑|↑|]，而不是 2p [↑↓| |]；氮原子中 3 个 p 电子的排布为 2p [↑|↑|↑]。

作为洪德规则的特例，电子在等价轨道中全充满、半充满或全空的状态一般比较稳定，即

$$\text{相对稳定的状态}\begin{cases}\text{全充满}\ p^6 & d^{10} & f^{14}\\ \text{半充满}\ p^3 & d^5 & f^7\\ \text{全空}\ p^0 & d^0 & f^0\end{cases}$$

所以 24 号元素 Cr 的电子排布是 $1s^2 2s^2 2p^6 3s^2 3p^6 3d^5 4s^1$；29 号元素 Cu 的电子排布是 $1s^2 2s^2 2p^6 3s^2 3p^6 3d^{10} 4s^1$。

第三节 元素周期律与元素周期表

一、元素周期律

一切客观事物本来是互相联系的和具有内部规律的。因此，各元素之间也应存在着相互联系和内部规律。为了认识这种规律性，将核电荷数为 1～18 的元素的核外电子排布、原子半径和主要氧化值列成表来加以讨论，如表 6-1 所示。为了方便，人们按核电荷数由小到大的顺序给元素编号，这种序号叫做该元素的原子序数。

显然，原子序数在数值上与这种原子的核电荷数相等。

表 6-1 元素性质随着核外电子周期性的排布而呈周期性的变化

原子序数	1	2	3	4	5	6	7	8	9	10	11	12	13	14	15	16	17	18
元素名称	氢	氦	锂	铍	硼	碳	氮	氧	氟	氖	钠	镁	铝	硅	磷	硫	氯	氩
元素符号	H	He	Li	Be	B	C	N	O	F	Ne	Na	Mg	Al	Si	P	S	Cl	Ar
核外电子层数	1	1	2	2	2	2	2	2	2	2	3	3	3	3	3	3	3	3
最外层电子数	1	2	1	2	3	4	5	6	7	8	1	2	3	4	5	6	7	8
原子半径/10^{-10}m	0.37	1.22	1.52	0.89	0.82	0.77	0.75	0.74	0.71	1.60	1.86	1.60	1.43	1.17	1.10	1.02	0.99	1.91
氧化值	+1	0	+1	+2	+3	+4 −4	+5 −3	−2	−1	0	+1	+2	+3	+4 −4	+5 −3	+6 −2	+7 −1	0

从表 6-1 可以看出，元素的性质随着核电荷数的递增而呈周期性的变化。再分析 18 号以后的元素，也有这样的变化规律。把元素的性质随着核电荷数的递增而呈周期性变化

的规律叫做元素周期律。

为什么元素的性质会随着核电荷数的递增而呈周期性的变化呢？这是因为当把元素按原子序数递增的顺序依次排列时，原子最外层上的电子数目由1～8，呈现出明显的周期性变化，电子层结构重复 s^1 到 s^2p^6 的变化。所以每一周期（除第1周期外）都是由活泼的碱金属开始，以稀有气体结尾。而每一次这样的重复，都意味着一个新周期的开始，一个旧周期的结束。同时，原子最外层电子数目的每一次重复出现，元素就重复呈现某些相似的性质。因为元素的化学性质主要取决于它的最外层电子层的结构，而最外层电子层的结构，又是由核电荷数和核外电子排布规律所决定的。元素性质的周期性变化是元素原子的核外电子排布的周期性变化的必然结果。

二、元素周期表

根据元素周期律，把现在已知的一百多种元素中电子层数相同的各种元素，按原子序数递增的顺序从左到右排成横行，再把不同横行中最外层电子数目相同的元素按电子层数递增的顺序由上而下排成纵行，这样得到的一个表，称为元素周期表（见附录）。

元素周期表是元素周期律的具体表现形式，它反映了元素之间相互联系的规律。

1. 元素周期表的结构

（1）周期　元素周期表中，每一横行称为一个周期。周期表中共有7个横行，称为7个周期。其中第1、2、3周期称为短周期；第4、5、6周期称为长周期；第7周期称为不完全周期。

第6周期中，从57号元素镧（La）到71号元素镥（Lu），共15种元素，它们的电子层结构和性质非常相似，总称镧系元素。为了使表结构紧凑，将镧系元素放在周期表的同一格里，并按原子序数递增的顺序，把它们列在表的下方，实际上还是各占一格。同样，第7周期中从第89元素锕（Ac）到103号元素铹（Lr）共15种元素，也是性质相似，在周期表中也放在同一格里，称为锕系元素，也放在周期表的下方。

元素所在的周期数等于该元素原子的电子层层数。

（2）族　元素周期表中有18个纵行，除第8、9、10纵行叫第ⅧB族外，其余15个纵行每个纵行标作一族。族又分为主族和副族。由短周期元素和长周期元素共同构成的族叫主族，分别用ⅠA、ⅡA、ⅢA…表示；完全由长周期元素构成的族叫副族，分别用ⅠB、ⅡB、ⅢB…表示。稀有气体元素化学性质不活泼，把它们的氧化值看作0，因而叫做0族。

主族元素的族序数等于该元素原子的最外层电子数。

2. 元素的性质与原子结构的关系

（1）原子结构与元素的金属性和非金属性　同一周期中，各元素的原子核外电子层数虽然相同，但从左到右，核电荷数依次增加，原子半径逐渐减小，失电子能力逐渐减弱，得电子能力逐渐增强。因此，金属性逐渐减弱，非金属性逐渐增强。那么，一般从哪些方面来判断元素的金属性或非金属性的强弱呢？一般地，可以从金属元素的单质与水或酸起反应置换出氢的难易，元素最高价氧化物的水化物即氢氧化物的碱性强弱来判断元素金属性的强弱；可以从元素最高价氧化物的水化物的酸性强弱，或从与氢气反应生成气态氢化物的难易，来判断元素非金属性的强弱。下面以第三周期元素为例，来研究同周期元素金属性和非金属性的递变规律。

第11号元素钠的单质能跟冷水起剧烈反应，放出氢气，生成的氢氧化钠是一种强碱。12号元素镁不易与冷水作用，但在加热条件下能与水反应产生氢气，所生成的氢氧化镁的碱性也比氢氧化钠弱，说明它的活泼性不如钠强。13号元素铝与盐酸的反应远不如镁与盐酸的反应剧烈，也就是说，铝的金属活泼性不如镁强。而且铝的氧化物和氢氧化物已表现出两性。

a. 氧化铝既能与酸反应，又能与碱反应。

$$Al_2O_3 + 6HCl \xlongequal{} 2AlCl_3 + 3H_2O$$

$$Al_2O_3 + 2NaOH \xlongequal{} \underset{\text{偏铝酸钠}}{2NaAlO_2} + H_2O$$

像氧化铝这类既能与酸起反应生成盐和水，又能与碱起反应生成盐和水的氧化物叫做两性氧化物。

b. 氢氧化铝既能与酸反应，又能与碱反应。

【实验 6-1】 在试管中注入少量的氯化铝溶液，再加入3mol/L的氢氧化钠溶液，直到产生大量的白色沉淀为止。然后把沉淀分成两份，分别加入3mol/L的硫酸和6mol/L的氢氧化钠溶液，观察发生的现象。

可以看到，生成的氢氧化铝沉淀既能与硫酸反应，又能与氢氧化钠溶液反应。反应的化学方程式如下

$$AlCl_3 + 3NaOH \xlongequal{} Al(OH)_3\downarrow + 3NaCl$$

$$2Al(OH)_3 + 3H_2SO_4 \xlongequal{} Al_2(SO_4)_3 + 6H_2O$$

$$H_3AlO_3 + NaOH \xlongequal{} NaAlO_2 + 2H_2O$$

像氢氧化铝这样既能与酸反应又能与碱反应的氢氧化物叫做两性氢氧化物。这就说明铝已表现出一定的非金属性。

第14号元素硅是非金属元素，硅只有在高温下才能与氢气反应生成气态氢化物SiH_4，而硅的最高价氧化物对应的水化物H_4SiO_4是一种很弱的酸；第15号元素磷的蒸气和氢气能起反应生成气态氢化物PH_3，但相当困难，它的最高价氧化物对应的水化物H_3PO_4属中强酸；第16号元素硫是比较活泼的非金属元素，在加热时硫与氢气比较容易地生成气态硫化氢，它的最高价氧化物对应的水化物H_2SO_4是一种强酸；第17号元素氯是很活泼的非金属，氯气与氢气在光照或点燃时能发生爆炸生成气态氯化氢，它的最高价氧化物对应的水化物$HClO_4$是已知酸中最强的酸；第18号元素氩是稀有气体。综上所述可以得出如下结论。

$$\overrightarrow{\text{Na Mg Al Si P S Cl}}$$

以此顺序元素的金属性逐渐减弱，非金属性逐渐增强。

以其他周期元素的化学性质逐一进行分析，也会得到类似的结论。

对同一主族的元素，由于从上到下电子层数增多，原子半径增大，失去电子能力逐渐增强，得电子能力逐渐减弱，所以元素的金属性逐渐增强，非金属性逐渐减弱。这可以从碱金属元素和卤素的化学性质的递变中得到证明。碱金属元素的金属性从上到下逐渐增强，卤素的非金属性从上到下逐渐减弱。

元素周期表中，主族元素性质的递变规律如表6-2所示。

表 6-2　主族元素金属性和非金属性的递变

族 周期	ⅠA	ⅡA	…	ⅢA	ⅣA	ⅤA	ⅥA	ⅦA	ⅧA
1									
2				B					
3				Al	Si				
4					Ge	As			
5						Sb	Te		
6							Po	At	
7									

非金属性逐渐增强（→）；金属性逐渐增强（↓）；非金属性逐渐增强（↑）；金属性逐渐增强（←）；稀有气体元素

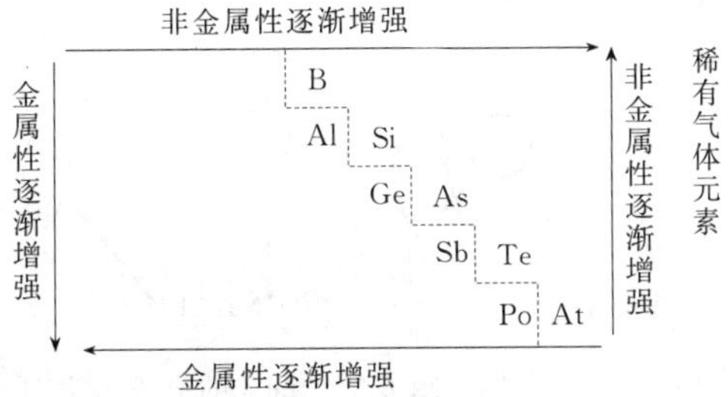

（2）原子结构与氧化值　元素的氧化值与原子的电子层结构密切相关，特别是与最外层电子的数目有关。一般将原子的最外层电子称为价电子。在周期表中，主族元素的最高正氧化值和它的负氧化值绝对值的和等于8。因为非金属元素的最高正氧化值等于原子失去或偏移的最外层上的电子数；而它的负氧化值，则等于原子最外层达到8个电子稳定结构所需得到的电子数。

副族元素和第ⅧA族元素的氧化值比较复杂，这里就不再一一讨论了。

通过以上分析可以看出，元素周期律和周期表所揭示的规律，对学习和研究化学有着非常重要的作用。

第四节　分子结构

学习了原子结构以及原子结构与元素性质递变关系的初步知识，下面将学习有关原子怎样互相结合形成分子，以及分子结构与物质性质的关系等的初步知识。

一、化学键

为什么仅仅一百多种元素能够形成成千上万种物质呢？原子是怎样结合成分子的？要回答这些问题，就必须研究原子在形成分子时的相互作用。分子是由原子构成的，如果要把构成分子的原子重新拆开，必须外加很大的能量，这说明原子之间存在着相互作用。

分子内相邻的两个或多个原子之间强烈的相互作用称为化学键。化学键分为离子键、共价键和金属键。

1. 离子键

以 NaCl 的形成过程为例，说明离子键的概念。

$$2Na + Cl_2 = 2NaCl$$

钠原子最外层有1个电子，易失去这个电子成为阳离子；氯原子最外层有7个电子，易夺得1个电子成为阴离子。阴、阳离子相互吸引。同时，原子核与原子核之间，电子与电子之间都存在着排斥力。当吸引力与排斥力达到平衡时，阴、阳离子之间便形成了稳定的化学键。钠离子和氯离子就结合形成氯化钠。其形成过程可表示为如图6-5所示。

氯化钠的形成也可以用电子式表示。在化学反应中，发生变化的常常是原子的最外层电子。为了简便起见，可以在元素符号的周围用小黑点（或×）来表示原子的最外层电

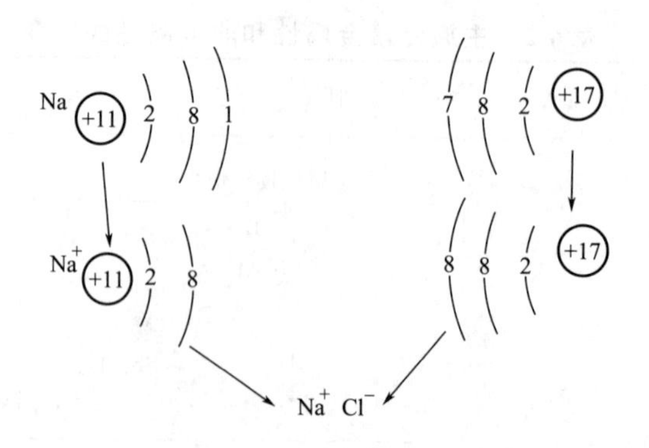

图 6-5 NaCl 的形成示意图

子，这种式子叫做电子式。如

H×	:Cl·	·O·	Na×	×Mg×
氢原子	氯原子	氧原子	钠原子	镁原子

氯化钠的形成用电子式表示如下

$$\mathrm{Na}^{\times} + \cdot\ddot{\underset{\cdot\cdot}{\mathrm{Cl}}}\colon \longrightarrow \mathrm{Na}^{+}\left[\,{}^{\times}_{\cdot}\ddot{\underset{\cdot\cdot}{\mathrm{Cl}}}\colon\right]^{-}$$

像氯化钠这样，阴、阳离子之间通过静电作用所形成的化学键叫离子键。

一般地，活泼金属（如钾、钠、钙）与活泼非金属（如氯、氧、溴等）化合时都能形成离子键。由离子键形成的化合物称为离子化合物。

2. 共价键

共价键是另一类重要的化学键，下面以氢分子的形成来说明共价键的概念。

$$\mathrm{H}+\mathrm{H} = \mathrm{H_2}$$

氢原子核外只有 1 个电子，在形成氢分子的过程中，由于两个氢原子吸引电子的能力相同，所以，电子不可能像氯化钠形成时那样从一个氢原子转移到另一个氢原子，而是两个氢原子各提供 1 个电子，在两个氢原子之间共用，形成共用电子对。这两个共用电子对的电子在两个氢原子核的周围运动，使每个氢原子都具有稀有气体氦原子的稳定结构。当两个氢原子相互结合时，共用电子对与两个原子核的吸引作用和两个带正电荷的原子核之间存在的排斥作用达到平衡时，就形成了稳定的氢分子。氢分子的形成用电子式表示如下。

$$\mathrm{H}\cdot + \cdot\mathrm{H} \longrightarrow \mathrm{H}\,\colon\,\mathrm{H}$$

像氢分子这样，原子间通过共用电子对所形成的化学键叫共价键。

对于由共价键形成的分子，除了用电子式表示它的形成过程以外，还可以用结构式表示。化学上用一根短线来表示一对共用电子，如氢分子可表示为 H — H，这种用短线来表示一对共用电子的式子称为结构式。

氯分子的形成与氢分子相似。两个氯原子共用一对电子，这样，每个氯原子都具有氩原子的电子层结构。氯分子可以用下列式子表示。

:Cl:×Cl× 　　　Cl—Cl

氮分子的形成与氯分子相似，只是有三对电子共用，形成三键。氮分子可用下式表示。

:N⋮⋮N: 　　　N≡N

氯化氢分子是由不同的非金属原子以共价键结合的分子，其形成过程可以表示如下。

H× + ·Cl: ⟶ H×Cl:

氯化氢的结构式为　H—Cl

水分子可用下列式子表示

H×O: 　　H—O—H（角形）
　×·
　H

在分子中，两个成键原子的核间距称为键长。例如 H—H 键的键长为 0.74×10^{-10} m，如图 6-6 所示。一般来说，两个原子之间所形成的键越短，键就越强，越牢固。

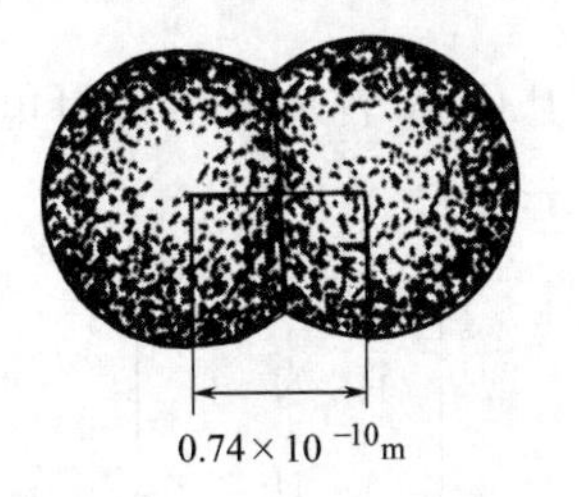

图 6-6　H—H 键的键长

氢原子在形成氢分子的过程中要放出热量，如下式。

$$H + H \longrightarrow H_2 + 436kJ$$

反之，如果要将 1mol H_2 分子拆开，使 1mol 的 H_2 分子分裂为 2mol H 原子，就需要吸收 436kJ 的热量。即

$$H_2 + 436kJ \longrightarrow H + H$$

拆开 1mol 某种键所需要吸收的能量称为键能。键能越大，表明化学键越牢固，含有该键的分子越稳定。表 6-3 列出了一些共价键键能的数值。

表 6-3　一些共价键的键能

键	键能/(kJ/mol)	键	键能/(kJ/mol)	键	键能/(kJ/mol)
H—H	435.97	S—S	213.1	S—H	339.6
C—C	347.9	C—H	413.7	H—F	563.17
Cl—Cl	242.67	C—N	413.38	H—Cl	431.79
Br—Br	193.72	N—H	390.78	H—Br	366.1
I—I	152.72	O—H	462.75	H—I	298.74

在分子中键和键之间的夹角叫做键角。如水分子中两个 O—H 键间的夹角为 104°30′，二氧化碳分子中两个 C═O 键成直线，夹角为 180°，氨分子中两个 N—H 键

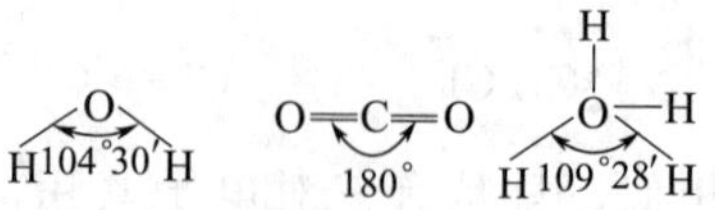

H
|
O—H
H 109°28′ H

$$\underset{H\ 104°30'\ H}{\overset{O}{\wedge}} \qquad O=C=O\ (180°)$$

图 6-7 H_2O、CO_2、CH_4 分子中的键角

的夹角为 107°18′，甲烷分子中两个 C—H 键的夹角为 109°28′。如图 6-7 所示。

上面介绍的共价键，其共用电子对都是由两个原子共同提供而形成的。还有一类特殊的共价键，共用电子对是由一个原子单方面提供而跟另一个原子共用的，这样的共价键叫配位键。下面以铵离子（NH_4^+）的形成过程为例来说明配位键的形成。用电子式表示如下。

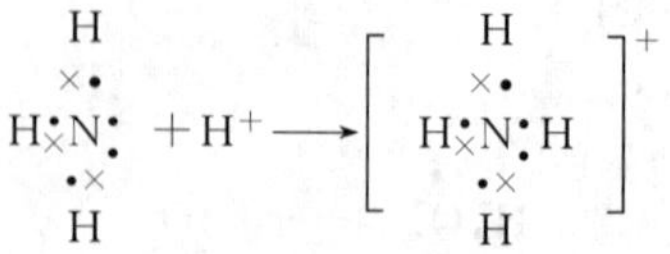

$$\mathrm{H\overset{\cdot}{\times}\overset{H}{\underset{H}{N}}\colon} + H^+ \longrightarrow \left[\mathrm{H\overset{\cdot}{\times}\overset{H}{\underset{H}{N}}\colon H}\right]^+$$

由上式可以看出，氨分子的氮原子与 3 个氢原子以共价键结合，在氮原子上还有一对电子没有与其他原子共用，这对电子叫孤对电子。当氨分子和氢离子相互作用时，氨分子中的氮原子提供出这对孤对电子与氢原子共用，形成了配位键，生成了铵离子。

配位键通常以 A→B 表示，其中 A 表示提供孤对电子的原子，B 表示接受电子的原子。氨离子的结构式可表示为

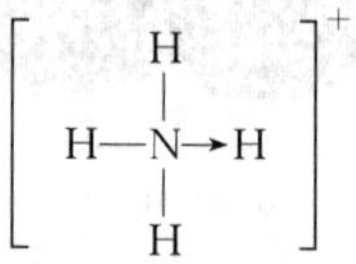

$$\left[\begin{array}{c} H \\ | \\ H—N\rightarrow H \\ | \\ H \end{array}\right]^+$$

在铵离子中，虽然有一个 N—H 键与其他三个 N—H 键的形成过程不同，但是实验测定，它们的键长、键能、键角都是一样的，四个键所表现出来的化学性质也完全相同。所以，铵离子的结构式通常也用下式表示。

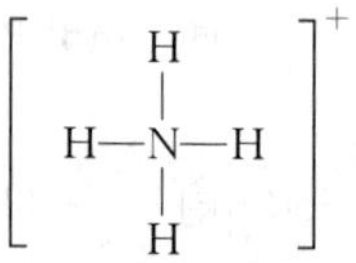

$$\left[\begin{array}{c} H \\ | \\ H—N—H \\ | \\ H \end{array}\right]^+$$

二、非极性分子和极性分子

1. 非极性键和极性键

在单质分子中，共价键是由同种原子形成的，成键的两个原子吸引电子的能力是相同的，共用电子对不偏向任何一个原子，这两个电子在键的中央出现的机会最多，成键的原子都不显电性。这种共价键叫做非极性共价键，简称非极性键。如 H—H 键、 F—F 键都是非极性键。

在氯化氢分子中，成键的两个原子吸引电子的能力不相同，共用电子对必然偏向吸引电子能力强的氯原子一方，而偏离吸引电子能力弱的氢原子一方，从而使氯原子带部分负电荷，氢原子带部分正电荷。这种共价键叫做极性共价键，简称极性键。如：HF、NH_3、CH_4 等分子中的共价键都是极性键。

2. 非极性分子和极性分子

如果分子中的键都是非极性的，共用电子对不偏向任何一个原子，从整个分子来看，分子里电荷分布是对称的，这样的分子叫非极性分子。以非极性键结合而形成的双原子分子都是非极性分子，如 H_2、O_2、N_2 等都是非极性分子。

以极性键结合的双原子分子如 HCl 分子，共用电子对将偏向吸引电子能力强的氯原子，使氯原子一端带部分负电荷，氢原子一端带部分正电荷，整个分子的电荷分布不对称，这样的分子叫极性分子。以极性键结合的双原子分子都是极性分子，如 HF、HI 等。以极性键结合的多原子分子，可能是极性分子，也可能是非极性分子，这主要决定于分子中各键的空间排列。例如二氧化碳的结构式为 O═C═O，两个氧原子对称地位于碳原子的两侧，CO_2 分子中的 C═O 键是极性键，因为氧原子吸引电子的能力大于碳原子，共用电子对偏向于氧原子，使氧原子带部分负电荷。但是，从整个 CO_2 分子来看，两个 C═O 键是对称排列的，两键的极性互相抵消，整个分子没有极性。所以，二氧化碳分子是非极性分子。除了 CO_2 分子以外，常见的非极性分子还有二硫化碳（CS_2）、甲烷（CH_4）、三氟化硼（BF_3）等。

水分子的结构式为 H—O—H（O 位于上方，两个 H 分列两侧呈角形）。可以看出，水分子不是直线型的，两个 O—H 键之间的键角为 104°30′，H—O 键是极性键，因为氧原子吸引电子的能力大于氢原子，共用电子对偏向于氧原子，氧原子带部分负电荷，氢原子带部分正电荷。由于氢原子分布在分子的一端，所以整个分子的电荷分布不对称，水分子是极性分子。

除了水分子以外，常见的极性分子还有氨分子（NH_3）、二氧化硫分子（SO_2）、硫化氢分子（H_2S）等。

三、晶体

晶体就是经过结晶过程而形成的具有规则的几何外形的固体。在晶体里，构成晶体的微粒有分子、原子、离子等，这些微粒是有规则地排列的。根据组成晶体的微粒的种类及微粒之间的作用不同可以把晶体分成离子晶体、分子晶体、原子晶体和金属晶体。本章主要介绍离子晶体、分子晶体和原子晶体。

1. 离子晶体

离子间以离子键结合而形成的晶体叫做离子晶体。在离子晶体中，阴、阳离子按一定规律在空间排列，图 6-8 所示为 NaCl 晶体结构。

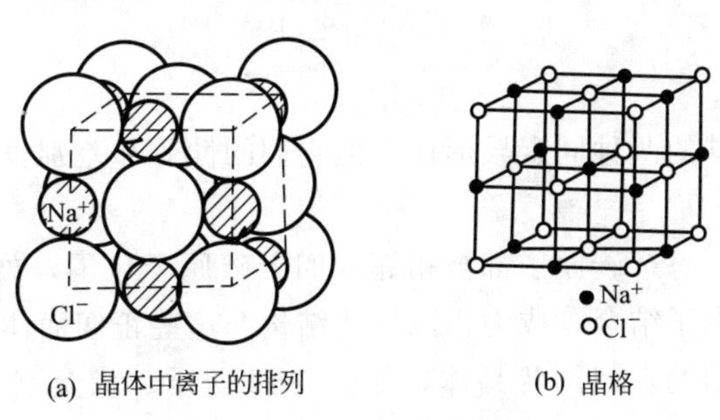

(a) 晶体中离子的排列　　(b) 晶格

图 6-8　NaCl 晶体结构

可以看出，在 NaCl 晶体中，构成晶体的微粒是 Na^+ 和 Cl^-，每个 Na^+ 同时吸引着 6

个 Cl^-，每个 Cl^- 也同时吸引着 6 个 Na^+。这样交替延伸就构成了氯化钠晶体。同样，在 CsCl 晶体中，每个 Cl^- 同时吸引着 8 个 Cs^+，每个 Cs^+ 也同时吸引着 8 个 Cl^-。因此，在氯化钠或氯化铯晶体中都不存在单个的 NaCl 分子和单个的 CsCl 分子，只存在 Na^+（或 Cs^+）和 Cl^-，它们的个数比是 1∶1。所以，严格地说，NaCl 和 CsCl 都是仅表示晶体中离子个数比的化学式，而不是表示分子组成的分子式。

在离子晶体中，离子间存在着较强的离子键，因此，离子晶体一般来说有这样一些特点，即熔点、沸点较高，硬度较高，密度较大，难于压缩，难于挥发。

2. 分子晶体

(1) 分子间作用力　水在常温下是液体，降低温度时能变为固体，加热时能变为气体。同样，常温下氯气、氧气、二氧化碳是气体，在降低温度、增大压力时能凝结为液体，进一步凝结为固体。这说明物质的分子间存在着一种作用力，叫分子间作用力。这种分子间作用力又叫范德华力。

分子间作用力与化学键不同。首先，化学键是分子内相邻原子间强烈的相互作用，而分子间作用力是存在于分子和分子之间的。其次，分子间作用力比化学键要弱得多，化学键的键能一般为 120～800kJ/mol，而分子间作用力通常约为几千焦每摩至几十千焦每摩。如氯化氢分子中的 H—Cl 键的键能为 431.8kJ/mol，而氯化氢分子间作用力只有 21kJ/mol。第三，分子间作用力是决定物质的物理性质（熔点、沸点、溶解度等）的主要因素，而化学键是决定物质化学性质的主要因素。

(2) 分子晶体　分子间以范德华力相互结合的晶体叫分子晶体。由于范德华力比较弱，所以分子晶体有以下特点，即熔点较低，沸点较低，硬度较小。图 6-9 所示为固体二氧化碳的晶体结构。

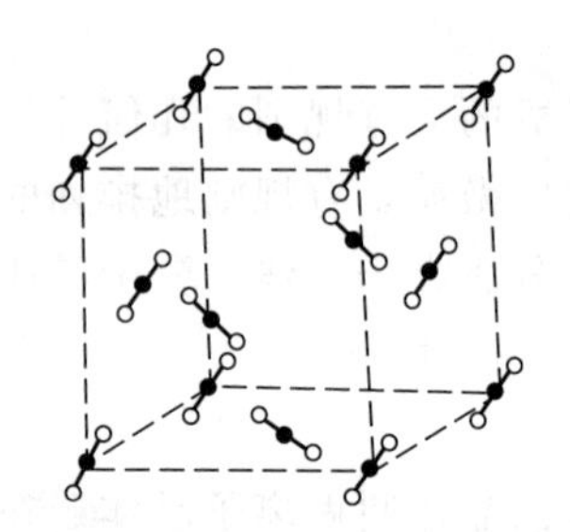

图 6-9　固体 CO_2 晶体结构

●—代表 C；○—代表 O

3. 原子晶体

金刚石和石墨是碳的两种同素异形体，但它们的性质却差别很大，这主要是它们的晶体结构不相同的原因。

在金刚石晶体中，每个碳原子都被相邻的四个碳原子包围，处于四个碳原子的中心，以共价键与这四个碳原子结合，成为正四面体结构，这些正四面体结构向空间发展，构成一种坚硬的、彼此联结的空间网状晶体，如图 6-10 所示。像金刚石晶体这样，相邻原子间以共价键相结合而形成空间网状结构的晶体叫做原子晶体。由于原子晶体中原子之间以较强的共价键相结合，所以原子晶体有以下特点，即熔点高，沸点高，难溶于溶剂。如金刚石的熔点为 3823K，沸点为 5100K。

石墨的晶体是层状结构，如图 6-11 所示。在每一层内，碳原子排列成六边形，一个个六边形排列成平面的网状结构。每个碳原子都与其他三个碳原子以共价键相结合。由于同一层上的碳原子间以较强的共价键结合，所以石墨的熔点很高。又由于层与层之间相邻的碳原子以微弱的范德华力相结合，片层之间容易滑动，所以石墨质软。

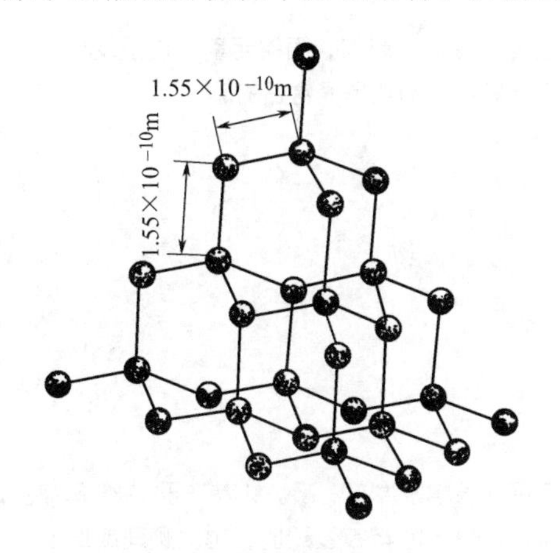

图 6-10　金刚石结构示意图

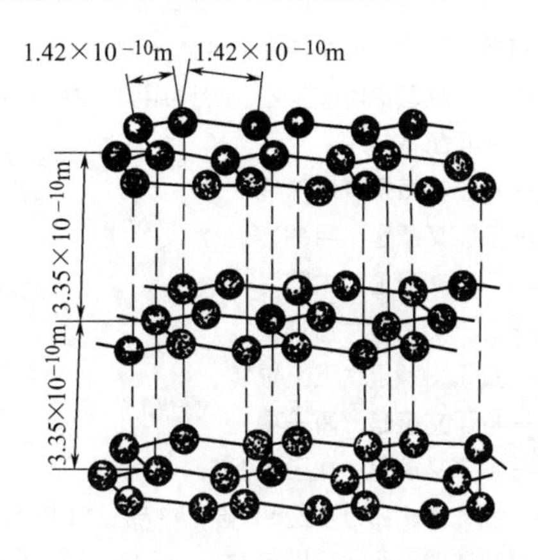

图 6-11　石墨结构示意图

化学元素命名趣谈

19 世纪初，随着越来越多的化学元素被发现和各国科学文化交流的日益扩大，化学家们开始意识到有必要统一化学元素的命名。瑞典化学家贝齐里乌斯首先提出，用欧洲各国通用的拉丁文来统一命名化学元素，从此改变了化学元素命名上的混乱状况。

化学元素的拉丁文名称，在命名时都有一定的含义，或是为了纪念发现者的地点、发现者的祖国，或是为了纪念某科学家，或是借用星宿名和神名，或是为了表示这一元素为某一特性。在把这些拉丁文名称翻译成中文时，也有多种做法。一是沿用古代已有的名称，一是借用古字，而最多的则是另创新字。在这些大量新造的汉字中，大致又可分为谐声造字和会意造字两类。

一、以地名命名

镁——拉丁文意是“美格里西亚”，为一希腊城市。

锶——拉丁文意为“思特朗提安”，为苏格兰地名。

镓——拉丁文意是“家里亚”，为法国古称。

铪——拉丁文意是“哈夫尼亚”，为哥本哈根古称。

铼——拉丁文意是“莱茵”，欧洲著名的河流。

镅——拉丁文意是“美洲”。

二、以人名命名

钐——拉丁文意是“杉马尔斯基”，俄国矿物学家。

锿——拉丁文意是“爱因斯坦”。

镄——拉丁文意是“费米”，美国物理学家。

钔——拉丁文意是“门捷列夫”。

锘——拉丁文意是“诺贝尔”。

铹——拉丁文意是“劳伦斯”，回旋加速器的发明人。

三、以神论命名

钒——拉丁文意是“凡娜迪丝”，希腊神话中的女神。

钷——拉丁文意是“普罗米修斯”，即希腊神话中那位偷火种的英雄。

钍——拉丁文意是“杜尔”，北欧传说中的雷神。

钽——拉丁文意是“旦塔勒斯”，希腊神话中的英雄。

铌——拉丁文意是“尼奥婢”，即旦塔勒斯的女儿。

说来有趣的是钽、铌两种元素性质相似，在自然界往往是共生在一起的，而铌元素也正是从含钽的矿石中被分离发现的。从这个角度来看，分别用父、女的名字来命名它们，确实是很合适的。

四、以星宿命名

碲——拉丁文意是“地球”。

硒——拉丁文意是“月亮”。

氦——拉丁文意是“太阳”。

铈——拉丁文意是“谷神星”。

铀——拉丁文意是“天王星”。

镎——拉丁文意是“海王星”。

钚——拉丁文意是“冥王星”。

其中的铀、镎、钚分别是 92 号、93 号、94 号元素，在周期表中紧挨在一起。铀最先于 1781 年被发现，因其时天王星被发现不久，故用其命名。到镎、钚分别于 1934 年和 1940 年被发现时，也就顺理成章地用太阳系中紧挨着天王星的海王星、冥王星来命名了。

五、以元素特性命名

这是最多的一类，命名时，或是根据元素的外观特性或是根据元素的光谱谱线颜色，或是根据元素某一化合物的性质。对这类元素的中文名称命名除采用根据音译的谐声造字外，还有其他多种做法。

1. 沿用古代已有名称

金——拉丁文意是“灿烂”。

银——拉丁文意是“明亮”。

锡——拉丁文意是“坚硬”。

硫——拉丁文意是“鲜黄色”。

硼——拉丁文意是“焊剂”。

2. 借用古字

铍——拉丁文意是“甜”，而铍在古汉语中指两刃小刀或长矛。

铬——拉丁文意是“颜色”，而铬在古汉语中指兵器或剃发。

钴——拉丁文意是“妖魔”，而“钴”在古汉语中指熨斗。

镉——拉丁文意是一种含镉矿物的名称。而镉在古汉语中指一种圆口三足的炊器。

铋——拉丁文意是“白色物质”，而铋在古汉语中指矛柄。

借用这些字是因为这些字的发音与其拉丁文名称的第一（或第二）音节的发音相同或接近。另有一个元素“磷”，拉丁文意是“发光物”。现因规定固体非金属须有“石”旁，遂用“磷”。而磷在古汉语中则是用来形容玉石色泽的。

当然，以上这类字的古义现在都已基本不用了。

3. 谐声造字，如：

铷——拉丁文意是“暗红”，是其光谱谱线的颜色。

铯——拉丁文意是“天蓝”，是其光谱谱线的颜色。

锌——拉丁文意是“白色薄层”。

镭——拉丁文意是“射线”。

氩——拉丁文意是“不活泼”。

碘——拉丁文意是“紫色”。

4. 会意造字

我国化学新字的造字原则是“以谐声为主，会意次之”。这类字数比起谐声一类来要少得多。

氮——拉丁文意是“不能维持生命”。我国曾译作“淡气”，意为冲淡空气。后以“炎”入“气”成“氮”。

氯——拉丁文意是“绿色”。我国曾译作“绿气”，意谓“绿色的气体”。后以“录”入“气”成“氯”。

氢——拉丁文意是“水之源”。我国曾译作“轻气”，喻其密度很小。后以“𢀖”入“气”成“氢”。

氧——拉丁文意是“酸之源”。我国曾译作“养气”，意谓可以养人。也曾以“养”入“气”成“氱”，再由“氱”谐声，造为“氧”，但仍读“养”音。

钾——拉丁文意指海草灰中的一种碱性物质。我国因其在当时已经发现的金属中性质最为活泼，故以“甲”旁“金”而成“钾”。

钨——拉丁文意是“狼沫”。我国因其矿石呈乌黑色，遂以“乌”合“金”而成“钨”。

碳——拉丁文意是“煤”。因我国古时称煤为“炭”，遂造为“碳”。

也有些元素开始曾用谐声造字，后又转为会意造字的。

硅——拉丁文意是“石头”。我国在很长的一段时间内曾从拉丁文音译，谐声造为“矽”。后因“矽”与“锡”同音，多有不便，遂改为“硅”，取“圭”音。因古时，圭指玉石，即是硅的化合物。不过，至今在不少地方（特别是在物理学教材中）还有用“矽”的。

要说明的是，我国对元素符号的拉丁字母读音习惯上是按英文字母发音。而新造汉字读音，一般是读半边音，如氪（克）、镁（美）、碘（典）。但并非完全如此，如氙（读仙）、钽（读坦）等，这些都是需要加以注意的。

第七章　重要的非金属元素及其化合物

第一节　卤　　素

元素周期表第ⅦA族包括氟（F）、氯（Cl）、溴（Br）、碘（I）、砹（At）五种元素。它们的原子结构相似，最外电子层上都有7个电子，具有相似的化学性质，这五种元素成为一族，称为卤族元素，简称卤素。本节重点学习氯及其化合物的有关知识。

一、氯气

1. 氯气的性质

氯气分子是双原子分子（见图7-1）。在通常状态下氯气呈黄绿色。在常温下加压到6×10^{5}Pa或常压下冷却到239K，成为液态氯。液氯继续冷却到172K，成为固态氯。

氯气比空气约重2.5倍，有强烈的刺激性气味，吸入少量氯气会使鼻和喉头的黏膜受到刺激，引起胸部疼痛和咳嗽；吸入大量氯气可中毒致死。当空气中含有0.01%的氯气时，就会引起严重的氯气中毒。

氯原子的最外电子层上有7个电子，因而在化学反应中容易结合1个电子，使最外电子层达到8个电子的稳定结构。氯气是一种化学性质很活泼的非金属单质。

(1) 氯气与金属的反应　氯气几乎能与所有的金属直接化合生成氯化物，但有些反应需要加热等条件。当加热时，很多金属能在氯气中燃烧。

【实验7-1】 取黄豆粒大的一块钠，擦去表面的煤油，放在铺上石棉或细沙的燃烧匙里加热，当钠刚开始燃烧时，就立刻将匙带钠伸进盛氯气的集气瓶里（见图7-2），观察发生的现象。

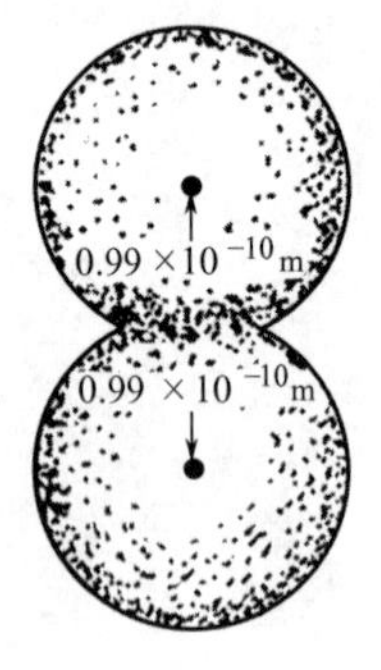

图7-1　氯气分子示意图

图7-2　钠在氯气里燃烧

可以看到，钠在氯气里剧烈燃烧，并生成白色的氯化钠晶体。这个反应的化学方程式是

$$2Na+Cl_2 \xlongequal{点燃} 2NaCl$$

氯气不但能跟钠等活泼金属直接化合，而且还能跟铜等不活泼的金属起反应。反应方程式为

$$Cu+Cl_2 \xlongequal{点燃} CuCl_2$$

（2）氯气与非金属的反应　氯气不能直接跟惰性元素、碳、氧、氮反应，但能跟许多非金属发生反应。例如，氢气在氯气中燃烧，形成苍白色的火焰，同时产生大量的热并生成氯化氢气体。这个反应可用化学方程式表示如下。

$$H_2+Cl_2 \xlongequal{点燃} 2HCl$$

氯化氢气体溶解于水即得盐酸。

（3）氯气与水的反应　氯气溶解于水。在常温下，1 体积水能够溶解约 2 体积的氯气，氯气的水溶液叫氯水。溶解的氯气和水起反应，生成盐酸和次氯酸（HClO）。反应式为

$$Cl_2+H_2O = HCl+HClO$$

次氯酸不稳定，容易分解放出氧气。当氯水受日光照射时，次氯酸分解加速。

$$2HClO \xlongequal{光照} 2HCl+O_2\uparrow$$

次氯酸是一种强氧化剂，能杀死水里的病菌，所以自来水常用氯气（1L 水里约通入 0.002g 氯气）来杀菌消毒。次氯酸能使染料和有机色质褪色，可用作漂白剂。

（4）氯气与碱溶液的反应　氯气跟碱溶液起反应生成次氯酸盐和金属氯化物。因为次氯酸盐比次氯酸稳定，容易保存，所以工业上就用氯气和消石灰制成漂白粉。制漂白粉的反应可用化学方程式简单表示如下。

$$2Ca(OH)_2+2Cl_2 = \underset{次氯酸钙}{Ca(ClO)_2}+CaCl_2+2H_2O$$

漂白粉是次氯酸钙和氯化钙的混合物，它的有效成分是次氯酸钙。用漂白粉漂白的时候，次氯酸钙跟稀酸或空气里的二氧化碳和水蒸气起反应，生成次氯酸。

$$Ca(ClO)_2+2HCl = CaCl_2+2HClO$$

$$Ca(ClO)_2+CO_2+H_2O = 2HClO+CaCO_3\downarrow$$

漂白粉在空气中长期放置会逐渐失效，就是因为它跟空气中的二氧化碳和水蒸气生成次氯酸而分解的缘故。

2. 氯气的用途

氯气大量用于制造聚氯乙烯、合成纤维及氯仿等有机溶剂。氯气还用于消毒和制造盐酸、漂白粉等，所以氯气是一种重要的化工原料。

3. 氯气的制法

在实验室里，常用二氧化锰跟浓盐酸共热来制取氯气。

【实验 7-2】 如图 7-3 所示，把装置连接好，检查气密性。在烧瓶里加入少量二氧化锰粉末，从分液漏斗慢慢地注入密度为 $1.19g/cm^3$ 的浓盐酸。缓缓加热，使反应加速，氯气缓缓地逸出。用向上排空气法收集氯气，多余的氯气可用氢氧化钠溶液吸收，以免污染环境。这个反应的化学方程式如下。

$$4HCl(浓)+MnO_2 \xlongequal{\triangle} \underset{二氯化锰}{MnCl_2}+2H_2O+Cl_2\uparrow$$

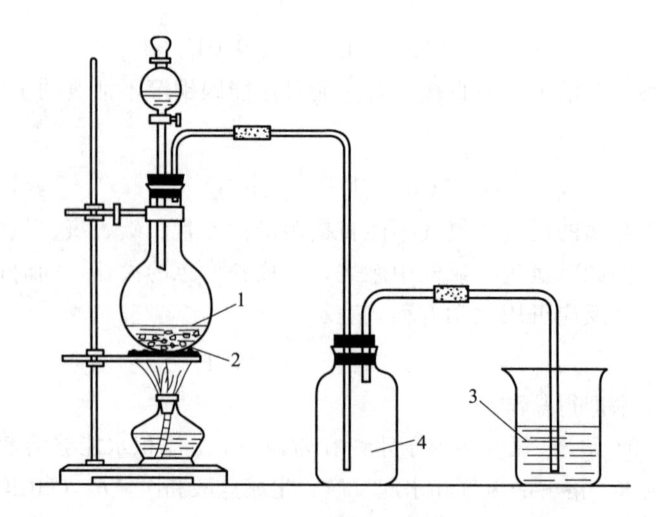

图 7-3 实验室制取氯气

1—浓盐酸；2—二氧化锰；3—氢氧化钠溶液；4—氯气

氯气的工业制法主要是用电解食盐水溶液的方法。

二、氯的几种化合物

1. 氯化氢和盐酸

在实验室里，氯化氢由食盐跟浓硫酸反应来制取。

【实验 7-3】 如图 7-4 所示，把少量食盐放在烧瓶里。通过分液漏斗注入浓硫酸，同时加热。把氯化氢收集在干燥的集气瓶里。余下的氯化氢可用水吸收。

食盐与浓硫酸反应，不加热或稍微加热，就生成硫酸氢钠和氯化氢。反应方程式如下。

$$NaCl + H_2SO_4（浓）\xlongequal{} \underset{\text{硫酸氢钠}}{NaHSO_4} + HCl\uparrow$$

在 773～873K 的条件下继续起反应，生成硫酸钠和氯化氢。

$$NaHSO_4 + NaCl \xlongequal{} Na_2SO_4 + HCl\uparrow$$

总的化学方程式可以表示如下。

$$2NaCl + H_2SO_4 \xlongequal{} Na_2SO_4 + 2HCl\uparrow$$

氯化氢没有颜色，是有刺激性气味的气体。它易溶于水，在 273K 时，1 体积的水大约能溶解 500 体积的氯化氢。

【实验 7-4】 在干燥的圆底烧瓶里装满氯化氢，用带有玻璃管和滴管（滴管里预先吸入水）的塞子塞紧瓶口。立即倒置烧瓶，使玻璃管放进盛着石蕊溶液的烧杯里，压缩滴管的胶头，使少量水进入烧瓶。烧杯里的溶液即由玻璃管喷入烧瓶，形成美丽的喷泉（见图 7-5）。

这个实验说明氯化氢在水中的溶解度很大。

氯化氢的水溶液呈酸性，叫做氢氯酸，习惯上叫盐酸。纯净的盐酸是没有颜色的液体，有腐蚀性。工业上用的浓盐酸因含有杂质（主要是三氯化铁）而带黄色。浓盐酸易挥发出氯化氢，遇空气中的水蒸气形成白雾。

盐酸的工业生产，是以电解食盐水溶液生成的氢气和氯气为原料，经过如图 7-6 所示的盐酸生产工艺流程，在合成炉中直接合成 HCl，然后经冷却器降温，在吸收塔内用水吸收而制得盐酸。

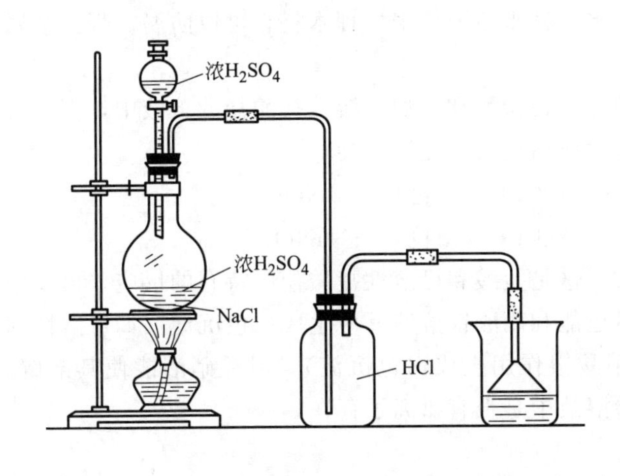

图 7-4　实验室制取氯化氢

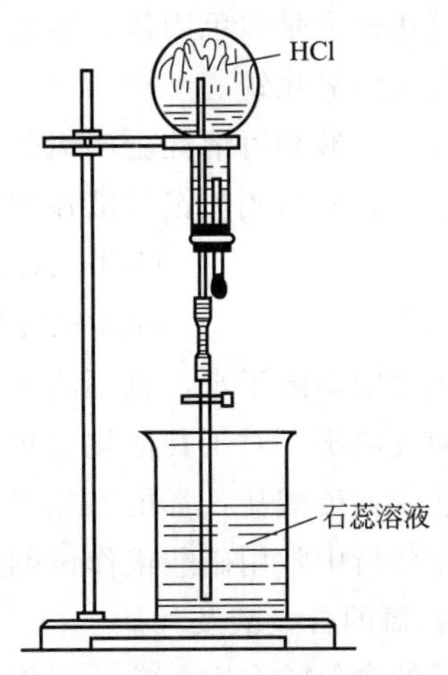

图 7-5　氯化氢在水里的溶解

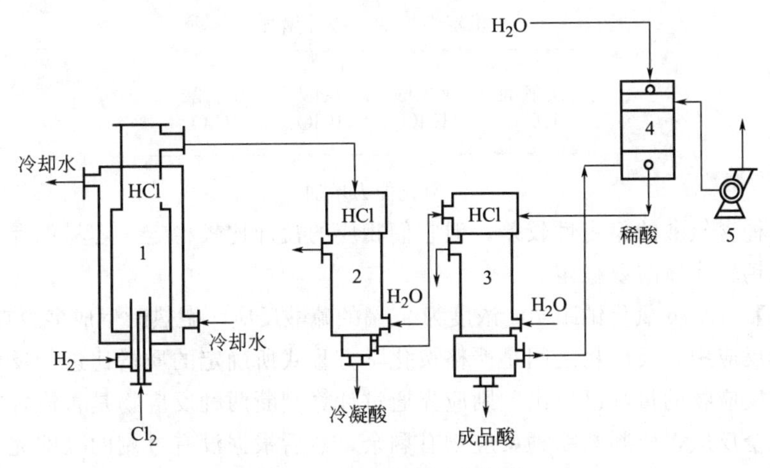

图 7-6　盐酸生产工艺流程

1—合成炉；2—冷却器；3—吸收塔；4—尾气吸收塔；5—鼓风机

盐酸是常用的强酸之一，具有酸的一切通性。它能使紫色石蕊试液变红，能与较活泼的金属发生置换反应而放出氢气，能够跟碱起中和反应，能够与盐或碱性氧化物发生复分解反应而生成盐和水。盐酸还是实验室常用的重要试剂，在分析中作标准溶液、分解试剂等。

2. 重要的金属氯化物

(1) 重要的金属氯化物　金属氯化物（即盐酸盐）在自然界分布很广，在工农业生产和日常生活中有广泛用途。重要的金属氯化物有氯化钠、氯化钾、氯化镁、氯化锌等。

氯化钠俗名食盐。纯净的食盐为白色晶体，可溶于水，在空气中不潮解。粗盐因含有氯化镁、氯化钙等杂质可潮解。食盐是人和高级动物正常生理活动不可缺少的物质，是食品工业上不可缺少的调味剂。食盐还是重要的化工原料，用于制取氯气、氢氧化钠、金属钠、纯碱等化工产品。

氯化钾是白色晶体，易溶于水。它除作为钾肥外，还用于制备钾及钾的化合物，制造化学器皿用的钾玻璃等。

氯化锌也是白色固体，极易溶解于水。其水溶液用来处理木材，可以防腐。焊接金属时也会用到氯化锌。

(2) 盐酸和可溶性金属氯化物的检验　在盐酸和一切可溶性盐酸盐的溶液中，都含有氯离子。它们与硝酸银溶液作用，可以生成白色的氯化银沉淀。

$$HCl + AgNO_3 = AgCl\downarrow \text{（白色）} + HNO_3$$

$$NaCl + AgNO_3 = AgCl\downarrow \text{（白色）} + NaNO_3$$

氯化银不溶于水，也不溶于稀硝酸，这是盐酸和可溶性盐酸盐所特有的反应，可以用来检验氯离子。对于其他化合物，虽然也能和硝酸银溶液反应生成白色沉淀（如可溶性的碳酸盐和亚硫酸盐，都能在溶液里与硝酸银作用生成白色沉淀），但稀硝酸能使其溶解。因此在分析中常用硝酸银作试剂来检验溶液中是否有氯离子存在。

3. 氯的含氧酸及其盐

氯的含氧酸有次氯酸、亚氯酸、氯酸和高氯酸。氯的各种含氧酸的酸性和氧化能力，可表示如下。

稀定性增加　酸性增加 →

次氯酸	亚氯酸	氯酸	高氯酸
$HClO$	$HClO_2$	$HClO_3$	$HClO_4$

← 氧化能力增加

虽然各种含氧酸的稳定性较差，但它们相应的盐却比较稳定，容易保存。例如漂白粉中的次氯酸钙较次氯酸要稳定。

【例 7-1】 12.7g 氯化钠跟 10g 浓度为 98%的硫酸反应，微热时生成多少克氯化氢?

在化学反应中，反应物之间是严格按化学方程式所确定的质量比进行反应的。如果某反应中两种反应物的量都已给出，则应先通过计算判断两种反应物是否恰好完全反应，如不是恰好完全反应，应判断哪种反应物有剩余，然后根据没有过剩的（即完全消耗的）那种反应物的量来进行计算生成物的量。

解　10g 98%的硫酸中含硫酸的质量为

$$10\times 98\% = 9.8 \text{ (g)}$$

设跟 9.8g 硫酸完全反应需 x 克氯化钠

则
$$\begin{array}{cccc} NaCl & + H_2SO_4 & = NaHSO_4 & + HCl \\ 58.5 & 98 & & \\ x & 9.8 & & \end{array}$$

$$\frac{58.5}{x} = \frac{98}{9.8} \qquad x = \frac{58.5\times 9.8}{98} = 5.85 \text{ (g)}$$

所给的氯化钠比反应物中所需的氯化钠多 12.7－5.85＝6.85 (g)，说明反应物中氯化钠是过量的。因此，应根据硫酸的质量来计算氯化氢的质量。

设微热时生成 y 克氯化氢

则
$$\begin{array}{cccc} NaCl & + H_2SO_4 & = NaHSO_4 & + HCl \\ & 98 & & 36.5 \\ & 9.8 & & y \end{array}$$

$$\frac{98}{9.8}=\frac{36.5}{y} \qquad y=\frac{9.8\times 36.5}{98}=3.65\ (\text{g})$$

答：微热时生成 3.65g 氯化氢。

三、卤素的通性

卤素是典型的非金属元素，在自然界只以化合态存在（它们的单质可由人工制得），主要是卤化物，其中分布最广的氟化物是萤石（CaF_2），氯化物是食盐（NaCl）。溴的化合物常和氯的化合物共存（例如在海水中），碘的化合物存在于藻类植物（例如紫菜、海带等）中。砹在自然界中含量很少，它是放射性元素，本节不作介绍。

1. 卤素的原子结构和单质的物理性质

卤素的单质都是双原子分子，它们的原子结构和物理性质见表 7-1。

表 7-1　卤素的原子结构和单质的物理性质

元素名称	元素符号	核电荷数	电子层结构	单质	颜色和状态	密度（常温下）	沸点/K	熔点/K
氟	F	9	(+9) 2 7	F_2	淡黄绿色，气体	1.58g/L	85	54
氯	Cl	17	(+17) 2 8 7	Cl_2	黄绿色，气体	2.95g/L	239	172
溴	Br	35	(+35) 2 8 18 7	Br_2	深红棕色，液体	3.20g/cm^3	332	266
碘	I	53	(+53) 2 8 18 18 7	I_2	紫黑色，固体	4.93g/cm^3	458	387

从表 7-1 中可看出，卤素的物理性质有较大的差别，但变化非常有规律。在常温下，氟、氯是气体，溴是易挥发的液体，碘是固体。它们的沸点、熔点都是按从氟到碘的顺序逐步升高的。

卤素具有刺激性气味，能强烈刺激眼、鼻、气管等黏膜，并会使人窒息。吸入较多的卤素蒸气会发生严重中毒。

2. 卤素单质的化学性质

从表 7-1 可看出，卤素原子最外层都是 7 个电子，在化学反应中容易得到一个电子变成 8 个电子的稳定结构，所以卤素是化学性质很活泼的非金属。由于外层电子结构相同，卤素的化学反应类型基本相同，但是它们的化学活泼性则从氟到碘依次减弱。

（1）卤素与金属的反应　卤素能和绝大多数金属直接化合，生成金属卤化物。通常能与氯化合的金属也可以与溴和碘反应，不过要在较高的温度下才能发生作用。

（2）卤素与氢气的反应　卤素与氢气起反应，生成卤化氢（HX）。

氟气与氢气极易化合，在黑暗处不需光照和在很低的温度下就能发生剧烈反应，并发生爆炸，生成氟化氢。

$$F_2 + H_2 \xlongequal{} 2HF$$

氯气与氢气在黑暗中反应进行得非常缓慢，当强光照射或加热时立即发生猛烈爆炸，生成氯化氢气体。

$$Cl_2 + H_2 \xlongequal{\text{光照或加热}} 2HCl$$

溴与氢气在873K时才有较明显的反应，它们化合后生成溴化氢。

$$Br_2 + H_2 \xlongequal{\text{加热}} 2HBr$$

碘与氢气只能在持续高温加热的条件下或有催化剂存在时，才能与氢气缓慢进行化合，但生成的碘化氢很不稳定，同时会发生分解。

$$I_2 + H_2 \xlongequal{\text{高温或催化剂}} 2HI$$

从卤素与氢气化合反应的难易，可十分明显地看出卤素单质的化学活泼性从氟到碘依次递减。

（3）卤素与水的反应　除氟气遇水发生剧烈反应，生成氟化氢和氧气外，卤素都较难溶于水，但易溶于许多有机溶剂，并呈现特殊的颜色。如碘在酒精中为暗褐色，在苯和氯仿中为紫色。碘酒即为 I_2 和 KI 的酒精溶液。在分析中可利用有机溶剂把卤素从水溶液中萃取出来，予以鉴别或测定。

（4）卤素间的置换反应　实验如下。

【实验 7-5】 把少量新制的饱和氯水分别注入盛有溴化钠溶液和碘化钾溶液的两个试管里。用力振荡后，再注入少量无色汽油（或四氯化碳）。振荡，观察油层和溶液颜色的变化。

【实验 7-6】 把少量溴水注入盛有碘化钾溶液的试管里，用力振荡，再注入少量汽油。观察溶液颜色的变化。

从实验7-5中可以看到油层（即四氯化碳层或汽油层）分别呈红棕色和紫红色，这是被置换出的溴和碘被有机溶剂萃取所致。说明氯可以把溴和碘从它们的化合物里置换出来。从实验7-6可见，油层颜色呈紫红色，说明溴可以把碘从它的化合物中置换出来。反应式如下。

$$2NaBr + Cl_2 = 2NaCl + Br_2$$

$$2KI + Cl_2 = 2KCl + I_2$$

$$2KI + Br_2 = 2KBr + I_2$$

（5）碘与淀粉的反应　实验如下。

【实验 7-7】 在一支试管中注入少量淀粉溶液，滴入几滴碘水，观察溶液颜色的变化。

从实验中看到，碘遇淀粉溶液显示出特殊的蓝色。碘量法就是利用碘的这一性质，用碘作判断滴定终点的指示剂。

3. 常见的卤化物

（1）氟化氢和氟化钙　氟化钙俗名萤石，是在自然界中存在相当广泛的化合物。用浓硫酸与萤石在铅制容器中进行反应，可制得氟化氢。反应式为

$$CaF_2 + H_2SO_4 = CaSO_4 + 2HF\uparrow$$

氟化氢能溶解 SiO_2 和硅酸盐。氟化氢溶于水生成氢氟酸。常用氢氟酸与 SiO_2 作用生成气态 SiF_4，用于测定硅的含量或分离除去硅。

$$SiO_2 + 4HF = 2H_2O + SiF_4\uparrow$$

HF能与大多数金属反应，故分析中也常用HF分解试样。

(2) 碘化钾 KI为常见的碱金属卤化物。在分析中，利用KI的还原性，使之与一些氧化性物质反应，产生等物质的量的I_2（或I_3^-），然后用还原剂$Na_2S_2O_3$标准溶液滴定生成的I_2。此法在分析化学中称为间接碘量法。

4. 卤素离子的鉴定

鉴别或鉴定卤汞离子，常用硝酸银溶液作为检验试剂。

【实验 7-8】 在盛有盐酸、氯化钠溶液、溴化钠溶液、碘化钾溶液的四支试管里，分别滴入硝酸银溶液，观察现象。

可以看到这四支试管中分别生成白色、白色、淡黄色和黄色沉淀。再在四支试管里各加入少量稀硝酸，生成的沉淀都不溶解，说明它们是卤化物。

在溶液中，盐酸、氯化钠、溴化钠、碘化钾分别与硝酸银的反应如下

$$HCl + AgNO_3 = AgCl\downarrow\text{（白色）} + HNO_3$$

$$NaCl + AgNO_3 = AgCl\downarrow\text{（白色）} + NaNO_3$$

$$NaBr + AgNO_3 = AgBr\downarrow\text{（淡黄色）} + NaNO_3$$

$$KI + AgNO_3 = AgI\downarrow\text{（黄色）} + KNO_3$$

根据各种卤化银沉淀呈现颜色的不同，可以鉴定或鉴别氯化物、溴化物和碘化物。

第二节 氧族元素

元素周期表里的ⅥA族包括氧（O）、硫（S）、硒（Se）、碲（Te）、钋（Po）五种元素，统称为氧族元素。本节重点介绍硫及其化合物。

一、硫的性质和用途

在自然界里，硫的形态既有游离态又有化合态，天然硫存在于火山喷口附近或地壳的岩层里。化合态硫有硫化物和硫酸盐。煤和石油中含少量的硫。

单质态的硫通常是淡黄色晶体，俗称硫黄。它的密度是$2.07g/cm^3$，约为水的2倍。硫很脆，容易研成粉末，不溶于水，微溶于酒精，易溶于二硫化碳。硫的熔点是386K，沸点是718K。

硫是一种化学性质比较活泼的非金属单质，与氧气相似，容易与许多金属、氢气及其他非金属发生反应。

【实验 7-9】 把盛有硫粉的大试管加热到硫沸腾并产生大量硫蒸气时，立即用坩埚钳夹住一束擦亮的细铜丝伸入试管内硫蒸气最浓处（见图7-7），观察现象。

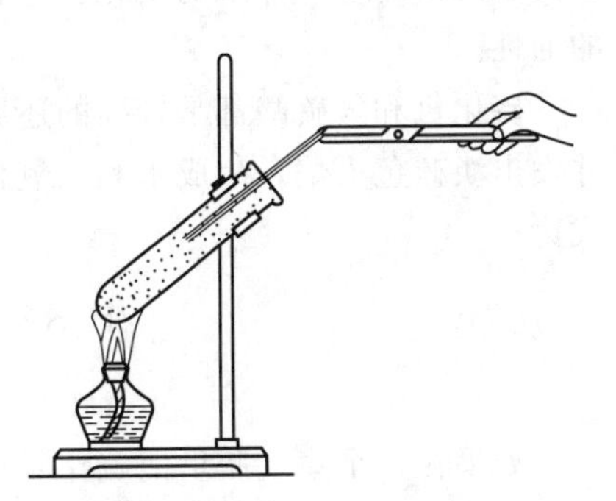

图 7-7 铜在硫蒸气里燃烧

可以看到，铜丝在硫蒸气里燃烧，发出红光，生成黑色的硫化亚铜，反应式为

$$2Cu + S = Cu_2S$$

硫跟铁反应时，可生成黑色固体硫化亚铁，反应式为

$$Fe + S \xlongequal{加热} FeS$$

在工业生产和实验室中，通常在难以收集的撒落的微量汞上撒上一层硫黄粉，使有害的汞转变为无毒的硫化亚汞。反应式为

$$Hg + S（粉）\xlongequal{} HgS（黑）$$

硫既有氧化性，又有还原性。硫能与除金、铂、银以外的各种金属发生反应，生成金属硫化物，并放出热量，硫还能与许多非金属发生反应。例如，硫能在空气中燃烧生成二氧化硫，硫的蒸气能跟氢气直接化合而生成硫化氢气体等。

$$S + O_2 \xlongequal{点燃} SO_2 \qquad （S 的还原性）$$

$$S + H_2 \xlongequal{加热} H_2S \qquad （S 的氧化性）$$

硫的用途很广。硫在工业上主要用于生产硫酸、黑火药、火柴、焰火、硫化物、硫化橡胶等，在农业上用作杀菌剂（如石灰硫黄合剂）。硫也是一种消毒剂，如用作外敷药的硫黄软膏。常在含硫的温泉中洗浴，可医治皮肤病。

二、硫的几种重要化合物

1. 硫的氢化物

硫化氢是硫的氢化物。在实验室里硫化氢通常是由硫化亚铁与稀盐酸或稀硫酸反应而制取的。反应式为

$$FeS + 2HCl \xlongequal{} FeCl_2 + H_2S\uparrow$$

$$FeS + H_2SO_4 \xlongequal{} FeSO_4 + H_2S\uparrow$$

上述反应可以在启普发生器里进行（见图 7-8）。

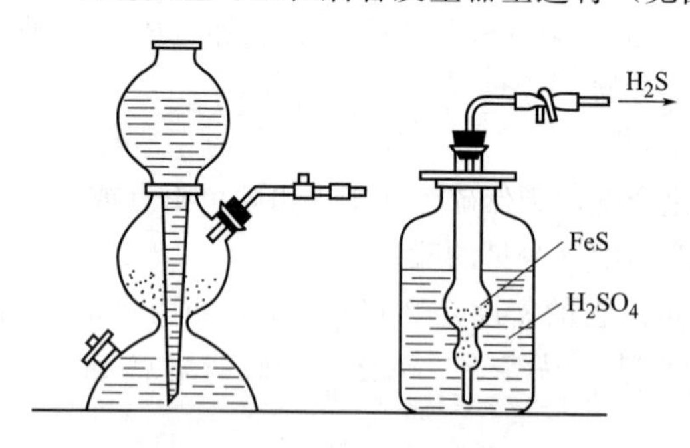

图 7-8 硫化氢的制取装置

硫化氢是一种没有颜色而有臭鸡蛋气味的气体。它的密度比空气略大。硫化氢有剧毒，空气里如果含有微量的硫化氢，可引起人中毒，严重者昏迷甚至死亡。所以，制取或使用硫化氢时必须在密闭系统或通风橱中进行。新鲜的空气或纯净的氧气，可以作为解毒剂。工业上规定空气中硫化氢的含量不得超过 $0.01g/m^3$。

硫化氢能溶于水。在常温常压下，1 体积的水能溶解 2.6 体积的硫化氢。它的水溶液叫氢硫酸，是一种弱酸，容易挥发，具有酸的通性。

硫化氢和氢硫酸都是较强的还原剂。例如，在空气充足的条件下，硫化氢能完全燃烧并发出淡蓝色火焰，生成水和二氧化硫。空气不足时，硫化氢燃烧生成水和单质硫。反应式为

$$2H_2S + 3O_2 \xlongequal{完全燃烧} 2H_2O + 2SO_2$$

$$2H_2S + O_2 \xlongequal{不完全燃烧} 2H_2O + 2S$$

如果在一个集气瓶里使硫化氢跟二氧化硫两种气体充分混合，不久在瓶的内壁上会出现黄色粉末状的硫。反应式为

$$2H_2S+SO_2 \longrightarrow 2H_2O+3S$$

由此可见，硫化氢具有还原性。所以在实验室中常用非氧化性酸（如盐酸、稀硫酸等）与硫化物作用制取硫化氢，而不能用氧化性很强的浓硫酸和硝酸与硫化物作用。

2. 硫的氧化物

二氧化硫和三氧化硫是硫的重要氧化物。

实验室里通常用亚硫酸盐与稀硫酸起反应制取二氧化硫。例如

$$NaSO_3 + H_2SO_4 \longrightarrow Na_2SO_4 + H_2SO_3$$
$$H_2SO_3 \longrightarrow H_2O + SO_2\uparrow$$

二氧化硫是一种没有颜色而有刺激性气味的有毒气体。它的密度比空气大，容易液化，易溶于水，在常温常压下，1 体积水大约能溶解 40 体积的二氧化硫。

二氧化硫是酸性氧化物：它与水化合生成亚硫酸（H_2SO_3），因此，二氧化硫又叫亚硫酐。亚硫酸很不稳定，容易分解生成水和二氧化硫。上述可逆反应可用下式表示。

$$SO_2 + H_2O \rightleftharpoons H_2SO_3$$

二氧化硫分子中硫为+4 价，是 S 元素的中间价态，所以 SO_2 既具有还原性，又具有氧化性，但以还原性为主。例如

$$2SO_2+O_2 \underset{加热}{\overset{催化剂}{\rightleftharpoons}} 2SO_3 \quad （SO_2\ 的还原性）$$

$$SO_2+2H_2S \longrightarrow 2H_2O+3S\downarrow \quad （SO_2\ 的氧化性）$$

此外，二氧化硫还有漂白性。但漂白原理与氯气不同。二氧化硫能和某些有色物质化合生成无色物质，这种无色物质不稳定，受热或光照后，又恢复原来的颜色。二氧化硫在工业上主要用于制造硫酸和亚硫酸盐及用来漂白纸浆、毛、丝、草帽辫等。同时，二氧化硫还用于杀菌消毒等。

三氧化硫是一种无色易挥发的晶体，熔点为 290K，沸点为 318K，密度为 $2.29g/cm^3$。三氧化硫具有酸性氧化物的通性，俗称硫酐。遇水立即发生剧烈反应生成硫酸，同时放出大量的热。反应式为

$$SO_3+H_2O \longrightarrow H_2SO_4$$

3. 硫酸及其盐

（1）硫酸　纯硫酸是一种无色易挥发的液体，在 284K 时凝固成晶体。98%的浓硫酸密度为 $1.84g/cm^3$。硫酸是一种难挥发的强酸，浓硫酸与水可以任意比例混溶并放出大量的热，因此稀释浓硫酸时，千万不能把水倒入浓硫酸中，而是把浓硫酸缓缓加入水中，并不断搅拌。

不同浓度的硫酸在性质上有较大差异。纯硫酸中存在大量未电离的硫酸分子，几乎不导电，但硫酸的水溶液能导电。稀硫酸具有一般酸类的通性，它的溶液中存在着浓度较大的氢离子，所以能与活泼金属反应，生成氢气和硫酸盐，而与不活泼金属（如铜、银等）不起反应。浓硫酸具有强烈的吸水性、脱水性和氧化性等特性。

在常温下，浓硫酸跟某些较活泼金属如铁、铝等接触，能够使金属表面生成一薄层致密的氧化物保护膜，阻止了内部金属继续跟硫酸起反应，这种现象叫做金属的钝化。因此，浓硫酸可以用铁或铝的容器贮存。但是在受热时，浓硫酸能与铁、铝等绝大多数金属

起反应。

【实验 7-10】 将一小块铜片放在试管里，再注入少量浓硫酸，然后给试管加热并观察：

(a) 试管里发生的现象；

(b) 用湿润的蓝色石蕊试纸放在试管口，试纸颜色有何变化；

(c) 将反应后试管里的溶液倒在一个盛有少量水的试管里，使溶液稀释，观察溶液的颜色。

从实验观察到，加热时铜片被溶解并有刺激性气体的气体放出，这种气体能使湿润的蓝色石蕊试纸变红，说明反应生成的气体是二氧化硫。试管里的溶液稀释后变为蓝色，说明反应有硫酸铜生成。浓硫酸与铜反应的化学方程式如下。

$$2H_2SO_4+Cu \xlongequal{加热} CuSO_4+2H_2O+SO_2\uparrow$$

硫酸具有广泛的用途，是化学工业中最重要的产品之一，而且是一种重要的化工原料。在化肥工业中，用硫酸制取过磷酸钙与硫酸铵。硫酸还大量用于精炼石油，制造炸药、染料，冶炼有色金属及金属表面处理等方面。硫酸常作为标准试剂、干燥剂、脱水剂及催化剂等。

(2) 硫酸盐　硫酸盐一般都是晶体。除硫酸钡、硫酸铅不溶于水和硫酸钙、硫酸银、硫酸亚汞微溶于水外，其他大多数的硫酸盐都能溶于水。在初中化学里已学习了硫酸铜、硫酸铵等，现介绍其他几种重要的硫酸盐。

① 硫酸钡（$BaSO_4$）　硫酸钡是一种白色粉末状物质，不溶于水也不溶于酸。利用这种性质及不可被 X 射线透过的性质，医疗上将其用作 X 射线透视肠胃的内服药剂，俗称“钡餐”。在分析中常用硫酸钡沉淀来检验硫酸根离子。

② 硫酸亚铁晶体（$FeSO_4\cdot7H_2O$）　硫酸亚铁晶体为淡绿色晶体，俗名绿矾。$FeSO_4\cdot7H_2O$ 加热失水可得无水 $FeSO_4$，加强热则分解，反应式为

$$2FeSO_4 \xlongequal{强热} Fe_2O_3+SO_2\uparrow+SO_3\uparrow$$

在硝酸作用下，$FeSO_4$ 可被氧化为 $Fe_2(SO_4)_3$，反应式为

$$6FeSO_4+2HNO_3+3H_2SO_4 \xlongequal{} 3Fe_2(SO_4)_3+2NO\uparrow+4H_2O$$

硫酸亚铁可作木材防腐剂、染料的媒染剂及制造蓝黑墨水等，是常用的还原剂。

③ 硫代硫酸钠（$Na_2S_2O_3\cdot5H_2O$）　碱金属的硫代硫酸盐是最常见的，其中最重要的是含 5 分子结晶水的硫代硫酸钠（$Na_2S_2O_3\cdot5H_2O$），俗称大苏打或海波。将硫粉溶于沸腾的亚硫酸钠碱性溶液中便可得到硫代硫酸钠，反应式为

$$Na_2SO_3+S \xlongequal{加热} Na_2S_2O_3$$

硫代硫酸钠是一个中等强度的还原剂，碘可将硫代硫酸钠氧化成连四硫酸钠，反应式为

$$2Na_2S_2O_3+I_2 \xlongequal{} Na_2S_4O_6+2NaI$$

这个反应是分析化学上碘量法的基础。可用于定量碘的测定。

(3) 硫酸根离子的检验　硫酸和硫酸盐溶于水后都会产生硫酸根离子，经常利用硫酸钡的不溶性来检验硫酸根离子的存在。

【实验 7-11】 在分别盛着硫酸、硫酸钠、碳酸钠溶液的试管里，各滴入少量氯化钡

溶液，在三个试管里都有白色沉淀生成。等沉淀下沉后倒去上面的溶液，再注入少量盐酸或稀硝酸，振荡试管，观察有什么现象。

当滴入氯化钡溶液时，都生成白色沉淀。反应式为

$$H_2SO_4 + BaCl_2 \longrightarrow BaSO_4\downarrow + 2HCl$$

$$Na_2SO_4 + BaCl_2 \longrightarrow BaSO_4\downarrow + 2NaCl$$

$$Na_2CO_3 + BaCl_2 \longrightarrow BaCO_3\downarrow + 2NaCl$$

但当滴入盐酸或稀硝酸时，硫酸钡白色沉淀不消失，而碳酸钡的白色沉淀消失了。反应式为

$$BaCO_3 + 2HCl \longrightarrow BaCl_2 + H_2O + CO_2\uparrow$$

$$BaCO_3 + 2HNO_3 \longrightarrow Ba(NO_3)_2 + H_2O + CO_2\uparrow$$

许多不溶于水的钡盐（如磷酸钡）也跟碳酸钡一样，能溶于盐酸或稀硝酸。所以常用可溶性钡盐溶液和盐酸（或稀硝酸）来检验硫酸根离子的存在。

(4) 硫酸的工业制法　工业上制造硫酸的方法有很多种，接触法是其中最重要的一种。接触法制造硫酸的反应原理如下。

燃烧硫或黄铁矿（主要成分是 FeS_2）等制取二氧化硫。

$$4FeS_2 + 11O_2 \xlongequal{\text{高温}} 2Fe_2O_3 + 8SO_2$$

将二氧化硫在 673～773K 和催化剂（V_2O_5）的作用下氧化成三氧化硫。

$$2SO_2 + O_2 \xrightleftharpoons[V_2O_5]{673\sim773K} 2SO_3$$

再使三氧化硫跟水化合，生成硫酸。

$$SO_3 + H_2O \longrightarrow H_2SO_4$$

根据制造硫酸的反应原理，生产过程可以分为三个主要阶段。

① SO_2 的制取及净化　把硫铁矿（即黄铁矿）粉碎成细小的矿粒，放入沸腾炉（见图 7-9）里燃烧。从炉底通入强大的空气流，使矿粒在炉内剧烈沸腾，燃烧完全。沸腾炉里出来的炉气在除去矿尘、杂质（砷、硒等化合物会使催化剂中毒）和水蒸气后，进入接触室（见图 7-9）。

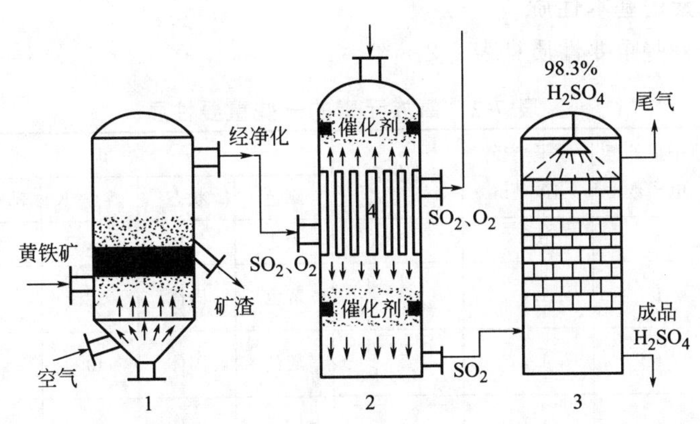

图 7-9　接触法制硫酸的简单流程示意图

1—沸腾炉；2—接触室；3—吸收塔；4—热交换器

② SO_2 催化氧化成 SO_3　经过净化后的炉气进入接触室后，在室的中部被加热到

673～773K，在五氧化二钒的催化下生成三氧化硫，同时放出大量的热。

③ SO_3 的吸收和硫酸的生成　用水吸收三氧化硫容易形成酸雾，而且吸收速度慢。工业生产中采用98.3%的硫酸在吸收塔中吸收三氧化硫，这样不会形成酸雾，并且吸收完全。从吸收塔排出的尾气中含有少量二氧化硫，需处理后才能排放，以免污染大气。

【例 7-2】 某硫酸厂用含 FeS_2 80%的硫铁矿 75t，采用接触法生产硫酸，理论上可制取纯硫酸多少吨？

化学方程式表示出了化学反应前后反应物与生成物的质量之间的关系。因此，在化工生产和科学实验中，可以根据化学方程式进行一系列的计算。在实际的生产过程中，往往会遇到某些反应之间需要经过多步的化学反应，才能得到所需产品。对于这样的多步反应，如果按照生产步骤计算，既烦琐又容易发生错误。这时，可以先正确写出所有的化学反应方程式，然后根据第一步反应物和最后一步生成物之间的定量关系，简化计算。

解　75t 硫铁矿中含 FeS_2 为　$75\times80\%=60$ (t)

设可制取纯硫酸 x (t)。主要化学反应方程式为

$$4FeS_2+11O_2 \xlongequal{\text{高温}} 2Fe_2O_3+8SO_2$$

$$2SO_2+O_2 \xlongequal[\text{加热}]{\text{催化剂}} 2SO_3$$

$$SO_3+H_2O \xlongequal{\quad} H_2SO_4$$

从以上三步可知，FeS_2 中的硫理论上全部转化为硫酸。因此可以调整各个方程式中分子前面的系数，找出最初的反应物 FeS_2 和最终产物 H_2SO_4 之间的定量关系进行计算。

$$FeS_2 \longrightarrow 2H_2SO_4$$

$$120 \qquad 2\times98$$

$$60 \qquad x$$

$$120:60=(2\times98):x$$

$$x=\frac{60\times2\times98}{120}=98 \text{ (t)}$$

答：可制取纯硫酸 98t。

三、氧族元素的基本性质

氧族元素的一些重要性质见表 7-2。

表 7-2　氧族元素的一些重要性质

元素名称	元素符号	原子序数	原子最外层电子数	原子半径/10^{-10}m	主要化合价	单质				
						颜色	状态	熔点/K	沸点/K	密度/(g/cm³)
氧	O	8	6	0.66	−2　0	无色	气体	54.6	90	1.43(g/L)
硫	S	16	6	1.04	−2　0 +4　+6	黄色	固体	386	719	2.07
硒	Se	34	6	1.17	−2　0 +4　+6	灰色	固体	490	958	4.81
碲	Te	52	6	1.37	2　0 +4　+6	银白色	固体	725	1663	6.25

由于氧族元素原子的电子层结构很相似，最外电子层上都各有 6 个电子。在化学反应中，氧族元素的原子都容易从其他原子获得 2 个电子，从而生成 −2 价的氧族化合

物。它们的原子最外层电子中的6个或4个也可以发生偏移，生成+6价或+4价的氧族化合物。

随着核电荷数的增加，氧、硫、硒、碲等原子的电子层数增多，原子半径逐渐增大。由于原子半径的增大超过核电荷数的增加对电子吸引的影响。因此，原子核对外层电子的吸引力逐渐减弱，使原子获得电子的能力依次减弱，失去电子的倾向依次增强，也就是说随着核电荷数的增加，氧、硫、碲等元素的金属性逐渐增强，非金属性逐渐减弱。

第三节　氮族元素

元素周期表中第ⅤA族包括氮（N）、磷（P）、砷（As）、锑（Sb）、铋（Bi）五种元素，统称为氮族元素。本节主要学习氮和磷及其重要的化合物。

一、氮及其化合物

氮是一种重要的非金属元素，它以双原子分子存在于大气中，约占空气体积的78%。氮还以化合态存在于硝酸盐、土壤、蛋白质和有些矿石中。工业上所用的氮气，通常是以空气为原料，将空气液化后，利用液态空气中液态氮的沸点比液态氧低而加以分离制得。

1. 氮气

纯净的氮气是一种无色、无味的气体。在标准状况下，氮气的密度为1.2506g/L，比空气稍轻。难溶于水。

氮分子是以两个氮原子共用三对电子结合而成的。氮分子中有3个共价键，它的电子式是∶N⋮⋮N∶，结构式是N≡N。由于氮原子之间结合得很牢固，这就决定氮在常温下化学性质不活泼，不易发生化学反应。但在高温、高压、放电、催化剂存在等条件下，氮分子获得了足够的能量，也能跟氢、氧及一些活泼金属发生反应。

在放电条件下，氮气能跟氧直接化合，生成无色的一氧化氮，反应式为

$$N_2+O_2 \xlongequal{放电} 2NO$$

一氧化氮不溶于水。在常温下容易和空气中的氧气化合，生成红棕色并有刺激性气味的二氧化氮，反应式为

$$2NO+O_2 \xlongequal{} 2NO_2$$

因此，在雷雨时大气中常有少量的二氧化氮生成。

二氧化氮有毒，易溶于水，溶于水后生成硝酸和一氧化氮，反应式为

$$3NO_2+H_2O \xlongequal{} 2HNO_3+NO$$

二氧化氮还可以互相化合成无色的四氧化二氮气体，反应式为

$$\underset{红棕色}{2NO_2} \rightleftharpoons \underset{无色}{N_2O_4}$$

一氧化氮和二氧化氮是两种重要的氮氧化物。除此之外，还有一氧化二氮、三氧化二氮、四氧化二氮、五氧化二氮等。

2. 氨及铵盐

氨是无色、具有刺激性气味的气体。在标准状况下，氨的密度为0.771g/L。在常压下，冷却到240K或常温下加压到7×10^5～8×10^5Pa，气态氨就凝聚成无色的液氨，同时

放出大量的热。液氨气化时，又要吸收大量的热。因此，氨常用作制冷剂。氨极易溶解于水，常温下，1 体积水约能溶解 700 体积的氨。氨的水溶液俗称氨水。氨水呈弱碱性，具有碱的通性。

氨跟酸作用可生成铵盐，铵盐是由铵离子（NH_4^+）和酸根离子组成的化合物。例如浓氨水中挥发出来的 NH_3 和浓盐酸挥发出来的 HCl 直接化合生成微小的氯化铵晶体，反应式为

$$NH_3 + HCl = NH_4Cl$$

铵盐都是晶体，易溶于水，受热分解时一般放出氨气（NH_4NO_3 除外）。例如

$$NH_4Cl \xlongequal{加热} NH_3\uparrow + HCl\uparrow$$

$$NH_4HCO_3 \xlongequal{加热} NH_3\uparrow + CO_2\uparrow + H_2O$$

铵盐也能跟碱起反应放出氨气。例如

$$(NH_4)_2SO_4 + 2NaOH = Na_2SO_4 + 2NH_3\uparrow + 2H_2O$$

实验室就用这类反应来制取氨，同时也可以利用这个性质来检验铵根离子的存在。

工业生产上用氮气与氢气在一定条件下合成氨，反应式为

$$N_2 + 3H_2 \underset{催化剂}{\overset{高温、高压}{\rightleftharpoons}} 2NH_3$$

图 7-10 所示为中小型氨厂合成系统工艺流程。经处理后的 N_2 和 H_2 在氨合成塔里反应生成 NH_3。从合成塔出来的含 NH_3 的混合气经水冷器冷却，再经氨分离器将 NH_3 和未反应的 N_2、H_2 分离，NH_3 呈液氨输入液氨贮槽，未反应的 N_2、H_2 经循环压缩机加压等处理后再进入合成塔。

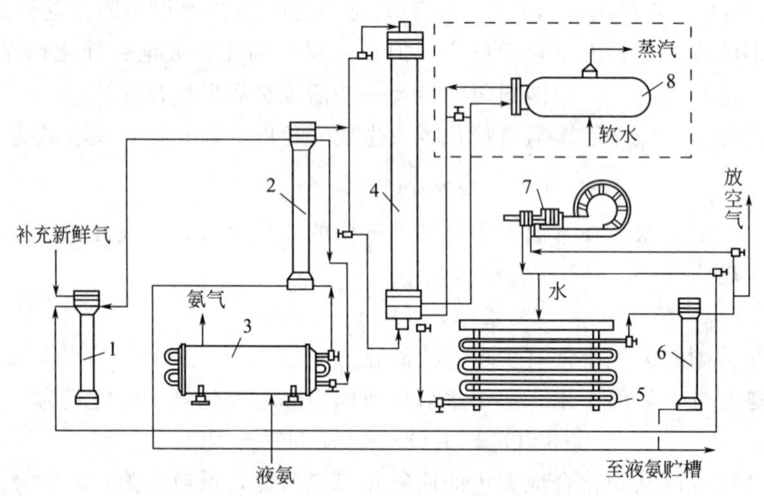

图 7-10 中小型氨厂合成系统工艺流程

1—滤油器；2—冷凝塔；3—氨冷器；4—氨合成塔；5—水冷器；6—氨分离器；7—循环压缩机；8—副产蒸汽锅炉

3. 硝酸及硝酸盐

(1) 硝酸的性质 硝酸是重要的“工业三酸”之一。它是制造炸药、染料、硝酸盐和许多其他化学药品的重要原料。纯硝酸是无色、易挥发、具有刺激性气味的液体。密度为 1.503g/cm³，沸点为 356K，凝固点为 231K。它能以任意比例溶解于水。常用的浓硝酸

的浓度大约是69%。浓度为98%以上的浓硝酸在空气里由于挥发而产生“发烟”现象，通常叫做发烟硝酸。这是因为硝酸里放出的硝酸蒸气遇到空气里的水蒸气生成了极微小的硝酸液滴的缘故。

硝酸是一种强酸。它除了具有酸的通性以外，还有它本身的特性。硝酸不稳定，容易分解。纯净的硝酸或浓硝酸在常温下见光就会分解，受热时分解更快，反应式为

$$4HNO_3 \xrightarrow[\text{或光照}]{\text{加热}} 2H_2O + 4NO_2\uparrow + O_2\uparrow$$

硝酸浓度越高，就越容易分解。分解放出的二氧化氮溶于硝酸而使硝酸呈黄色。为了防止硝酸分解，必须把它盛在棕色瓶中，贮放在黑暗而且温度低的地方。

硝酸是一种很强的氧化剂，无论稀硝酸或浓硝酸都有氧化性，几乎能跟所有的金属（除金、铂等少数金属外）或非金属发生氧化-还原反应。

【实验7-12】 在两支放有铜片的试管里，分别加入少量浓硝酸和稀硝酸，观察现象。

可以看到，浓硝酸和稀硝酸都能与铜起反应。浓硝酸与铜的反应激烈，有红棕色的二氧化氮气体产生；稀硝酸反应较缓慢，有无色一氧化氮气体产生，在试管内变成红棕色。以上的反应用化学方程式表示如下。

$$Cu + 4HNO_3(\text{浓}) = Cu(NO_3)_2 + 2NO_2\uparrow + 2H_2O$$

$$3Cu + 8HNO_3(\text{稀}) = 3Cu(NO_3)_2 + 2NO\uparrow + 4H_2O$$

值得注意的是，铁、铝、铬等金属溶于稀硝酸，但不溶于冷的浓硝酸，这是因为这些金属像在浓硫酸中一样，也发生钝化现象。所以可用铝槽车装盛浓硝酸。

硝酸还能使许多非金属（如碳、硫、磷等）及某些有机物（如松节油、锯末等）氧化。例如

$$4HNO_3(\text{浓}) + C = CO_2\uparrow + 4NO_2\uparrow + 2H_2O$$

$$6HNO_3(\text{浓}) + S = H_2SO_4 + 6NO_2\uparrow + 2H_2O$$

浓硝酸与浓盐酸1+3的混合物叫做“王水”。它的氧化能力更强，能使一些不溶于硝酸的金属如金、铂等溶解。

由于硝酸具有强酸性和强氧化性，它分解试样的能力很强。又由于分解试样后生成的硝酸盐都易溶于水，所以硝酸是分析工作中常用的分解试样的良好试剂。

（2）硝酸的制法　硝酸属于挥发性酸，在实验室可以把硝酸盐跟浓硫酸共热来制取。

$$NaNO_3 + H_2SO_4(\text{浓}) \xrightarrow{\text{加热}} NaHSO_4 + HNO_3\uparrow$$

现代工业生产硝酸，主要用氨的催化氧化法。这个方法的生产过程大致可分为两个阶段。

第一阶段为氨的氧化。把氨和净化后的空气以一定比例混合，通入氧化炉。混合气体在氧化炉内的催化剂（铂铑合金）和高温（1073K）作用下，氨与氧气进行反应，生成一氧化氮和水蒸气，同时放出大量的热。反应式为

$$4NH_3 + 5O_2 \xrightarrow[\text{加热}]{\text{催化剂}} 4NO + 6H_2O$$

第二阶段为硝酸的生成。一氧化氮经过冷却，再被空气中的氧氧化成二氧化氮。

$$2NO + O_2 = 2NO_2$$

最后二氧化氮在吸收塔内被水吸收，就得到硝酸。

$$3NO_2 + H_2O \xlongequal{} 2HNO_3 + NO$$

在吸收反应中常补充一些空气，使生成的一氧化氮再氧化成二氧化氮，二氧化氮溶于水又生成硝酸和一氧化氮。经过这样多次的氧化和吸收，二氧化氮可以比较完全地被吸收，能够尽可能多地转化为硝酸。

用上述方法制成的硝酸浓度一般为50%左右，如果要制取更浓的硝酸，可用硝酸镁（或浓硫酸）作为吸水剂，将稀硝酸蒸馏浓缩，就可以得到96%以上的浓硝酸。

从吸收塔排出的尾气中，还含有少量的一氧化氮和二氧化氮气体。它们都有毒，常用碱液吸收处理，以防止对大气的污染。

(3) 硝酸盐　多数硝酸盐是无色晶体，所有的硝酸盐都极易溶于水。硝酸盐性质不稳定，加热容易分解放出氧气。所以，在高温时硝酸盐是强氧化剂。但分解产物除氧气外，还与成盐金属的活动顺序有关。在金属活动顺序里，位于镁以前的活泼金属的硝酸盐分解时放出氧气，同时生成亚硝酸盐（有毒）。例如

$$2NaNO_3 \xlongequal{加热} 2NaNO_2 + O_2\uparrow$$

活泼性介于镁和铜之间的金属的硝酸盐，加热分解生成氧、二氧化氮和金属氧化物。例如

$$2Pb(NO_3)_2 \xlongequal{加热} 2PbO + 4NO_2\uparrow + O_2\uparrow$$

活泼性位于铜以后的金属硝酸盐，加热分解生成氧气、二氧化氮及金属单质。例如

$$2AgNO_3 \xlongequal{加热} 2Ag + 2NO_2\uparrow + O_2\uparrow$$

由于硝酸盐具有强的氧化性，如果与可燃性物质混合，一经点燃就会迅速燃烧、爆炸，故硝酸盐可用于制造烟火、炸药等，也用于染料、制药、玻璃、电镀等工业。

二、磷及其化合物

1. 磷

白磷和红磷都是磷元素的单质。一种元素形成几种单质的现象叫同素异形现象。由同一种元素形成的多种单质，叫做这种元素的同素异形体。白磷和红磷是磷的两种最重要的同素异形体。白磷和红磷的物理性质如表7-3所示。

表7-3　白磷和红磷物理性质的比较

同素异形体	形　状	毒性	溶　解　性	密度 /(kg/m^3)	熔点 /K	沸点 /K	着火点 /K	互相转化(在隔绝空气情况下)
白磷（黄磷）	无色蜡状固体	剧毒	不溶于水，易溶于CS_2中	1820	317	554	313	白磷 $\underset{689K}{\overset{533K}{\rightleftharpoons}}$ 红磷
红磷（赤磷）	暗红色粉末状固体	无毒	不溶于水和CS_2	2340	—	689	513	

从表中可知，白磷与红磷的物理性质不同，这主要是由于它们的结构不同。磷的化学性质活泼，容易跟氧、卤素及许多金属直接化合。

【实验7-13】 把一块铁片水平地夹在铁架上，把少量的白磷和红磷隔开相当的距离分别放在铁片上（见图7-11），然后在红磷的下面加热，观察是红磷还是白磷先着火

燃烧。

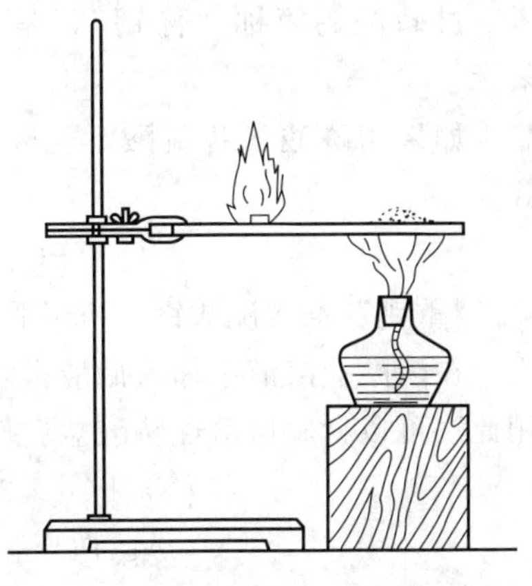

图 7-11　白磷和红磷的着火点的比较

从实验看到，是白磷先着火燃烧。因为白磷的着火点是 313K，而红磷是 513K。白磷受到轻微的摩擦或被加热到 313K，就会发生燃烧。所以白磷必须保存在密闭容器中，少量的白磷可保存在水中。白磷和红磷的着火点虽然不同，但在空气中燃烧后都生成五氧化二磷。

$$4P+5O_2 \xlongequal{\text{燃烧}} 2P_2O_5$$

白磷在空气里，即使在常温下也会缓慢地氧化，氧化时会发光，在暗处可以看见“磷光”。

磷还能跟卤素及许多金属直接化合。

2. 磷酸和磷酸盐

五氧化二磷是白色雪花状晶体，极易与水化合发生剧烈反应，同时放出大量的热。随着反应条件的不同，可生成偏磷酸❶（HPO_3）或磷酸（H_3PO_4），反应式为

$$P_2O_5+H_2O \xlongequal{\text{冷水}} 2HPO_3$$

$$P_2O_5+3H_2O \xlongequal{\text{热水}} 2H_3PO_4$$

纯磷酸是无色透明的晶体，熔点为 315K，具有吸湿性，与水可以任意比例混溶。通常用的磷酸是一种无色黏稠的浓溶液，含纯磷酸 83%～98%。磷酸没有毒，而偏磷酸有剧毒。磷酸比硝酸稳定，不易分解。

工业上是用硫酸跟磷酸钙反应来制取磷酸，反应式为

$$Ca_3(PO_4)_2+3H_2SO_4 \xlongequal{\text{加热}} 2H_3PO_4+3CaSO_4\downarrow$$

滤去硫酸钙沉淀，所得溶液即为磷酸溶液。

磷酸是非挥发性的三元酸，属中等强度的酸，具有酸的通性，不显氧化性。它能形成三种类型的盐，一种正盐和两种酸式盐。例如

磷酸盐	Na_3PO_4	$Ca_3(PO_4)_2$	$(NH_4)_3PO_4$
磷酸氢盐	Na_2HPO_4	$CaHPO_4$	$(NH_4)_2HPO_4$
磷酸二氢盐	NaH_2PO_4	$Ca(H_2PO_4)_2$	$NH_4H_2PO_4$

所有的磷酸二氢盐都易溶于水，而磷酸氢盐和磷酸盐中除钾、钠和铵盐外，几乎都不溶于水。

磷酸和它的盐可配制各种缓冲溶液及作化学试剂。

磷酸盐大量用作磷肥。但自然界的磷矿石的主要成分是磷酸钙，它是难溶于水的矿物。化学工业制造磷肥的目的就是通过加工磷矿石，使它转化为较易溶于水（或弱酸）的酸式磷酸盐，以利于农作物吸收。常用的磷肥是过磷酸钙，它是由磷灰石和硫酸作用而制得的。反应式为

$$Ca_3(PO_4)_2+2H_2SO_4 \xlongequal{\text{加热}} Ca(H_2PO_4)_2+2CaSO_4$$

---

❶ 从一分子磷酸脱去一分子水而成的酸，称为偏磷酸。H_3PO_4（磷酸）$=\!=\!=$ HPO_3（偏磷酸）$+H_2O$

过磷酸钙简称“普钙”，是磷酸二氢钙和硫酸钙的混合物，有效成分是磷酸二氢钙。

如果用磷酸代替硫酸，与磷矿石起反应，可制得重过磷酸钙，简称“重钙”，反应式为

$$Ca_3(PO_4)_2 + 4H_3PO_4 = 3Ca(H_2PO_4)_2$$

“重钙”不含硫酸钙，所以肥效比“普钙”高。

在磷酸盐溶液中加入硝酸银溶液，有黄色沉淀产生。再加入稀硝酸，黄色沉淀溶解。用此法可以检验可溶性磷酸盐。例如

$$Na_3PO_4 + 3AgNO_3 = 3NaNO_3 + Ag_3PO_4 \downarrow$$

$$Ag_3PO_4 + 3HNO_3 = 3AgNO_3 + H_3PO_4 \downarrow$$

磷的重要性质之一是 PO_4^{3-} 与钼酸铵 [$(NH_4)_2MoO_4$] 反应生成黄色的磷钼酸铵沉淀，反应式为

$$PO_4^{3-} + 12MoO_4^{2-} + 3NH_4^+ + 24H^+ = (NH_4)_3PO_4 \cdot 12MoO_3 \cdot 12H_2O \downarrow$$

在磷的定性分析和称量、容量分析中都用到这个反应。

三、氮族元素的一些重要性质

表 7-4 列出了氮族元素的一些重要性质。

表 7-4 氮族元素的一些重要性质

元素名称	元素符号	原子序数	原子最外层电子数	原子半径/10^{-10}m	主要化合价	单质			
						颜色和状态	熔点/K	沸点/K	密度/(g/cm^3)
氮	N	7	5	0.75	−3 +1 +2 +3 +4 +5	无色气体	63	77	1.25(g/L)
磷	P	15	5	1.10	−3 +3 +5	白磷：白色或黄色固体 红磷：红棕色固体	317(白磷)	553(白磷)	1.82(白磷) 2.34(红磷)
砷	As	33	5	1.21	−3 +3 +5	灰砷：灰色固体	1090 (2.8×10^6Pa) (灰砷)	916 (升华) (灰砷)	5.727 (灰砷)
锑	Sb	51	5	1.41	+3 +5	银白色金属	904	2023	6.684
铋	Bi	83	5	1.62	+3 +5	银白色或微显红色金属	544	1833	9.8

从氮族元素的原子结构来看，它们原子的最外层都有 5 个电子，所以它们在最高氧化物里的化合价都是+5 价。氮族元素随着原子核外电子层数的增加，获得电子的趋势逐渐减弱，失去电子的趋势逐渐增强，所以，它们的非金属性逐渐减弱，金属性逐渐增强。氮、磷表现出比较显著的非金属性，砷虽是非金属，但已表现出一些金属性，而锑、铋已表现出比较明显的金属性。

从氮族元素在周期表中的位置来看，氮族元素的非金属性要比同周期的氧族和卤族元素弱。

第四节 碳族元素

元素周期表中第ⅣA 族包括碳（C）、硅（Si）、锗（Ge）、锡（Sn）、铅（Pb）五种元素，统称为碳族元素。本节重点介绍碳、硅及其化合物。

一、碳及其重要化合物

1. 碳

碳在自然界中是组成生物体的基本元素，并分布在许多矿物中，如煤炭、石油、碳酸盐等。

碳在自然界中还以游离态存在，如金刚石、石墨和无定形碳等同素异形体。金刚石是所有物质中最坚硬的一种，可进行切割和研磨。石墨是电的良导体，在电器工业中做电极，还可制铅笔及润滑材料。无定形碳中的焦炭主要用来冶炼金属，木炭和骨炭可用来吸附气体。

游离态的碳难熔、难挥发。碳在正常状况下很不活泼，但在足够高的温度下能与氢、硅、硼及许多金属化合。

2. 碳的化合物及性质

(1) 碳的氧化物　碳在空气或氧气里充分燃烧生成 CO_2，同时放出大量的热。反应式为

$$C+O_2 \xlongequal{} CO_2$$

二氧化碳的性质已在初中化学中介绍过，在此不再赘述。

如果碳在氧气不足时燃烧或使二氧化碳通过灼热的碳层时，则生成一氧化碳。

$$2C+O_2 \xlongequal{} 2CO \qquad CO_2+C \xlongequal{} 2CO$$

一氧化碳是无色无臭有毒的气体，几乎不溶于水，它能与血液中的血红素结合，从而破坏血液的输氧能力，新鲜空气是CO中毒的主要解毒剂。

一氧化碳在空气中燃烧发出蓝色火焰，放出大量热，反应式为

$$2CO+O_2 \xlongequal{} 2CO_2$$

一氧化碳有还原性，在高炉炼铁时，铁矿主要被一氧化碳还原，反应为

$$Fe_2O_3+3CO \xlongequal{} 2Fe+3CO_2$$

氧化剂 I_2O_5 可将CO氧化为 CO_2。并释放出定量的碘，反应式为

$$I_2O_5+5CO \xlongequal{} 5CO_2+I_2$$

此反应是定量测定一氧化碳的基础，用标准 $Na_2S_2O_3$ 溶液滴定反应释放出的 I_2，从析出碘的量可进一步算出CO的量。合成氨工业中微量一氧化碳的测定，也是利用 I_2O_5 将一氧化碳氧化为二氧化碳后，导入NaOH溶液中，根据溶液电导的变化测出一氧化碳的含量。

(2) 碳酸及其盐　二氧化碳能溶于水，溶解后部分二氧化碳与水作用生成碳酸。

$$CO_2+H_2O \rightleftharpoons H_2CO_3$$

碳酸是一种较弱的二元酸，在溶液中分步电离，同时存在下列平衡。

$$H_2O+CO_2 \rightleftharpoons H_2CO_3 \rightleftharpoons H^++HCO_3^- \rightleftharpoons 2H^++CO_3^{2-}$$

加热溶液时放出二氧化碳，平衡向左移；相反，如果加入强碱，则 OH^- 与 H^+ 结合成 H_2O，平衡向右移，结果生成碳酸盐或酸式碳酸盐。

碳酸盐中仅碱金属盐和氨盐是溶于水的，而酸式碳酸盐则几乎全部易溶于水。常用的几种碳酸盐将在第八章中进行介绍。

二、硅及其化合物

1. 硅

硅在自然界以化合态存在，没有游离的硅。硅在地壳中的含量仅次于氧。

晶体硅呈灰黑色，有金属光泽，硬而脆。晶体硅的结构与金刚石晶体的结构相似，都是网状的原子晶体，所以硅的硬度较大，熔点和沸点都较高。

硅的化学性质不活泼。在常温下，不能与氧气、氯气、硫酸和硝酸等起反应（氟气、氢氟酸和强碱溶液除外）。在加热条件下，硅能跟一些非金属起反应。例如，把硅研细后加热，能燃烧生成二氧化硅，同时放出大量热。反应式为

$$Si+O_2 \xlongequal{加热} SiO_2$$

硅能跟强碱溶液作用生成硅酸盐，放出氢气。例如

$$Si+2NaOH+H_2O = NaSiO_3+2H_2\uparrow$$

硅只有在高温下才能和氢气反应。硅的氢化物常用间接方法制得。工业上硅是在电炉里用碳还原二氧化硅而制得的，反应式为

$$SiO_2+2C \xlongequal{高温} Si+2CO\uparrow$$

高纯度的硅是良好的半导体材料。像碳一样，硅还能和某些金属生成硅化物，所以硅可用来制造合金。

2. 二氧化硅

二氧化硅是难溶、坚硬的固体，俗称硅石。天然的二氧化硅有结晶形和无定形两种形态，比较纯净的晶体叫做石英。无色透明的纯石英叫水晶，含有微量杂质的水晶，通常有不同的颜色，依颜色的不同又分为紫水晶、墨晶、玛瑙、碧玉等，普通的砂子是不纯的二氧化硅。二氧化硅的化学性质很稳定，它一般不与酸起反应，但氢氟酸可侵蚀它，生成四氟化硅气体，反应式为

$$SiO_2+4HF = SiF_4\uparrow+2H_2O$$

这个反应就是用氢氟酸在玻璃（主要成分是 SiO_2）上雕刻字画的原理。

二氧化硅是酸性氧化物，它不溶于水，不能跟水反应而生成相应的硅酸。但它能跟碱性氧化物或强碱起反应生成硅酸盐，反应式为

$$SiO_2+CaO \xlongequal{高温} CaSiO_3$$

$$SiO_2+2NaOH = Na_2SiO_3+H_2O$$

玻璃的成分里有二氧化硅，因此实验室里盛放碱溶液的试剂瓶不能用玻璃塞，而要用橡皮塞，否则玻璃受碱溶液腐蚀生成黏性的 Na_2SiO_3，使玻璃塞与瓶口粘在一起。

二氧化硅用途广泛。水晶可以用于制造电子工业的重要部件、光学仪器和工艺品。二氧化硅是制造玻璃、光导纤维等的原料，用较纯净的石英制造的石英玻璃，膨胀系数小，可以耐受温度的剧变，是制造耐高温化学仪器的优良材料。石英玻璃还能透过紫外线，可用于制造医学上用的水银石英灯和其他光学仪器。

3. 硅酸及硅酸盐

硅酸是成分较为复杂的白色固体，通常用化学式 H_2SiO_3 表示。

由于二氧化硅不溶于水，所以不能用二氧化硅与水直接反应来制得硅酸，只能用相应的可溶性硅酸盐跟酸起反应来制取。例如在稀盐酸中逐滴加入硅酸钠溶液，得到白色胶状沉淀物原硅酸（H_4SiO_4）。原硅酸很不稳定，在空气里干燥，失去一部分水后，变成白色粉末状的硅酸。

$$Na_2SiO_3 + 2HCl \longrightarrow H_2SiO_3 \downarrow + 2NaCl$$

硅酸是不溶于水的胶状沉淀，它是一种弱酸，酸性比碳酸还弱。从溶液中析出的胶状沉淀中含有大量的水，经加热脱去大部分水而变成一种白色稍透明的网状多孔物质，工业上称此固体为硅胶。硅胶有较强的吸附能力，所以常用做干燥剂、吸附剂及催化剂的载体。

各种硅酸所对应的盐，统称为硅酸盐。硅酸盐种类较多，结构、组成也较复杂，通常用二氧化硅和金属氧化物的形式表示硅酸盐的组成。例如

硅酸钠　$Na_2SiO_3 \longrightarrow [Na_2O \cdot SiO_2]$

石棉　$CaMg_3(SiO_3)_4 \longrightarrow [CaO \cdot 3MgO \cdot 4SiO_2]$

高岭土　$Al_2Si_2O_5(OH)_4 \longrightarrow [Al_2O_3 \cdot 2SiO_2 \cdot 2H_2O]$

除了碱金属的硅酸盐能溶于水外，其他硅酸盐都难溶于水。在可溶性的硅酸盐中，最常见的是硅酸钠，它的水溶液叫做水玻璃，俗称泡花碱。它是一种白色或灰白色的胶黏剂，如用来黏合碎云母片做电热器中的耐热云母板等。它还具有防火、防腐的能力，浸过水玻璃的木材、织物既能防腐又不易着火。它也是制造硅胶和分子筛的原料。

4. 硅酸盐工业简介

以含硅物质为原料，经过加工制成硅酸盐产品的工业，如制造水泥、玻璃、陶瓷等产品的工业，叫做硅酸盐工业。在此简单介绍水泥和玻璃。

（1）水泥　制造水泥的主要原料是石灰石、黏土和其他辅助原料。普通硅酸盐水泥的主要成分如下。

硅酸三钙　$3CaO \cdot SiO_2$

硅酸二钙　$2CaO \cdot SiO_2$

铝酸三钙　$3CaO \cdot Al_2O_3$

水泥实际上是硅酸三钙、硅酸二钙及铝酸三钙等成分组成的混合物。水泥的组成和结晶形态的不同直接影响到它的各种主要性能。

（2）玻璃　玻璃是一种透明的非晶体物质，称为玻璃态物质。它没有固定的熔点，只有软化的温度范围。玻璃的种类很多，有普通玻璃（钠玻璃）、钾玻璃、铅玻璃等。

制造普通玻璃的主要原料是纯碱（Na_2CO_3）、石灰石（$CaCO_3$）和石英（SiO_2），主要的化学反应如下。

$$NaCO_3 + SiO_2 \xlongequal{\text{高温}} Na_2SiO_3 + CO_2 \uparrow$$

$$CaCO_3 + SiO_2 \xlongequal{\text{高温}} CaSiO_3 + CO_2 \uparrow$$

生成的 Na_2SiO_3、$CaSiO_3$ 和过量的 SiO_2 形成的共熔体是黏稠的液体，冷却后即得普通玻璃。

如果用 K_2CO_3 代替 Na_2CO_3，就可制得比较耐高温的钾玻璃，可用于制作普通化学仪器，如分析用的烧杯、烧瓶等。

三、碳族元素的一些重要性质

表 7-5 列出了碳元素的一些重要性质。从表 7-5 可知，碳族元素的原子最外电子层上都有 4 个电子，在化学反应中不容易失去电子而形成阳离子，也不容易结合电子而形成阴离子，故一般不形成离子化合物，而容易与其他原子通过共用电子对形成共价化合物。在

表 7-5 碳族元素的一些重要性质

元素名称	元素符号	原子序数	原子最外层电子数	原子半径/10^{-10}m	主要化合价	单质			
						颜色和状态	熔点/K	沸点/K	密度/(g/cm^3)
碳	C	6	4	0.77	+2 +4	无色或黑色固体	3823① 3925～3970② (升华)	5100 (金刚石) 5100(石墨)	3.51 (金刚石) 2.25(石墨)
硅	Si	14	4	1.17	+4	灰黑色	1683	2628	2.32～2.34
锗	Ge	32	4	1.22	+2 +4	灰白色	1211	3103	5.35
锡	Sn	50	4	1.41	+2 +4	银白色	505	2533	7.28
铅	Pb	82	4	1.75	+2 +4	蓝白色	601	2013	11.34

化合物中，除常显+4 价外，还有+2 价。

碳族元素随着电子层数和核电荷数的增加，原子半径逐渐增大，它们的一些重要物理性质和化学性质都发生规律性的变化。从碳到铅由非金属向金属递变的趋势比氮族元素更明显。碳是明显的非金属，硅虽为非金属，但晶体硅外貌似金属，能导电，又称“半金属”。锗的金属性比非金属性强；锡和铅都是典型的金属。

海水的淡化

世界上海洋面积占地球面积的 71%，海洋是巨大的未开发的水资源。从海水中取得淡水的过程称为海水的淡化。从长远看，海水淡化是解决淡水缺乏的战略措施。

那么，海水是怎样淡化的呢？古老的海水淡化法是通过蒸馏法来解决的。蒸馏法是最简单的方法，就是在蒸馏器里，海水受热后水分蒸发，使水蒸气冷凝就得到淡水。蒸馏法要消耗大量的能源，很不经济。自从离子交换树脂出现以后，海水淡化也出现了新景象。出海航行的海轮，利用离子交换设备可以不断地把海水变成淡水，供应船员生活用，不需要在出航前携带大量的淡水。离子交换法淡化海水有一个最大的缺点是离子交换树脂不能无限制地使用下去，当树脂“吃饱”盐水以后，树脂就需要用酸和碱来获得“再生”，不然的话，失去了离子交换能力，进去的是海水，出来的仍然是海水。与离子交换法相类似的是电渗析法。它是依靠阴离子交换膜和阳离子交换，加上直流电极进行淡化的。通电以后，海水中由各种盐类离解出来的阴离子通过薄膜跑向阳极，阳离子会透过薄膜跑向阴极，这样剩下来的就是不含盐分的淡水了。还有一种方法是反渗透法。该法是利用只允许溶剂透过、不允许溶质透过的半透膜，将海水与淡水分隔开的。在通常情况下，淡水通过半透膜扩散到海水一侧，从而使海水一侧的液面逐渐升高，直至一定的高度才停止，这个过程称为渗透。此时，海水一侧高出的水柱静压称为渗透压。如果对海水一侧施加一大于海水渗透压的外压，那么海水中的纯水将反渗透到淡水中。反渗透法的最大优点是节能。它的能耗仅为电渗析法的 1/2，为蒸馏法的 1/40。

当然，海水的淡化还有一些其他的方法，每种方法各有长处，也有缺陷。目前，各国科学家们正在努力研究既能提高生产效率，降低成本，又能实现大规模生产的海水淡化技术。

第八章　重要的金属元素及其化合物

已经发现的一百多种元素中，金属元素有 80 多种。金属有许多共同的物理性质，例如都有光泽和颜色；绝大多数有良好的导电性和传热性；大多有延展性。金属单质的化学性质主要表现在容易失去最外层的电子而变成阳离子，从而表现出较强的还原性。本章介绍常见的几种金属及其重要的化合物。

第一节　碱金属元素

元素周期表中第ⅠA 族包括锂（Li）、钠（Na）、钾（K）、铷（Rb）、铯（Cs）、钫（Fr）六种元素，因为它们的氧化物的水化物都是可溶于水的碱，所以统称为碱金属。本节重点学习钠及其化合物的知识。

一、钠的物理性质

钠是银白色金属，在空气中极易氧化而使颜色变暗。钠的硬度很低，可以用刀子任意切割。其密度为 0.97g/cm^3，比水小，能浮在水面上。沸点为 1156K，熔点为 371K。

二、钠的化学性质

钠是典型的金属元素，钠原子的最外电子层只有一个电子，所以化学性质非常活泼。突出表现在能与各种非金属及水直接发生反应。

1. 钠与氧气反应

钠很容易被氧化，新切开的光亮的钠断面很快发暗，就是因为生成了一薄层氧化膜。钠在空气中燃烧，生成较稳定的过氧化物。

$$2Na + O_2 = Na_2O_2$$

过氧化钠

2. 钠与硫等非金属的反应

除能和氯气等卤素直接化合外，钠还能与硫、氢、氮及其他非金属直接化合，表现出很强的金属性。例如跟硫化合生成硫化钠，反应式为

$$2Na + S = Na_2S$$

3. 钠与水的反应

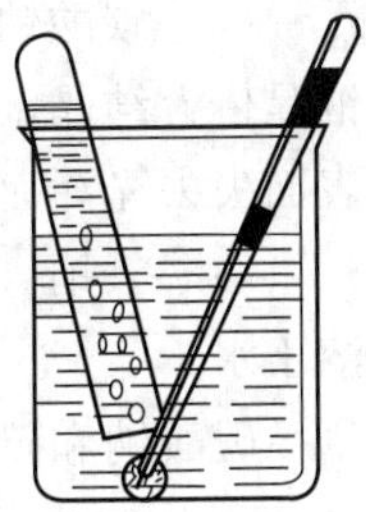

图 8-1　钠与水起反应

【实验 8-1】 向一只盛有水的烧杯里，滴入 2～3 滴酚酞试液。然后将一小块钠投入烧杯。注意观察钠与水起反应的情况和溶液颜色的变化。再用铝箔包好一小块钠，并在铝箔上刺些小孔，用镊子夹住，放在试管口下面，用排水法收集气体（见图 8-1）。小心取出试管，移

近火焰，检查试管里是否有氢气。

从实验可看到，钠比水轻，投入烧杯时，钠浮在水面上。与水剧烈反应，放出的热立即使钠熔成一个闪亮的小球。小球向各个方向迅速游动，直至消失。同时烧杯里的溶液变为红色，说明有碱性物质生成，这种碱性物质是氢氧化钠。试管里收集到的气体经检验是氢气。钠与水的反应式为

$$2Na+2H_2O \xlongequal{} 2NaOH+H_2\uparrow$$

可见，钠的性质很活泼，所以在自然界不能以游离态存在，只能以化合态存在。为了防止钠与空气里的氧气或水反应，通常将钠保存在煤油中。

三、钠的化合物

1. 钠的氧化物

钠的氧化物有氧化钠和过氧化钠。氧化钠是白色的固体，与水起剧烈反应，生成氢氧化钠。反应式为

$$Na_2O+H_2O \xlongequal{} 2NaOH$$

过氧化钠是淡黄色固体，较稳定，加热至 773K 也不分解。它与水或稀酸作用生成过氧化氢（H_2O_2），其反应式如下

$$Na_2O_2+H_2O \xlongequal{} H_2O_2+2NaOH$$

$$Na_2O_2+H_2SO_4 \xlongequal{} H_2O_2+Na_2SO_4$$

过氧化氢的水溶液俗称双氧水，它不稳定，容易分解放出氧气，反应式为

$$2H_2O_2 \xlongequal{} 2H_2O+O_2\uparrow$$

凡是氧与另一种元素化合形成有过氧键 —O—O— 的物质叫过氧化物。如 H—O—O—H 、 Na—O—O—Na 等。过氧化物是强氧化剂。

过氧化钠常用来漂白织物、麦秆、羽毛等。在潮湿的空气里，过氧化钠能吸收二氧化碳并放出氧气。

$$2Na_2O_2+2CO_2 \xlongequal{} 2Na_2CO_3+O_2\uparrow$$

因此过氧化钠可用做防毒面具、潜水或飞行人员的供氧剂。

过氧化钠还是一种具有碱性和强氧化性的熔剂，在分析上常用作矿石等复杂试样的分解试剂。

2. 钠的盐类

（1）硫酸钠　硫酸钠晶体俗名芒硝，化学式是 $Na_2SO_4\cdot 10H_2O$。硫酸钠是制造玻璃和造纸的重要原料，也用于纺织、染色等工业上。自然界中的硫酸钠主要分布在盐湖和海水里。

（2）碳酸钠与碳酸氢钠　碳酸钠（Na_2CO_3）俗名纯碱或苏打，呈白色粉末状。碳酸钠晶体含结晶水，化学式是 $Na_2CO_3\cdot 10H_2O$。在空气中碳酸钠晶体很容易失去结晶水，表面失去光泽而逐渐发暗，并渐渐碎裂成粉末。失水以后的碳酸钠叫无水碳酸钠。

碳酸氢钠（$NaHCO_3$）俗名小苏打，是一种细小的白色晶体。碳酸钠较碳酸氢钠易溶于水。

碳酸钠和碳酸氢钠遇到盐酸都能放出二氧化碳。

$$Na_2CO_3+2HCl \xlongequal{} 2NaCl+H_2O+CO_2\uparrow$$

$$NaHCO_3+HCl \xlongequal{} NaCl+H_2O+CO_2\uparrow$$

【实验 8-2】 将少量盐酸分别加入盛放碳酸钠和碳酸氢钠的两个试管。比较放出二氧化碳的快慢程度。

可以看到，碳酸氢钠遇到盐酸放出二氧化碳的反应，要比碳酸钠剧烈得多。

【实验 8-3】 按图 8-2 的装置，把碳酸钠放入试管约 1/6 处，并往烧杯里倒入石灰水，加热，观察澄清的石灰水是否有变化。然后把试管拿掉，换上一个放入同样 1/6 容积碳酸氢钠的试管。再加热，观察澄清的石灰水所起的变化。

可以看到，碳酸钠很稳定，受热没有变化，而碳酸氢钠受热分解，放出二氧化碳气体，使澄清的石灰水变浑浊。

$$2NaHCO_3 \xlongequal{加热} Na_2CO_3 + H_2O + CO_2\uparrow$$

这个反应可用于鉴别碳酸钠和碳酸氢钠。

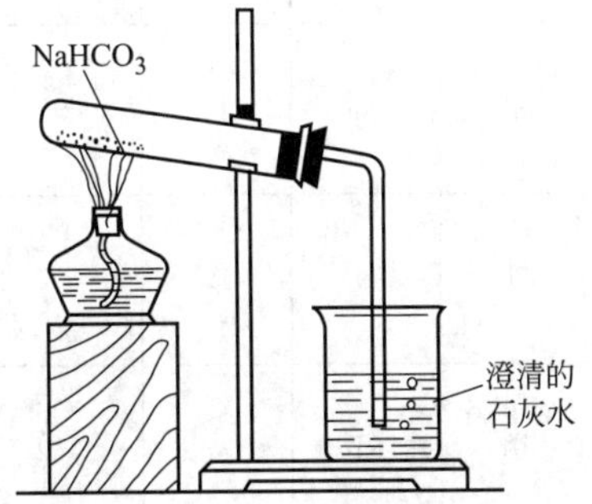

图 8-2　鉴别碳酸钠和碳酸氢钠

碳酸钠广泛用于玻璃、造纸、制皂、纺织等工业。碳酸氢钠是焙制糕点所用的发酵粉的主要成分之一。在医疗上，它是治疗胃酸过多的一种药剂。

四、焰色反应

碱金属燃烧时火焰呈现出不同的颜色。火焰呈颜色的现象应用在科学实验上，可以检验一些金属或金属化合物。金属或它们的化合物在灼烧时能使火焰呈现出特殊颜色的现象，叫做焰色反应。碱金属和它们的化合物都能使火焰呈现出不同的颜色。此外，钙、锶、钡等金属及其化合物也有焰色反应。根据焰色反应中所呈现的特殊颜色，可以测定金属或金属离子的存在。下面列出了一些金属或金属离子焰色反应的颜色。

钾	紫色（透过蓝色钴玻璃）	钙	砖红色
钠	黄色	锶	洋红色
锂	紫红色	钡	黄绿色
铷	紫色	铜	绿色

常用焰色反应来鉴别这些金属元素的存在，同时可用于制造各色焰火。

碱金属在常温下也都与水反应，生成氢氧化物和氢气。氢氧化物都是易溶解于水的强碱性物质，且从氢氧化锂到氢氧化铯碱性依次增强。

五、碱金属元素的通性

碱金属元素在自然界里都是以化合态存在的，它们的金属由人工制得。表 8-1 列出了各元素的原子结构和单质的物理性质。

从表 8-1 可以看出，碱金属元素原子的最外电子层的电子数是相同的，都是 1 个电子，次外层都是稀有气体的稳定结构。

碱金属元素的原子，按照锂、钠、钾、铷、铯的顺序，随着核电荷数的增加，电子层数递增。因此，碱金属的原子半径❶随着电子层数的增多而增大，如图 8-3 所示，原子核对外层电子的吸引力逐渐减弱。

---

❶ 锂、钠、钾等金属的原子半径是指固态金属里两个邻近的原子核间的距离之半。

表 8-1 碱金属元素的原子结构和单质的物理性质

元素符号	元素名称	核电荷数	电子层结构	颜色和状态	密度/(g/cm^2)	熔点/K	沸点/K
锂	Li	3	2 1	银白色金属,柔软	0.534	453.7	1620
钠	Na	11	2 8 1	银白色金属,柔软	0.971	371	1156
钾	K	19	2 8 8 1	银白色金属,柔软	0.862	336.8	1047
铷	Rb	37	2 8 18 8 1	银白色金属,柔软	1.532	312	961
铯	Cs	55	2 8 18 18 8 1	银白色金属,略带金色光泽,柔软	1.879	301.6	951.6

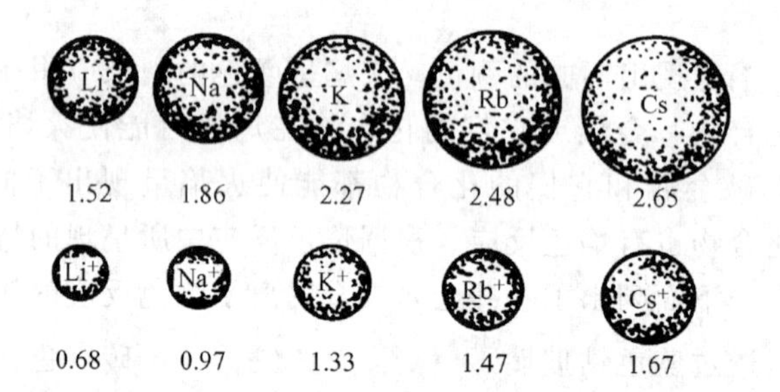

图 8-3 碱金属的原子和离子的大小示意图

(数据表示原子和离子半径/10^{-10}m)

碱金属原子在化学反应中极易失去最外层的一个电子，形成+1价阳离子，阳离子的半径显著地比相应的原子半径小，如图 8-3 所示。

碱金属都是具有金属光泽的固体，具有良好的导电性、导热性和延展性，碱金属的密度也很小，属于轻金属❶。其中锂、钠、钾的相对密度小于 1，能浮在水面上，碱金属的熔点很低，它们能形成在常温下为液体的合金，例如钠汞合金（钠汞齐）的熔点只有 236K。碱金属的硬度都很小，容易被刀切开。

由于碱金属元素的原子在化学反应中都极易失去最外电子层上的 1 个电子，所以它们的化学性质都很活泼，都是强还原剂，并具有相似的化学性质。又由于碱金属元素原子半径的不同，使它们的性质又有差异。按照从锂到铯的顺序，随着原子半径的增大，原子核对最外电子层的吸引力逐渐减弱，原子失去电子的能力逐渐增强，因此它们的化学活动性依次增强。例如，在常温时，锂在空气中被缓慢氧化生成氧化锂；钠在空气中很快被氧化生成氧化钠；钾在空气中迅速被氧化生成氧化钾；铷和铯在空气中能自燃。碱金属跟氧气

❶ 密度小于 $4.5g/cm^3$ 的金属，称为轻金属。

起反应的剧烈程度以及生成过氧化物或更复杂的氧化物的趋势，都是以从锂到铯的顺序逐渐增强。

第二节 碱土金属元素

元素周期表中第ⅡA族包括铍（Be）、镁（Mg）、钙（Ca）、锶（Si）、钡（Ba）、镭（Re）六种金属元素。铍是稀有元素，镭为放射性元素。由于钙、锶、钡的氧化物在性质上介于“碱性的”（碱金属氧化物）和“土性的”（难熔氧化物如 Al_2O_3）之间，故习惯上统称为碱土金属。本节主要介绍镁、钙及其重要化合物。

一、镁及其化合物

1. 镁

镁是一种银白色的轻金属。在自然界中含镁的矿石种类很多，在天然水和海水中也都含有镁盐。镁的熔点、沸点、密度见表8-2。

镁的化学性质很活泼。但在空气中却很稳定，这是因为它在表面上有一层既薄而又十分致密的氧化膜，能保护金属不再继续受到空气的氧化作用，所以镁在工业上有广泛的用途。

镁在一定温度下是一种强还原剂，能跟许多非金属如氧、氮、硫和卤素等起反应，生成相应的化合物。例如镁在空气中燃烧时反应十分剧烈，在生成白色粉末状氧化镁的同时，还放出耀眼的强光，这种光富有紫外线，可在摄影时用作照明，镁也可用在烟火的制造上。

镁在高温下能直接跟氮化合，生成灰绿色的氮化镁粉末，反应式为

$$3Mg + N_2 \xlongequal{\text{高温}} Mg_3N_2$$

所以当镁在空气中燃烧时，在生成的氧化镁粉末中总含有少量的氮化镁。

镁能与沸水反应，置换出沸水中的氢，反应式为

$$Mg + 2H_2O(\text{沸}) \xlongequal{} Mg(OH)_2\downarrow + H_2\uparrow$$

镁易溶于稀酸（HCl 或 H_2SO_4）中，生成相应的盐并放出氢气。用离子反应式表示如下。

$$Mg + 2H^+ \xlongequal{} Mg^{2+} + H_2\uparrow$$

金属镁主要用于制造各种轻合金，这些合金有很大的坚硬性、韧性和耐腐蚀性，并且相对密度小，所以广泛用于飞机和汽车的制造上。在有机合成和稀有金属的冶炼上，常用作还原剂。

2. 镁的重要化合物

(1) 氧化镁是一种很轻的白色粉末状固状，俗名苦土，不溶于水。其熔点高达3073K，工业上常用它作为耐火材料。如制造坩埚、耐火砖、高温炉的内壁等。工业生产上氧化镁是由煅烧菱镁矿（$MgCO_3$）制成的。

$$MgCO_3 \xlongequal{\text{煅烧}} MgO + CO_2\uparrow$$

(2) 氢氧化镁是一种微溶于水的白色粉末，是中等强度的碱。通常用易溶性镁盐和石灰水作用来制取。例如

$$MgCl_2 + Ca(OH)_2 = Mg(OH)_2 \downarrow + CaCl_2$$

氢氧化镁是造纸工业中的填充材料及制造牙膏和牙粉的原粉。医药上将氢氧化镁配成乳剂，用作轻泻剂。

（3）氯化镁和硫酸镁是重要的镁盐。氯化镁常常带有结晶水。六水合氯化镁（$MgCl_2 \cdot 6H_2O$）是无色晶体，味苦，易溶于水，也极易吸收空气中的水分而潮解。粗制食盐在空气中容易吸湿受潮，就是因为含有少量氯化镁杂质的缘故。六水合氯化镁主要从光卤石（$KCl \cdot MgCl_2 \cdot 6H_2O$）和海水晒盐的母液中提取。

六水合氯化镁受热至800K以上，分解为氧化镁和氯化氢气体。

$$MgCl_2 \cdot 6H_2O \xlongequal{800K} MgO + 2HCl \uparrow + 5H_2O$$

工业生产上用电解无水氯化镁来制取金属镁。

（4）硫酸镁常常带有7个结晶水。$MgSO_4 \cdot 7H_2O$ 是一种无色晶体，易溶于水，有苦味。在医药上常用作泻药，故俗称为泻盐。$MgSO_4 \cdot 7H_2O$ 极易脱水，当加热至473K时就可制得无水硫酸镁。

二、钙及其重要化合物

1. 钙

钙是银白色的轻金属。在自然界中，钙元素主要存在于大理石、石灰石、方解石（主要成分均为 $CaCO_3$）中。钙的密度为 $1.55g/cm^3$，熔点为1123K，沸点为1757K。

钙的化学性质也很活泼，与镁相似，是强还原剂。它能和许多非金属如氧、氢、氮、硫和卤素等起反应，生成相应的化合物。但钙在空气中的氧化速度比镁快，在表面上形成一层疏松的氧化钙，对内层的钙没有保护作用，因此钙必须密闭保存。

钙在加热时，几乎能和所有的金属氧化物起反应，将其还原为单质，因此钙主要用于高纯度金属的冶炼。钙与铅的合金可作轴承材料。实验室也常用钙作还原剂。钙还是动植物生长的营养素之一。

2. 钙的重要化合物

（1）氧化钙是一种碱性氧化物，俗名生石灰，是白色块状或粉末状固体。在高温时，它能与二氧化硅、五氧化二磷等酸性氧化物反应，生成相应的含氧酸盐。例如

$$CaO + SiO_2 \xlongequal{高温} CaSiO_3$$

$$3CaO + P_2O_5 \xlongequal{高温} Ca_3(PO_4)_2$$

冶金工业中利用这两个反应，在炼钢、炼铁的过程中加入生石灰除去杂质 SiO_2 和 P_2O_5。

工业上主要采用煅烧石灰石（$CaCO_3$）制取氧化钙，反应式为

$$CaCO_3 \xlongequal[煅烧]{高温} CaO + CO_2 \uparrow$$

氧化钙主要用于制造氢氧化钙。在建筑工业上它作为一种重要的建筑材料。因其熔点很高（2843K），也作耐火材料。

（2）氢氧化钙俗名熟石灰，也叫消石灰，是一种白色固体。微溶于水，其溶解度随温度升高而减小，它的饱和水溶液叫石灰水，是一种最便宜的强碱。实验室常用来检验二氧化碳气体。

氢氧化钙主要用于建筑工程上，在化学工业上用于制取漂白粉、烧碱等。

(3) 氯化钙和硫酸钙是重要的钙盐 氯化钙也常带有结晶水，六水合氯化钙（$CaCl_2 \cdot 6H_2O$）是白色晶体，加热至473K时先失去四个分子结晶水，生成二水合氯化钙 $CaCl_2 \cdot 2H_2O$，温度再高时能将全部结晶水失去，成为白色的无水氯化钙。

无水氯化钙的吸水性很强，实验室常用它作干燥剂，但不能用它干燥酒精和氨，因为它能与酒精和氨发生化学反应，反应式为

$$CaCl_2 + 4C_2H_5OH = CaCl_2 \cdot 4C_2H_5OH$$

$$CaCl_2 + 8NH_3 = CaCl_2 \cdot 8NH_3$$

$CaCl_2 \cdot 6H_2O$ 与冰按1.44∶1比例混合，可获得218K的低温，故可作为制冷剂。在建筑工程上它可用作水泥的防冻剂。在化工生产上电解无水氯化钙可以制取金属钙。

(4) 天然的硫酸钙有两种，即 $CaSO_4$ 和 $CaSO_4 \cdot 2H_2O$，前者叫硬石膏，后者叫石膏，石膏是一种无色晶体，微溶于水。当加热至423K时，2分子石膏会失去3分子的结晶水，而转变成熟石膏 $CaSO_4 \cdot H_2O$。

$$2CaSO_4 \cdot 2H_2O \xrightleftharpoons{423K} CaSO_4 \cdot H_2O + 3H_2O$$

此反应是可逆的，因此，把熟石膏跟水调成糊状后，它又会转变为石膏并凝固成硬块，在硬化过程中体积会稍稍膨胀。因而可利用熟石膏制造模型、塑像、粉笔和医疗用的石膏绷带。

三、硬水及其软化

通常将含有大量可溶性钙盐和镁盐的水叫硬水。硬水对工业生产及日常生活都会造成不良影响。例如用硬水洗衣服会使肥皂与钙离子生成一种不溶性物质影响肥皂的去污效果。在化工生产中使用硬水，会增加产品的 Ca^{2+}、Mg^{2+} 等杂质。蒸汽锅炉若长期使用硬水，会产生水垢，不仅消耗燃料，更严重的是由于水垢与金属的膨胀系数不同，致使水垢产生裂缝，水渗入裂缝接触到高温的钢铁，迅速成为气体，局部压力急剧增大，而使锅炉变形爆炸。所以对硬度较高的天然水，在使用之前必须进行处理，把钙、镁等可溶性盐从硬水中除去的过程叫做硬水的软化。

硬水软化的常用方法有两种，即药剂软化法和离子交换法。

四、碱土金属的通性

表8-2列出了碱土金属元素的一些重要性质。

从表8-2看到，碱土金属最外层电子结构相同，都有2个电子。除铍外它们的次外层的电子结构也相同，都是8个电子，所以碱土金属在它们的化合物中都呈+2价。

碱土金属在熔点、沸点、密度的变化上无明显的规律性，但数值较碱金属高。

随着原子序数的增大，碱土金属的电子层数依次增加，原子半径依次增大，因此金属的化学活泼性以及它们的氢氧化物的碱性和溶解性都按照从铍到钡的顺序依次增强。

碱土金属的化学活泼性不如同周期的碱金属。这是由于碱土金属的原子比相邻的碱金属原子多1个核电荷，使它的原子半径比碱金属的原子半径小，因而原子核对最外层电子的作用力增强，使外层电子不易失去，故化学活泼性减弱。但仍属活泼金属。

表 8-2 碱土金属的一些重要性质

元素名称	元素符号	原子序数	电子层结构	原子半径/10^{-10}m	主要化合价	单质			
						颜色	熔点/K	沸点/K	密度/(g/cm^3)
铍	Be	4	(+4) 2 2	1.11	+2	钢灰色	1556	3243	1.85
镁	Mg	12	(+12) 2 8 2	1.60	+2	银白色	923	1363	1.74
钙	Ca	20	(+20) 2 8 8 2	1.97	+2	银白色	1123	1757	1.55
锶	Sr	38	(+38) 2 8 18 8 2	2.15	+2	银白色	1043	1657	2.54
钡	Ba	56	(+56) 2 8 18 18 8 2	2.17	+2	银白色	977	1913	3.6

第三节 铝、铁、铜及其化合物

一、铝及其化合物

1. 铝

铝为银白色轻金属，密度为 2.7g/cm^3，熔点为 933K，沸点为 2333K。它是电和热的良导体，并有良好的延性和展性。

铝位于元素周期表的第ⅢA族，最外层有 3 个电子，是比较活泼的金属，能与氧、卤素、硫、酸、碱等物质作用。

在常温下，铝在空气及水中表面会迅速生成一层致密的保护膜，使铝不能进一步氧化。所以铝具有很高的稳定性，广泛用于制造各种用具。

铝在常温下能跟氯、溴直接化合，生成相对应的化合物。在加热条件下铝才能与硫化合生成硫化铝（Al_2S_3）。在很高的温度下，铝也能直接跟氮、碳化合，但不跟氢化合。

铝是典型的两性元素。既能跟稀盐酸或稀硫酸反应，也能跟强碱溶液起反应，生成相应的盐并都放出氢气。例如

$$2Al+6HCl \xlongequal{} 2AlCl_3+3H_2\uparrow$$

$$2Al+2NaOH+2H_2O \xlongequal{} 2NaAlO_2+3H_2\uparrow$$

但是，冷的浓硝酸或浓硫酸能使铝的表面生成致密的氧化物保护膜，保护了内层铝不再被氧化。利用铝的这种钝化现象，可用铝质容器来贮存和运输浓硫酸或浓硝酸。

在一定温度下，铝能夺取较它不活泼的金属氧化物中的氧，生成氧化铝，而把该金属置换出来。反应过程中释放出的大量的热，能把置换出来的金属熔化。应用此原理，铝可以作为还原剂来冶炼其他金属，这种冶炼金属的方法称为铝热法。工业上，常将铝粉和四氧化三铁（或氧化铁）粉末按一定比例混合，组成铝热剂。经引燃后发生反应，温度可高达 3273K，使生成的铁熔化。

$$8Al+3Fe_3O_4 \xlongequal{} 4Al_2O_3+9Fe$$

利用这一反应可以焊接钢轨及大截面的钢材部件。

2. 铝的重要化合物

(1) 氧化铝 Al_2O_3 是一种难熔的白色粉末状固体，不溶于水，是典型的两性氧化物。它能与强酸起反应生成铝盐，也能与强碱反应生成偏铝酸盐。例如

$$Al_2O_3+6HCl \xlongequal{} 2AlCl_3+3H_2O$$

$$Al_2O_3+2NaOH \xlongequal{} 2NaAlO_2+H_2O$$

氧化铝在自然界主要存在于铝土矿（又称矾土）中。以晶体状态存在的氧化铝称为刚玉，其硬度仅次于金刚石。在电炉中熔化灼烧氢氧化铝而得到的氧化铝叫人造刚玉。含有极微量的氧化铬的人造刚玉呈红色，叫红宝石，含有极微量的铁和钛的氧化物的人造刚玉呈蓝色，叫蓝宝石。

氧化铝不溶于水，因此不能用它来制备氢氧化铝。

(2) 氢氧化铝 $Al(OH)_3$ 是不溶于水的白色胶状物质。在实验室可用铝盐溶液和氨水作用制备氢氧化铝。例如

$$Al_2(SO_4)_3+6NH_3 \cdot H_2O \xlongequal{} 2Al(OH)_3\downarrow+3(NH_4)_2SO_4$$

用离子方程式表示为

$$Al^{3+}+3NH_3 \cdot H_2O \xlongequal{} Al(OH)_3\downarrow+3NH_4^+$$

加热灼烧氢氧化铝，分解成为氧化铝和水，即

$$2Al(OH)_3 \xlongequal{灼烧} Al_2O_3+3H_2O$$

$Al(OH)_3$ 是典型的两性氢氧化物，既能溶于强酸，也能溶于强碱。用离子方程式表示如下

$$Al(OH)_3+3H^+ \xlongequal{} Al^{3+}+3H_2O$$

$$Al(OH)_3+OH^- \xlongequal{} AlO_2^-+2H_2O$$

(3) 三氯化铝 将铝溶于盐酸能制得六水合氯化铝 $Al_2Cl_3 \cdot 6H_2O$。灼烧 $Al_2Cl_3 \cdot 6H_2O$，得到的不是无水氯化铝，而是氧化铝。

$$2Al_2Cl_3 \cdot 6H_2O \xlongequal{灼烧} Al_2O_3+6HCl\uparrow+9H_2O$$

这是因为六水合氯化铝加热脱水时也会发生水解，生成氢氧化铝，在灼热情况下，氢氧化铝分解为氧化铝。所以无水氯化铝只能用干法制取，即在氯气流或氯化氢气流中熔融铝，可制得无水氯化铝。

$$2Al+3Cl_2 \xlongequal{加热} 2AlCl_3$$

无水氯化铝是白色、极易吸水的固体，加热至 456K 时升华。氯化铝还易溶于乙醇、乙醚等有机溶剂。是有机合成和石油化工中常用的催化剂。

(4) 明矾 $KAl(SO_4)_2 \cdot 12H_2O$ 工业上明矾是用硫酸处理明矾石 $K_2O \cdot 3Al_2O_3 \cdot 4SO_3 \cdot 6H_2O$ [或用 $K_2SO_4 \cdot Al_2(SO_4)_3 \cdot 4Al(OH)_3$ 表示] 制得的。明矾为易溶于水的复盐，在水中几乎全部电离为组成它的离子，即

$$KAl(SO_4)_2 \cdot 12H_2O \xlongequal{} K^++Al^{3+}+2SO_4^{2-}+12H_2O$$

明矾水解后能生成氢氧化铝的胶状物质，它有强烈的吸附性，所以明矾常用作净水剂，在印染、制革和造纸等工业上，明矾也是一种重要的常用原料。

二、铁及其化合物

1. 铁

铁位于元素周期表第四周期第Ⅷ B族，是一种重要的过渡元素。纯净的铁是光亮的银白色金属，密度为7.86g/cm^3，熔点1808K，沸点3273K。有极强的磁性。

铁是比较活泼的金属，在潮湿的空气中容易生锈。在空气中加热至773K，燃烧生成四氧化三铁。在843K下与水蒸气作用也生成四氧化三铁，并放出氢气，反应式为

$$3Fe + 2O_2 \xlongequal[843K]{773K} Fe_3O_4$$

$$3Fe + 4H_2O\ (气) \rightleftharpoons Fe_3O_4 + 4H_2\uparrow$$

铁能跟盐酸或稀硫酸发生置换作用，生成+2价的铁盐，并放出氢气。用离子反应方程式表示如下

$$Fe + 2H^+ = Fe^{2+} + H_2\uparrow$$

铁与硝酸反应所得的产物随着酸的浓度不同而变化。热的稀硝酸能使铁氧化为Fe^{3+}，本身被还原为NO气体（甚至形成铵离子）。

$$Fe + 4HNO_3(稀) = Fe(NO_3)_3 + NO\uparrow + 2H_2O$$

在常温下，铁不与浓硫酸和浓硝酸反应，因为铁被钝化了。铁还能从比它活泼性弱的金属盐溶液里置换出该盐中的金属。例如

$$Fe + Cu^{2+} = Fe^{2+} + Cu$$

2. 铁的化合物

（1）铁的氧化物　铁的氧化物有氧化亚铁（FeO）、氧化铁（Fe_2O_3）和四氧化三铁（Fe_3O_4）三种。

氧化亚铁是不溶于水的黑色粉末，易溶于酸生成亚铁盐。容易被氧化成Fe_2O_3，若在高温灼烧，可得到Fe_3O_4。

$$4FeO + O_2 = 2Fe_2O_3$$

$$6FeO + O_2 \xlongequal{高温} 2Fe_3O_4$$

氧化铁是不溶于水的红棕色粉末，能溶于酸生成铁盐。加热至1573K生成Fe_3O_4。

$$6Fe_2O_3 \xlongequal{高温} 4Fe_3O_4 + O_2\uparrow$$

上述几个反应说明，铁在高温燃烧时总是生成稳定的Fe_3O_4而不是生成FeO或Fe_2O_3。

四氧化三铁是黑色晶体，具有磁性，俗称磁性氧化铁。可看成是FeO和Fe_2O_3组成的较复杂的化合物。是一种最稳定的铁的氧化物。不溶于水也不溶于硝酸，但能溶于盐酸。

（2）铁的氢氧化物　铁的氢氧化物有两种，即氢氧化亚铁与氢氧化铁。

氢氧化亚铁是用可溶性的亚铁盐与碱液在隔绝空气的条件下作用，而得到的白色沉淀。用离子反应方程式表示为

$$Fe^{2+} + 2OH^- = Fe(OH)_2\downarrow$$

生成的白色沉淀遇到氧迅速被氧化，变为灰绿色。继续氧化，最后成为红棕色的$Fe(OH)_3$。

$$4Fe(OH)_2 + O_2 + 2H_2O = 4Fe(OH)_3\downarrow$$

氢氧化亚铁易溶于酸，生成+2价亚铁盐，用离子反应方程式表示为

$$Fe(OH)_2+2H^+ = Fe^{2+}+2H_2O$$

氢氧化铁是用+3价的铁盐溶液与碱液作用，而生成的红棕色沉淀，用离子反应方程式表示为

$$Fe^{3+}+3OH^- = Fe(OH)_3\downarrow$$

氢氧化铁溶于酸生成+3价的铁盐，用离子反应方程式表示为

$$Fe(OH)_3+3H^+ = Fe^{3+}+3H_2O$$

当加热氢氧化铁时，可脱去水生成红棕色粉末状的 Fe_2O_3。

(3) 铁的盐 铁能生成+2价的亚铁盐和+3价的铁盐两种。重要的盐为硫酸亚铁和氯化铁两种。

将纯铁溶于稀硫酸，可析出绿色的七水合物 $FeSO_4\cdot 7H_2O$ 晶体，俗称为绿矾。它在空气中逐渐风化而失去一部分水，并容易被氧化为黄褐色的碱式硫酸铁（Ⅲ）。

$$4FeSO_4+2H_2O+O_2 = 4Fe(OH)SO_4$$

硫酸亚铁与碱金属的硫酸盐可以形成复盐，其中重要的 $(NH_4)_2SO_4\cdot FeSO_4\cdot 6H_2O$ 称为莫尔盐，它比 $FeSO_4\cdot 7H_2O$ 稳定，在分析化学中常用来标定重铬酸钾或高锰酸钾溶液，离子反应方程式为

$$5Fe^{2+}+MnO_4^-+8H^+ = 5Fe^{3+}+Mn^{2+}+4H_2O$$

$$6Fe^{2+}+Cr_2O_7^{2-}+14H^+ = 6Fe^{3+}+2Cr^{3+}+7H_2O$$

金属铁和氯气直接作用可制得棕黑色的无水三氯化铁 $FeCl_3$。也可将铁屑溶于盐酸中，再往溶液中通入氯气，经浓缩、冷却，可析出黄棕色的六水合氯化铁（$FeCl_3\cdot 6H_2O$）晶体。

Fe^{3+} 在酸性溶液中是强氧化剂，它容易被 $SnCl_2$、H_2S、SO_2 及 HI 所还原，而转化为 Fe^{2+}。用离子方程式表示为

$$Fe^{3+}+e^- \underset{\text{氧化剂}}{\overset{\text{还原剂}}{\rightleftharpoons}} Fe^{2+}$$

上述反应常用于定量分析中。

(4) 铁离子的检验 往 Fe^{2+} 的溶液中加入铁氰化钾（俗称赤血盐）溶液，或在 Fe^{3+} 的溶液中加入亚铁氰化钾（俗称黄血盐）溶液，都能生成深蓝色沉淀，据此可以检验 Fe^{2+} 或 Fe^{3+} 的存在。用离子反应方程式表示为

$$3Fe^{2+}+2[Fe(CN)_6]^{3-} = \underset{\text{滕氏蓝}}{Fe_3[Fe(CN)_6]_2}\downarrow \quad \text{（铁氰化亚铁）}$$

$$4Fe^{3+}+3[Fe(CN)_6]^{4-} = \underset{\text{普鲁士蓝}}{Fe_4[Fe(CN)_6]_3}\downarrow \quad \text{（亚铁氰化铁）}$$

在实验室，还常用到另外一种检验铁盐的方法。即在 Fe^{3+} 盐溶液中，加入无色的硫氰化钾（KSCN）或硫氰化铵（NH_4SCN）溶液作检验剂，Fe^{3+} 盐溶液将生成血红色的硫氰化铁溶液，例如

$$FeCl_3+3KSCN = \underset{\text{硫氰化铁}}{Fe(SCN)_3}+3KCl$$

用此方法可检验微量的 Fe^{3+} 的存在。

三、铜及其重要化合物

1. 铜

铜位于元素周期表第四周期第 IB 族。纯铜是紫红色的软金属，有较强的导电性和延展性。

铜在干燥的空气中很稳定，但在潮湿的空气中久置表面会生成一层绿色的铜锈，其化学成分是碱式碳酸铜，反应式为

$$2Cu+O_2+CO_2+H_2O = Cu_2(OH)_2CO_3$$

2. 铜的重要化合物

当铜在空气中加热到 573K 时，就变成黑色的氧化铜，继续加热至 1073K，黑色的氧化铜开始分解为红色的氧化亚铜和氧气，反应式为

$$4CuO \xlongequal{\text{高温}} 2Cu_2O+O_2\uparrow$$

黑色的氧化铜粉末不溶于水，能跟各种酸作用生成＋2 价的铜盐。用离子方程式表示为

$$CuO+2H^+ = Cu^{2+}+H_2O$$

用＋2 价能溶于水的铜盐溶液与适量的碱溶液反应，立即生成蓝色的氢氧化铜沉淀。用离子反应式表示如下。

$$Cu^{2+}+2OH^- = Cu(OH)_2\downarrow$$

氢氧化铜具有微弱的两性，以碱性为主，易溶于酸。氢氧化铜也能溶于较浓的碱液中，生成一种叫做四氢氧合铜（Ⅱ）的复杂离子，用离子方程式可表示如下。

$$Cu(OH)_2+2H^+ = Cu^{2+}+2H_2O$$

$$Cu(OH)_2+2OH^- = [Cu(OH)_4]^{2-}$$

氢氧化铜更容易溶解在氨水里，生成深蓝色四氨合铜（Ⅱ）配离子，离子反应式为

$$Cu(OH)_2+4NH_3 = [Cu(NH_3)_4]^{2+}+2OH^-$$

五水合硫酸铜是蓝色晶体，俗称胆矾或蓝矾，是一种重要的铜盐。在工业上有多种制法和用途。

将蓝色的五水合硫酸铜加热至 523K，就会失去全部的结晶水，变成白色的无水硫酸铜，反应式为

$$\underset{\text{蓝色}}{CuSO_4\cdot 5H_2O} \xlongequal{\text{加热}} \underset{\text{白色}}{CuSO_4}+5H_2O$$

无水硫酸铜吸水性很强。吸水后变成蓝色的五水硫酸铜，与上述过程正好相反，反应式为

$$\underset{\text{白色}}{CuSO_4}+5H_2O = \underset{\text{蓝色}}{CuSO_4\cdot 5H_2O}$$

利用这一性质可检验乙醚、乙醇等有机化合物中的微量水分。

硫酸铜是制备其他含铜化合物的重要原料。把它加在贮水池中，可防止藻类生长。硫酸铜同石灰乳的混合液叫波尔多液，用于果树杀虫和防病。

第四节 其他常见金属及其化合物

一、银及其重要化合物

1. 银

银是具有银白色金属光泽的软金属，密度为10.5g/cm^3，熔点为1234K。在所有金属中，银是导电、导热的最良导体，也具有很好的延展性。

银的化学活泼性较差，在空气中很稳定。但遇含H_2S气体的空气时，表面会生成一层黑色硫化银Ag_2S，失去银白色光泽，反应式为

$$4Ag+2H_2S+O_2 = 2Ag_2S+2H_2O$$

银不与稀盐酸和稀硫酸作用，但能溶解在硝酸及热的浓硫酸里，生成相应的含氧酸盐，反应式如下。

$$3Ag+4HNO_3(稀) \xlongequal{加热} 3AgNO_3+NO\uparrow+2H_2O$$

$$Ag+2HNO_3(浓) = AgNO_3+NO_2\uparrow+H_2O$$

$$2Ag+2H_2SO_4(浓) \xlongequal{加热} Ag_2SO_4+SO_2\uparrow+2H_2O$$

2. 硝酸银

硝酸银是重要的可溶性银盐，为无色晶体。受热或日光照射可逐渐分解成银、二氧化氮及氧气。因此无论是硝酸银固体还是水溶液都必须保存在棕色的玻璃瓶内。

硝酸银是较强的氧化剂，许多有机物能将它还原为黑色的银粉。硝酸银还是一种重要的化学试剂，用于分析Cl^-、Br^-、CN^-、SCN^-等物质，在沉淀滴定法中作标准溶液。

3. 卤化银

卤化银（除氟化银）是在硝酸银的溶液中加入卤化物而制取的。例如

$$AgNO_3+NaCl = \underset{白色}{AgCl\downarrow}+NaNO_3$$

$$AgNO_3+NaBr = \underset{淡黄色}{AgBr\downarrow}+NaNO_3$$

$$AgNO_3+NaI = \underset{黄色}{AgI\downarrow}+NaNO_3$$

卤化银（除氟化银）均难溶于水，且溶解度依AgCl、AgBr、AgI的顺序减小。常利用生成卤化银沉淀的颜色来判断卤素离子。

二、锌及其重要的化合物

1. 锌

锌是银白色而略带蓝色的金属，密度为7.14g/cm^3，熔点692K，在常温下很脆。

锌在潮湿的空气中，表面渐渐与水蒸气和二氧化碳化合，生成一层紧密的碱式碳酸锌保护膜，反应方程式为

$$4Zn+2O_2+3H_2O+CO_2 = ZnCO_3\cdot 3Zn(OH)_2$$

因此锌在空气中很稳定，在常温下也不跟水起反应，所以常在钢或铁的表面上镀锌，增强其抗腐蚀能力。常见的白铁皮就是将干净的铁片浸在熔化的锌里制得的。锌有毒，镀锌容器不能盛放食物。

锌是两性金属，既能与酸反应，也能与碱反应。例如

$$Zn+2HCl = ZnCl_2+H_2\uparrow$$

$$Zn+2NaOH+2H_2O = \underset{四氢氧合锌(Ⅱ)酸钠}{Na_2[Zn(OH)_4]}+H_2\uparrow$$

锌和铝虽然都是两性金属，但二者有某些不同的性质。例如锌能和氨水生成配合物，

而铝则不能。其反应式如下。

$$Zn+4NH_3 \cdot H_2O = [Zn(NH_3)_4](OH)_2+2H_2O+H_2\uparrow$$

在分析中常根据这一性质对锌和铝进行分离。

2. 氯化锌

用锌、氧化锌或碳酸锌跟盐酸作用，都可制得一水合氯化锌（$ZnCl_2 \cdot H_2O$）晶体。不能用加热带结晶水的氯化锌的方法得到无水氯化锌，因为氯化锌与水在加热时发生水解反应，生成碱式氯化锌，反应式为

$$ZnCl_2+H_2O \xlongequal{加热} Zn(OH)Cl+HCl\uparrow$$

因此，必须在氯化氢气流中蒸发氯化锌溶液，才能制得无水氯化锌。无水氯化锌是白色易潮解固体，在有机化学中常作脱水剂和催化剂。还可作焊接铁时的除锈剂。

三、汞及其重要的化合物

1. 汞

汞是常温下唯一的液态金属，因其带银白色，所以俗名称水银。汞的密度为 13.6g/cm^3，熔点 234K，沸点 630K。汞和它的蒸气都有剧毒，存放时应在汞的表面覆盖一层水，以免汞蒸气挥发。

在常温下，汞很稳定，不被空气氧化。加热至 573K 以上才与空气中的氧作用，生成红色氧化汞，反应式为

$$2Hg+O_2 \xlongequal{加热} 2HgO$$

常温下汞与硫混合，进行研磨能生成硫化汞（HgS），因此可利用撒硫黄粉的办法处理洒落在地上的汞，使其化合，消除汞蒸气的污染。

汞除有一般金属的通性外，还能溶解某些金属，形成汞的合金，叫做汞齐。例如钠和汞形成的合金叫钠汞齐，锡和汞形成锡汞齐等。汞齐在性质上同合金相似，但被溶解的金属仍保持自己的特性。

2. 汞的重要化合物

汞能生成两种氯化物，即氯化汞（$HgCl_2$）和氯化亚汞（Hg_2Cl_2）。

氯化汞熔点较低（549K），加热能升华，通常称升汞。它是白色针状的晶体，在水中溶解度较小，但在过量 Cl^- 存在时，可形成 $[HgCl_4]^{2-}$ 配离子而使溶解度增大。例如

$$HgCl_2+2HCl = H_2[HgCl_4]$$

在酸性溶液中，$HgCl_2$ 和一些还原剂（如 $SnCl_2$）反应，可以被还原成 Hg_2Cl_2 或 Hg，反应式为

$$2HgCl_2+SnCl_2+2HCl = Hg_2Cl_2\downarrow+H_2SnCl_6$$

$$Hg_2Cl_2+SnCl_2+2HCl = 2Hg\downarrow+H_2SnCl_6$$

常用上述反应检验 Hg^{2+}。

Hg_2Cl_2 俗称甘汞，是微溶于水的白色粉末，无毒。Hg_2Cl_2 很不稳定，见光易分解成为$HgCl_2$，所以应保存在棕色瓶中。

Hg^{2+} 可以和卤素离子、氰根等配位体形成配合物。其中 Hg^{2+} 与 I^- 形成的 $[HgI_4]^{2-}$ 碱性溶液，是分析中检验铵离子的灵敏试剂，称为奈斯勒试剂。在含有氨水或铵盐的溶液中加入几滴 $[HgI_4]^{2-}$ 溶液，并加几滴浓碱，立刻产生特殊的红棕色碘化汞铵

沉淀。例如

$$NH_4Cl + 2K_2[HgI_4] + 4KON = [O\langle Hg_2 \rangle NH_2]I\downarrow + KCl + 7KI + 3H_2O$$

红棕色

四、铬及其重要化合物

1. 铬

铬是具有银白色光泽的金属，密度为 $7.140g/cm^3$，熔点、沸点都较高。其硬度是所有金属中最大的。

铬的金属活泼性较差，对空气和水都十分稳定。能溶于稀盐酸和稀硫酸中，生成+2价的亚铬盐，同时放出氢气。用离子反应式表示如下

$$Cr + 2H^+ = Cr^{2+} + H_2\uparrow$$

浓硫酸与铬作用生成+3 价的铬盐和二氧化硫。反应式为

$$2Cr + 6H_2SO_4(浓) = Cr_2(SO_4)_3 + 3SO_2\uparrow + 6H_2O$$

铬不溶于硝酸，因为硝酸能使其表面钝化。在高温下，铬还能与卤素、硫、碳、氮等直接化合。

2. 铬的重要化合物

铬的氧化物有三种，即氧化铬（Cr_2O_3）、三氧化铬（CrO_3）和氧化亚铬（CrO）。由于氧化亚铬不稳定，易被空气氧化为氧化铬，所以只介绍氧化铬和三氧化铬。

氧化铬是最稳定的，将 CrO 或 CrO_3 在空气中加热，最终产物都是 Cr_2O_3，反应式为

$$4CrO + O_2 \xlongequal{加热} 2Cr_2O_3$$

$$4CrO_3 \xlongequal{加热} 2Cr_2O_3 + 3O_2\uparrow$$

氧化铬是一种绿色的不溶于水而且难熔化的物质。广泛用作绿色颜料，俗称铬绿。

三氧化铬是酸性氧化物，具有强烈的吸水性。它与水化合可生成两种含氧酸，一种是铬酸 H_2CrO_4，一种是重铬酸 $H_2Cr_2O_7$，反应式为

$$CrO_3 + H_2O = H_2CrO_4$$

$$2CrO_3 + H_2O = H_2Cr_2O_7$$

这两个反应与溶液的 pH 值有关。在 $pH<2$ 的酸性介质中，生成物主要以 $Cr_2O_7^{2-}$ 形成存在，在碱性介质中，主要以 CrO_4^{2-} 形成存在。

铬酸和重铬酸都极不稳定，但它们的盐很稳定。所有铬酸盐的水溶液都带黄色，这是因为铬酸根离子（CrO_4^{2-}）是黄色的。CrO_4^{2-} 能与某些离子作用产生有特殊颜色的沉淀，如

$$Ba^{2+} + CrO_4^{2-} = BaCrO_4\ (柠檬黄)\downarrow$$

$$Pb^{2+} + CrO_4^{2-} = PbCrO_4\ (铬黄)\downarrow$$

$$2Ag^+ + CrO_4^{2-} = Ag_2CrO_4\ (砖红)\downarrow$$

在分析中常用 CrO_4^{2-} 作滴定终点的指示剂，也可用于 Ba^{2+}、Pb^{2+}、Ag^+ 的鉴定。

重铬酸钾是实验室常用的氧化剂，为橙红色晶体。在酸性介质中能使 S^{2-}、SO_3^{2-}、I^-、Fe^{2+} 等被氧化，而本身被还原为 Cr^{3+}（绿色）。例如

$$Cr_2O_7^{2-} + 3SO_3^{2-} + 8H^+ = 2Cr^{3+} + 3SO_4^{2-} + 4H_2O$$

$$Cr_2O_7^{2-}+6Fe^{2+}+14H^+ = 2Cr^{3+}+6Fe^{3+}+7H_2O$$

在实验室，常用等体积的浓硫酸和等体积的重铬酸钾的饱和溶液混合，用于洗涤各种玻璃仪器。主要是利用其中 CrO_3 的氧化能力。当洗液的颜色由红色转变为绿色时，说明洗液中红色的 CrO_3 已被还原为+3 价的绿色 Cr^{3+}。铬的这一氧化还原性广泛地应用于容量分析中的氧化还原滴定，称为重铬酸钾法。

五、锰及其化合物

1. 锰

锰在外形上和铁相似。粉末状的锰呈灰色，紧密状的锰呈银白色。锰的密度为 $7.4g/cm^3$，熔点为 1523K。

锰的化学性质活泼，块状的锰在空气中很快就失去光泽，在表面生成一层氧化膜。粉末状的锰在空气中能迅速被氧化，甚至达到燃烧的程度。锰能与稀酸反应生成盐并放出氢气，还能与某些非金属（氯、硫、氮、碳等）反应生成相应的化合物。但锰不能与氢反应。锰能与铁、钴、镍等元素制成合金。

2. 锰的重要化合物

二氧化锰是+4 价态锰的重要化合物，为黑色粉末状物质，不溶于水，是软锰矿的主要成分。二氧化锰在酸性介质中具有氧化性。例如，它与浓盐酸作用放出氯气，反应式为

$$4HCl+MnO_2 \xlongequal{\triangle} MnCl_2+Cl_2\uparrow+2H_2O$$

实验室常用此反应制取氯气。

高锰酸钾是锰的+7 价的化合物。为深紫色晶体，易溶于水。加热到 473K 能分解放出氧气，反应式为

$$2KMnO_4 \xlongequal{\triangle} K_2MnO_4+MnO_2+O_2\uparrow$$

实验室常用这一反应制取氧气。$KMnO_4$ 受日光照射可分解，因此应在棕色玻璃瓶内保存。

高锰酸钾是最常用和最重要的氧化剂之一。在反应中还原产物随介质不同而不同。在酸性介质中被还原为 Mn^{2+}，例如

$$2KMnO_4+5K_2SO_3+3H_2SO_4 = 2MnSO_4+6K_2SO_4+3H_2O$$

或 $$2MnO_4^-+5SO_3^{2-}+6H^+ = 2Mn^{2+}+5SO_4^{2-}+3H_2O$$

在中性介质中，被还原为 Mn^{4+}

$$2KMnO_4+3K_2SO_3+H_2O = 2MnO_2\downarrow+3K_2SO_4+2KOH$$

或 $$2MnO_4^-+3SO_3^{2-}+H_2O = 2MnO_2\downarrow+3SO_4^{2-}+2OH^-$$

在碱性介质中被还原为 MnO_4^{2-}

$$2KMnO_4+K_2SO_3+2KOH = 2K_2MnO_4+K_2SO_4+H_2O$$

或 $$2MnO_4^-+SO_3^{2-}+2OH^- = 2MnO_4^{2-}+SO_4^{2-}+H_2O$$

高锰酸钾是一种重要的分析试剂，可用以测定 Fe^{2+}、H_2O_2、草酸盐、亚硝酸盐等还原产物的含量。氧化还原滴定中的高锰酸钾法就是利用 $KMnO_4$ 标准溶液来测定 Fe^{2+} 等被测成分的含量的。

六、锡、铅及其化合物

1. 锡、铅

锡、铅是碳族元素中具有金属性的两种元素。自然界中锡的主要矿石是锡石（SnO_2），铅的主要矿石是方铅矿（PbS）。最常见的锡是白锡，它是银白色的柔软的金属，熔点为505K，密度为7.3g/cm^3，具有良好的延展性，可做锡箔。铅是一种柔软、强度不高的金属，密度11.3g/cm^3，熔点601K。

锡和铅的化学性质都不活泼，但在强热下都可被空气氧化。锡生成+4价氧化物，铅生成+2价氧化物。

$$Sn + O_2 \xlongequal{\text{高温}} SnO_2 \text{（白色）}$$

$$2Pb + O_2 \xlongequal{\text{高温}} 2PbO \text{（黄色）}$$

锡和铅都能溶于稀硝酸，也能缓慢地溶于强碱中生成亚锡酸盐或铅酸盐，同时放出氢气。可见，锡和铅也属于两性元素。反应式为

$$3M + 8HNO_3\text{(稀)} \xlongequal{} 3M(NO_3)_2 + 2NO\uparrow + 4H_2O$$

$$M + 2OH\text{(浓)} \xlongequal{} MO_2^{2-} + H_2\uparrow \qquad \text{（M 为 Sn 或 Pb）}$$

锡主要用来制造马口铁（镀锡铁），用于食品罐头工业。还用来制造青铜、焊锡、保险丝等。铅除用于制造合金外，大量用于制造电缆的包皮、铅蓄电池板极及实验室的耐酸通道等。

2. 锡、铅的重要化合物

(1) 二氯化锡（$SnCl_2$）　二氯化锡易溶于水，使溶液变浑浊。这是因为它们强烈地水解，生成不溶于水的碱式氯化锡[Sn(OH)Cl]，反应式为

$$SnCl_2 + H_2O \rightleftharpoons Sn(OH)Cl + HCl$$

因此，在配制二氯化锡水溶液时，应该在盐酸溶液中进行，防止生成碱式氯化锡的沉淀。

$SnCl_2$是重要的还原剂，它能使汞盐还原成白色的亚汞盐。例如

$$2HgCl_2 + SnCl_2 \xlongequal{} SnCl_4 + Hg_2Cl_2\downarrow$$

这一反应可用来鉴定溶液中的Sn^{2+}。

如果用过量$SnCl_2$还可以把Hg_2Cl_2进一步还原为黑色金属汞，反应式为

$$Hg_2Cl_2 + SnCl_2 \xlongequal{} SnCl_4 + 2Hg\downarrow$$

因此在分析上常用$SnCl_2$检验Hg^{2+}和Hg_2^{2+}。

(2) 二氧化铅（PbO_2）　PbO_2是强氧化剂，在酸性介质中易和还原剂作用生成稳定的二价铅盐。例如

$$PbO_2 + 4HCl\text{(浓)} \xlongequal{\triangle} PbCl_2 + Cl_2\uparrow + 2H_2O$$

在分析中，常在PbO_2的硝酸溶液中将Mn^{2+}氧化成紫红色的MnO_4^-，来鉴定Mn^{2+}，此反应用离子方程式表示为

$$2Mn^{2+} + 5PbO_2 + 4H^+ \xlongequal{} 2MnO_4^- + 5Pb^{2+} + 2H_2O$$

(3) 硝酸铅［$Pb(NO_3)_2$］　$Pb(NO_3)_2$是一种易溶于水的无色晶体。将PbO、$PbCO_3$或铅放在稀硝酸里溶解，都生成硝酸铅。所有的铅盐都有毒，易溶于水的盐毒性更大。

许多铅盐都是难溶的有色物质。在分析中常用生成不同颜色的铅盐沉淀来区分一些化合物。例如常用生成$PbCrO_4$黄色沉淀来检验Pb^{2+}或CrO_4^{2-}。用离子方程式表示为

$$Pb^{2+} + CrO_4^{2-} \xlongequal{} PbCrO_4\downarrow$$

生成的 $PbCrO_4$ 为黄色颜料，俗称铬黄。

厨房中的化学知识

进入厨房看看这些厨具吧。从锅说起，现在的锅有铁锅、铝锅、不粘锅、不锈钢锅等，最大的区别就是所用的材料不相同，而中国人的铁锅世界知名，优于其他种类的锅，这是为什么呢？来看看几类锅的比较。

铝和铁相比，铝的传热本领强，又轻盈又美观。因此，铝是理想的制作炊具的材料。有人以为铝不生锈。其实，铝是活泼的金属，它很容易和空气里的氧化合，生成一层薄薄的铝锈——氧化铝。不过，这层铝锈和疏松的铁锈不同，十分致密，好像皮肤一样保护内部不再被锈蚀。可是，这层铝锈薄膜既怕酸，又怕碱。所以，在铝锅里存放菜肴的时间不宜过长，不要用来盛放醋、酸梅汤、碱水和盐水等。表面粗糙的铝制品，大多是生铝。生铝是不纯净的铝，它和生铁一样，使劲一敲就碎。常见的铝制品又轻又薄，这是熟铝。铝合金是在纯铝里掺进少量的镁、锰、铜等金属冶炼而成的，抗腐蚀本领和硬度都得到很大的提高。用铝合金制造的高压锅、水壶，已经广泛在市场上出卖。近年来，商店里又出现了电化铝制品。这是铝经过电极氧化，加厚了表面的铝锈层，同时形成疏松多孔的附着层，可以牢牢地吸附住染料。因此，这种铝制的饭盒、饭锅、水壶等，表面可以染上鲜艳的色彩，使铝制品更加美观，惹人喜爱。这是从锅的外观进行比较得出的。

铁锅炒菜时会使少量的铁元素进入菜中对人体有补铁的作用，对身体健康有益，铁锅的坏处就是铁锈比较多需要经常清洗。铝锅烹饪有碍人体健康，国外一些医学研究人员经多年研究证实，金属铝在进入人体后能破坏人体中负责细胞能量转换的三磷酸腺苷，从而妨碍人体细胞的能量转换过程。研究人员认为，使用铝锅制作含酸或含碱的食物时，容易使铝溶解于食物中。这是从健康营养的角度出发考虑用什么锅更好。不锈钢锅没有铝锅的缺点也没有铁锅的缺点，但是也没有什么其他优点了。

第九章　配　合　物

配合物是配位化合物的简称，它是一类组成比较复杂的化合物。随着科学技术和工农业生产的不断发展，配合物的研究和应用工作取得了很大进展，已经知道的配合物的数量远远大于一般无机化合物。配合物有十分广泛的用途。

一、配合物的概念和组成

1. 配合物的概念

【实验 9-1】 在一只盛有 20mL，0.1mol/L 的蓝色透明硫酸铜溶液中，加入 8mol/L 的氨水，即有浅蓝色的 $Cu(OH)_2$ 沉淀生成，继续加入 8mol/L 的氨水，则浅蓝色沉淀消失，生成深蓝色的透明溶液。为了降低生成物的溶解度，在此溶液中加入乙醇，则有深蓝色晶体析出。

经研究确定，深蓝色晶体包含复杂的阳离子 $Cu(NH_3)_4^{2+}$（深蓝色）和阴离子 SO_4^{2-}。$CuSO_4$ 溶液与过量氨水发生了如下反应

$$CuSO_4 + 4NH_3 = [Cu(NH_3)_4]SO_4$$

离子方程式为

$$Cu^{2+} + 4NH_3 = [Cu(NH_3)_4]^{2+}$$

这种由一个简单阳离子和几个中性分子或其他离子结合而形成的复杂离子叫做配离子。含有配离子的化合物叫配合物。除上面提到的 $[Cu(NH_3)_4]SO_4$ 外，胆矾（$CuSO_4 \cdot 5H_2O$）也是一种配合物，其结构式为 $[Cu(H_2O)_4]SO_4 \cdot H_2O$。

此外，如果用中性原子代替阳离子和一定数目的中性分子或其他离子结合而形成的分子叫配分子。配分子也是配合物。例如 $Ni(CO)_4$ 是由原子（Ni）和中性分子（CO）形成的不带电荷的配分子，它也是配合物。

2. 配合物的组成

【实验 9-2】 将实验 9-1 得到的 $[Cu(NH_3)_4]SO_4$ 深蓝色晶体溶解于水配成溶液，分别装于两支试管中，一支试管加入几滴 0.1mol/L $BaCl_2$ 溶液，立即有白色沉淀 $BaSO_4$ 生成；另一只试管中加入几滴 0.1mol/L NaOH 溶液，结果蓝色溶液无变化，没有 $Cu(OH)_2$沉淀生成。

实验结果说明，$[Cu(NH_3)_4]SO_4$ 在水中能电离出 SO_4^{2-}，遇到 Ba^{2+} 生成白色的 $BaSO_4$ 沉淀；而 $[Cu(NH_3)_4]^{2+}$ 则很难电离，几乎不能电离出 Cu^{2+}，所以不能生成 $Cu(OH)_2$的沉淀。

由此可见，配合物的结构很复杂，一般都有一种成分作为整个配合物的核心，这个核

心叫中心离子，也称为配合物的形成体。在中心离子周围结合着几个中性分子或带负电荷的离子，这些分子或离子叫做配位体。配位体和中心离子结合得比较紧密，共同构成配合物的内界（即配离子）。不在内界的其他离子，距中心离子较远，构成配合物的外界。

配合物的内界和外界一般是通过离子键相结合的，而内界是由中心离子和配位体通过配位键相结合的。在表示配合物时，通常用方括号将内界括起来，外界离子在方括号的外边。例如

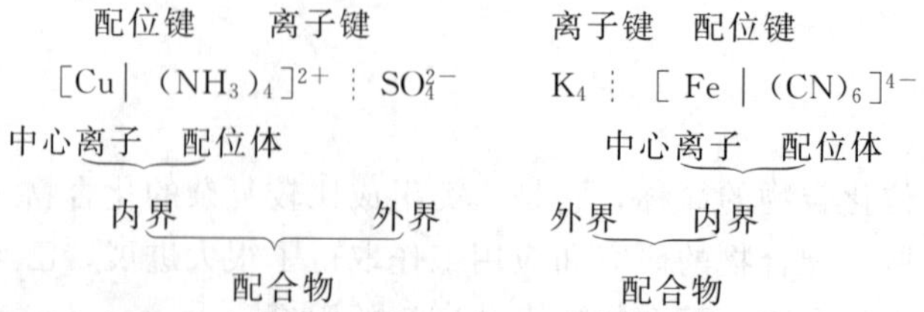

配位键　离子键　　　　离子键　配位键

$[Cu|(NH_3)_4]^{2+} \vdots SO_4^{2-}$　　　　$K_4 \vdots [Fe|(CN)_6]^{4-}$

中心离子　配位体　　　　中心离子　配位体

内界　外界　　　　外界　内界

配合物　　　　配合物

配离子是配合物的特征部分，它可以带正电电荷，也可以带负电荷。带正电荷的配离子叫配阳离子，带负电荷的配离子叫配阴离子。配离子所带电荷的正负和多少由中心离子和配位体决定。中心离子和配位体所带的电荷的代数和即为配离子所带电荷。例如在$[Cu(NH_3)_4]SO_4$中，中心离子Cu^{2+}带2个正电荷，4个中性的配位体电荷数为0，则配离子所带电荷为+2；在$K_4[Fe(CN)_6]$中，中心离子Fe^{3+}带3个正电荷，6个配位体CN^-总电荷数为$-1\times6=-6$，则配离子所带电荷为$(+3)+(-6)=-3$。

由于配合物分子显电中性，因此也可以从外界离子的电荷数来确定配离子的电荷数。例如，在$K_4[Fe(CN)_6]$中，它的外界有4个K^+，所以$[Fe(CN)_6]^{4-}$配离子的电荷数是−4，由此还可以进一步确定中心离子铁的电荷数是+2。

一个中心离子（或原子）所能结合的配位体的配位原子（直接与中心离子配合的原子）总数，叫做中心离子的配位数。如在$[Cu(NH_3)_4]^{2+}$中，Cu^{2+}的配位数是4；在$[Fe(CN)_6]^{4-}$中，Fe^{2+}的配位数是6。

凡是可作配位体（或含有可作配位体的离子）的物质叫配合剂。常用的配合剂有氰化物、氟化物和氨等。

二、配合物的命名

配合物的命名与一般无机化合物的命名原则相同。不论配离子是阴离子还是阳离子，命名时都是阴离子名称在前，阳离子名称在后。

若配合物的外界是一个简单的酸根离子（如Cl^-等），则称为“某化某”；若外界酸根是一个复杂阴离子（如SO_4^{2-}等）则称为“某酸某”；若外界是金属阳离子，也同样称为“某酸某”，如$K_2[HgI_4]$叫四碘合汞（Ⅱ）酸钾；若外界是氢离子，则配阴离子的名称之后用“酸”字，称为“某某酸”。

处于配合物内界的配离子，命名方法与无机化合物不同，一般按照如下顺序：

配位体数—配位体名称—合—中心离子名称—中心离子化合价。

其中配位体的个数用一、二、三……表示。中心离子化合价用罗马数注明，并加括号。

如果配位体有多种时，先命名阴离子配位体，后命名中性分子配位体。如果阴离子或中性分子有几种时，阴离子的命名顺序是：先简单离子，后复杂离子，再是有机酸根离子；中性分子的命名顺序是：先NH_3，后H_2O，再有机分子。例如：

种类	配合物化学式	命名
配阳离子	$[Cu(NH_3)_4]SO_4$	硫酸四氨合铜(Ⅱ)
	$[Co(NH_3)_5Cl]Cl_2$	二氯化一氯·五氨合钴(Ⅲ)
	$[Pt(NH_3)_4(NO_2)Cl]CO_3$	碳酸一氯·一硝基·四氨合铂(Ⅳ)
配阴离子	$K_2[PtCl_6]$	六氯合铂(Ⅳ)酸钾
	$H_2[CuCl_4]$	四氯合铜(Ⅱ)酸
中性分子	$[Pt(NH_3)_2Cl_2]$	二氯二氨合铂(Ⅱ)

有些配合物至今还沿用俗称，例如 $K_3[Fe(CN)_6]$ 叫做铁氰化钾或赤血盐，$K_4[Fe(CN)_6]$ 叫做亚铁氰化钾或黄血盐。

三、配合物的稳定性

配合物的稳定性含义较广。这里只讨论配合物在水溶液中的稳定性，即配合物在水溶液中电离成中心离子和配位体的电离程度。

【实验 9-3】 在 $[Cu(NH_3)_4]SO_4$ 的溶液中，加入几滴 0.1mol/L 的硫化钠（Na_2S）溶液，观察发生的变化。

从实验可以看到，深蓝色溶液中出现黑色硫化铜（CuS）沉淀，并嗅到氨的特殊气味。这说明溶液中的 $[Cu(NH_3)_4]^{2+}$ 仍可微弱离解，电离出少量的 Cu^{2+} 及逸出氨分子，可用下列离解配合平衡来表示。

$$[Cu(NH_3)_4]^{2+} \underset{\text{配合}}{\overset{\text{离解}}{\rightleftharpoons}} Cu^{2+} + 4NH_3$$

Cu^{2+} 与 S^{-} 反应生成溶解度很小的 CuS 黑色沉淀。如同弱电解质的平衡一样，配离子的离解配合平衡也是一个可逆平衡过程，也有平衡常数，即

$$K = \frac{[Cu^{2+}][NH_3]^4}{[Cu(NH_3)_4]^{2+}}$$

式中，方括号表示分子或离子的平衡浓度，单位 mol/L。

平衡常数 K 叫配离子的离解常数。具有相同配位体数目的配合物，其 K 值越大，表明该离子越容易离解，配合物就越不稳定。所以这个常数又叫配离子的不稳定常数，用 $K_{不稳}$ 表示。根据 $K_{不稳}$ 的数值可以比较相同类型的配离子稳定性的相对大小。例如：$K_{不稳[Ag(CN)_2]^-}$（1.58×10^{-22}）$<K_{不稳[Ag(NH_3)_2]^+}$（5.88×10^{-8}）。即 $[Ag(CN)_2]^-$ 较 $[Ag(NH_3)_2]^+$ 稳定。

除了用不稳定常数 $K_{不稳}$ 来表示配合物的稳定性外，还经常使用稳定常数 $K_{稳}$ 来表示配离子的稳定性。$K_{不稳}$ 和 $K_{稳}$ 互为倒数关系，即 $K_{稳}=1/K_{不稳}$。不同配离子具有不同的不稳定常数，见附录表 4 配合物的稳定常数。

应该注意，配位体数目不同的配合物，它们的 $K_{稳}$（或 $K_{不稳}$）表达式中浓度的方次不同，不能直接用以比较它们的稳定性。

利用配合物的稳定常数可以计算溶液中有关离子的浓度，判断配合反应进行的方向等。

【例 9-1】 计算 0.1mol/L $[Ag(NH_3)_2]^+$ 溶液中 Ag^+ 的浓度。

解 设平衡时溶液中 Ag^+ 浓度为 x mol/L。

$$[Ag(NH_3)_2]^+ \rightleftharpoons Ag^+ + 2NH_3$$

平衡浓度　　$0.1-x$　　x　　$2x$

查附录表 4，知 $K_{不稳定[Ag(NH_3)_2]^+}=6.0\times10^{-8}$，因其溶解很小，所以可以将 $0.1-x$

近似看作 0.1。将以上数据代入平衡常数表示式，得

$$K_{不稳}=\frac{[Ag^+][NH_3]^2}{[Ag(NH_3)_2]^+}=\frac{x\cdot(2x)^2}{0.1-x}=\frac{4x^3}{0.1}=6.0\times10^{-8}$$

$$x=1.1\times10^{-3}\text{mol/L}$$

答：在 0.1mol/L $[Ag(NH_3)_2]^+$ 溶液中，Ag^+ 浓度为 1.1×10^{-3}mol/L。

四、配合物的应用

随着科学技术的发展，配合物在科学研究和工农业生产的各个部门，都有许多重要用途。

1. 在分析化学中的应用

在定性分析中，广泛应用形成配合物的反应以达到离子鉴定和离子分离的目的。

（1）离子的鉴定　某种配位剂若能和金属离子形成特征的有色配合物或沉淀，便可用于对该离子的特效鉴定。例如用氨水作为检验溶液中 Cu^{2+} 的极灵敏的反应。

$$Cu^{2+}+4NH_3 = \underset{深蓝}{[Cu(NH_3)_4]^{2+}}$$

用亚铁氰化钾 $K_4[Fe(CN)_6]$ 作为检验 Fe^{3+} 的试剂，离子反应式为

$$4Fe^{3+}+3[Fe(CN)_6]^{4-} = \underset{普氏蓝}{Fe_4[Fe(CN)_6]_3}\downarrow$$

用铁氰化钾 $K_3[Fe(CN)_6]$ 作为检验 Fe^{2+} 的试剂，离子反应式为

$$3Fe^{2+}+2[Fe(CN)_6]^{3-} = \underset{滕氏蓝}{Fe_3[Fe(CN)_6]_2}\downarrow$$

（2）离子的分离　两种离子若有一种能和某种配位剂形成配合物，这种配合剂可用于使这两种离子彼此分离，这种分离方法常常是将配位剂加到难溶固体混合物中，其中一种离子与配位剂生成可溶性配合物而进入溶液，其余的保持不溶状态。

（3）掩蔽某些离子对其他离子的干扰作用　在含有多种金属离子的溶液中，要测定其中某种金属离子，其他离子往往会发生类似的反应而干扰测定。例如，在含有 Co^{2+} 和 Fe^{3+} 的混合溶液中，加入配位剂 KSCN 检出 Co^{2+} 时，Fe^{3+} 也可与 SCN^- 反应形成血红色 $[Fe(NCS)]^{2+}$，妨碍了对 Co^{2+} 的鉴定。如果先在溶液中加入足够量的 NaF（或 NH_4F），使 Fe^{3+} 生成稳定的无色 $[FeF_6]^{3-}$，这样就可排除 Fe^{3+} 对 Co^{2+} 鉴定的干扰作用。这种防止干扰的作用称为掩蔽效应，所用的配位剂（如 NaF）称为掩蔽剂。掩蔽效应不仅用于元素的分析、分离过程，在其他方面也有广泛的用途。

2. 在冶金工业中的应用

配合物主要用于湿法冶金。湿法冶金就是用水溶液直接从矿石中将金属以化合物的形式浸取出来，然后再进一步还原成金属的过程。广泛用于从矿石中提取稀有金属和有色金属。在湿法冶金中，金属配合物的形成在其中起着重要的作用。

除此之外，配合物还广泛用于医药、印染、电镀等工业及改良土壤、防腐工艺等。

螯　合　物

无机化合物的分子或离子作为配位体，一般只有一个原子（如 NH_3 分子中的 N 原子，CN^- 中的 C 原子）

作为配位原子。这种只有一个配位原子的配位体叫做单齿配位体。许多有机化合物分子和酸根阴离子也能与金属原子形成配合物，而这些有机化合物分子和酸根阴离子往往含有一个以上的配位原子。这种含有一个以上配位原子的配位体叫做多齿配位体。例如用乙二胺（$NH_2—CH_2—CH_2—NH_2$）作配合剂时，分子中的两个 N 原子都是配位原子。当它与金属离子结合时，形成具有环状结构的配合物。如 Cu^{2+} 与乙二胺的配位离子如下。

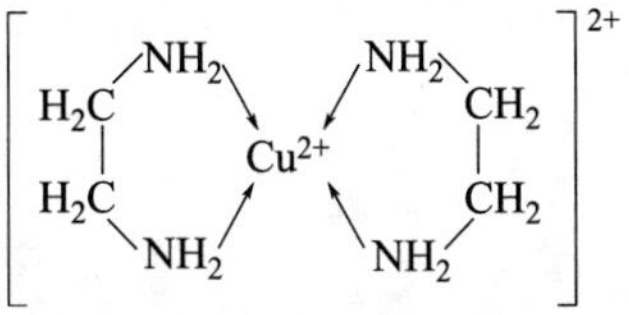

$$\left[\begin{array}{ccccc} & NH_2 & & NH_2 & \\ H_2C & & \searrow\ \swarrow & & CH_2 \\ | & & Cu^{2+} & & | \\ H_2C & & \nearrow\ \nwarrow & & CH_2 \\ & NH_2 & & NH_2 & \end{array}\right]^{2+}$$

在形成的配离子中有两个五原子环，把这种由中心离子与配位体形成的具有环状结构的配合物称为内配合物或螯合物（螯合，即成环的意思）。

由于螯合物具有环状结构，它比由相同配位原子形成的一般配合物稳定得多，大多数螯合物都具有五原子环或六原子环。

能和中心离子形成螯合物的，含有多齿配位体的配位剂称为螯合剂。一般常见的螯合剂是含有 N、O、S、P 等配位原子的有机化合物。除乙二胺外，乙二胺四乙酸（简称 EDTA）也是一种常用的螯合剂。

螯合物的应用非常广泛，它的稳定性高，几乎不溶于水而溶于有机溶剂，且一般有特殊的颜色，所以常用于金属元素的分离、提纯等。有的螯合物对金属离子有很强的选择性，因此螯合物还广泛用作滴定剂、显色剂、沉淀剂、掩蔽剂和萃取剂等。

第十章 烃

第一节 有机化学简介

一、有机化合物与有机化学

在18世纪以前，由于人类生活所必需的蛋白质、淀粉、糖类、纤维素和染料等物质只能从动植物等有机体中取得。因此，当时人们把来源于动植物有机体的这类化合物称为有机化合物（简称有机物）。现在人们不但能合成自然界中的许多有机物，而且还能大量地合成不存在于自然界中的许多有机物，如多种染料、炸药、合成橡胶、合成纤维、结晶牛胰岛素、核糖核酸等。但不论是来自生物体的还是人工合成的有机物都含有碳元素，除CO、CO_2、H_2CO_3及盐、金属碳化物及氰化物外，其余的含碳化合物都属于有机物。随着科学研究的深入，还发现有机物除含碳元素外，大都含有氢元素，还有许多的有机物含有氧、卤素、氮、硫、磷、砷等其他元素。所以有机物是指碳氢化合物及其衍生物。有机化学就是研究碳氢化合物及其衍生物的化学。

二、有机化合物的特点

有机物种类繁多，目前从自然界发现的和人工合成的有机物已达数百万种，而无机物只有十来万种，这是由于碳元素的原子的最外层有四个价电子可与其他原子形成4个共价键。而且更为突出的是碳原子之间能以比较稳定的共价键结合形成长短不同的碳链或形成支链或连接成不同大小的碳环的缘故。一般来说，有机物具有以下主要特点。

（1）难溶于水而易溶于有机溶剂　大多数有机物难溶于水，易溶于汽油、酒精、苯、丙酮等有机溶剂。

（2）遇热不稳定，容易燃烧　绝大多数有机物受热容易分解，而且容易燃烧，燃烧时常生成CO_2和水等物质。

（3）不易导电，熔点低　绝大多数有机物是非电解质，不易导电，熔点低。

（4）反应速率慢，常伴有副反应　多数有机反应进行缓慢，往往需几小时、几天、甚至更长的时间才能完成，并常伴有副反应发生，反应产物也比较复杂。因此，有机化学反应方程式两端用“→”连接，而不用等号。

三、有机化合物的分类

有机物种类繁多，为了便于学习和研究，常将有机物进行分类。常见的分类方法有两种。

一种是按分子中官能团的不同，将含有相同官能团的化合物归为一类。官能团是决定化合物主要性质的原子或原子团。一般来说，含有相同官能团的化合物，其化学性质基本相似。

另一种分类方法，是按照碳原子间的连接方式的不同将有机物分为三大类。

(1) 开链化合物 碳原子与碳原子连接成链状，两端张开不成环。例如

```
   H  H  H            H                 H  H  H
   |  |  |            |                 |  |  |
H—C—C—C—H       H—C—C═C—H        H—C—C—C—OH
   |  |  |            |  |  |           |  |  |
   H  H  H            H  H  H           H  H  H
    丙烷               丙烯              1-丙醇
```

(2) 碳环化合物 化合物分子中，含有完全由碳原子组成的环。例如

环戊烷　　　　苯

(3) 杂环化合物 化合物分子中，具有由碳原子和其他杂原子（氧、氮、硫等）共同组成的环状结构。例如

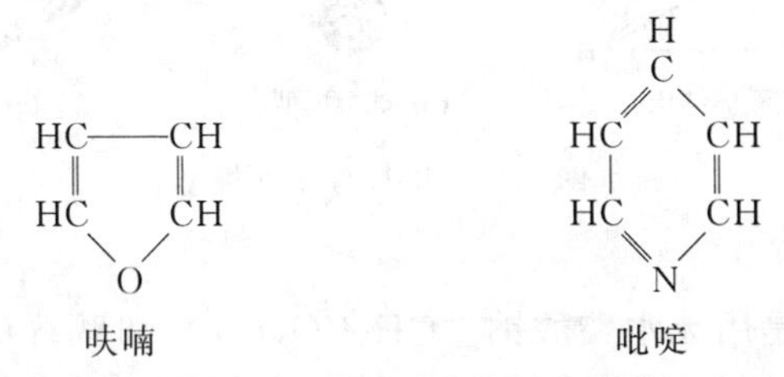

呋喃　　　　吡啶

综上所述，有机化学是研究有机化合物的组成、结构、性质、合成方法、应用及它们相互转化的规律的科学。它是许多工业部门的基础学科，也是化工类各专业的理论基础课程。学习和掌握有机化学的基本原理，对于分析课程的学习及将来从事化工生产及分析工作都十分重要。

第二节 烷　　烃

在有机化合物里，有一类物质是仅由碳、氢两种元素组成的，这类物质的总称叫烃，也叫碳氢化合物。烃是最简单的有机物，甲烷是烃类里分子组成最简单的物质。

一、甲烷

1. 甲烷在自然界里的存在

甲烷是没有颜色、没有气味的气体，在标准状态下密度为 0.717g/L。它极难溶解于水，很容易燃烧。

甲烷又叫沼气，也叫坑气。这是因为池沼的底部和煤矿的坑道所产生的气体的主要成分是甲烷。这些甲烷都是在隔绝空气的情况下，由动植物残体经过某些微生物的发酵作用而生成的。此外，甲烷还大量存在于天然气中。天然气是蕴藏在地层深处的可燃性气体，它是多种气体的混合物，主要成分是甲烷。

近年来我国农村利用秸秆、粪便等发酵产生沼气，这对解决农村的燃料问题、改善农村环境卫生，以及加速农村现代化建设都有着重要意义。

2. 甲烷分子的结构

经测定，甲烷分子是由一个碳原子和四个氢原子组成的。甲烷分子里的碳原子有四个

价电子，分别同四个氢原子的核外电子形成四对共用电子。因此，碳原子和四个氢原子是以共价键相结合的。它的化学式、电子式和结构式分别如下

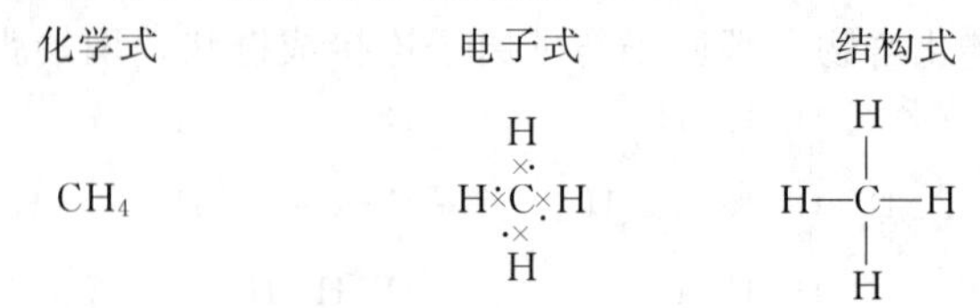

实验证明，甲烷分子中的四个键并不在同一个平面上，而是分布在以碳原子为中心的正四面体的四个顶点上。甲烷分子的模型如图 10-1 所示。

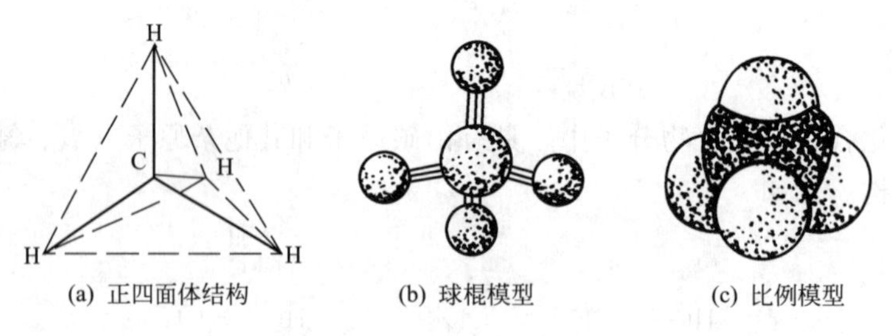

(a) 正四面体结构　(b) 球棍模型　(c) 比例模型

图 10-1　甲烷分子的模型

3. 甲烷的制取

在实验室里，甲烷是用无水醋酸钠（CH_3COONa）和碱石灰混合加热制得的，如图 10-2 所示。碱石灰是氢氧化钠和石灰的混合物。氢氧化钠与醋酸钠反应的化学方程式如下

$$CH_3COONa + NaOH \xrightarrow{加热} Na_2CO_3 + CH_4 \uparrow$$

【实验 10-1】 取一药匙研细的无水醋酸钠和三药匙研细的碱石灰，在纸上充分混合，迅速装进试管。装置如图 10-2 所示，加热。用排水集气法把甲烷收集在试管里。观察它的颜色，闻它的气味。

4. 甲烷的化学性质和用途

在通常情况下，甲烷是比较稳定的，与强酸、强碱或强氧化剂等一般不起反应。

【实验 10-2】 把甲烷经导管通入盛有紫红色的高锰酸钾酸性溶液的试管中，如图10-3 所示，观察溶液颜色的变化。

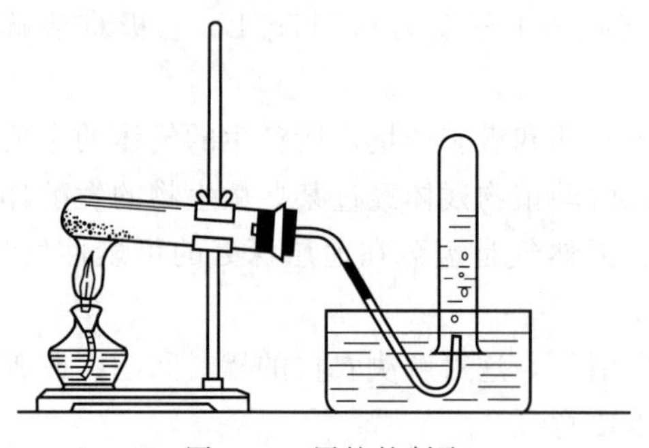

图 10-2　甲烷的制取

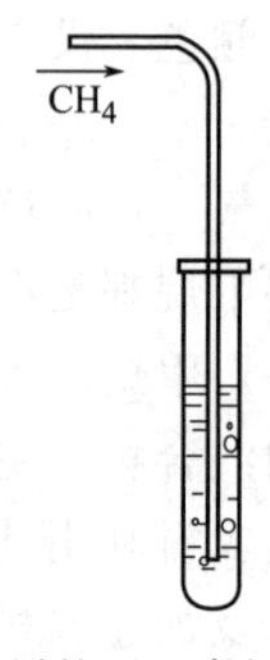

图 10-3　甲烷通入高锰酸钾溶液

从实验可以看到，溶液的颜色没有变化，说明甲烷跟强氧化剂 $KMnO_4$ 不起反应。但

是甲烷的稳定性是相对的，在特定条件下，它也会发生某些反应。

（1）取代反应　在室温下，甲烷和氯气的混合物可以在黑暗中长期保存而不起任何反应。但混合气体经日光散射（防止直射，否则发生爆炸）或在少量碘的催化下，就会发生反应，黄绿色的氯气就会逐渐变淡。这个反应的化学方程式可以表示如下（为明显起见用结构式代替化学式）

$$\begin{array}{c}H\\|\\H-C-H\\|\\H\end{array}+Cl-Cl\xrightarrow{\text{散射光}}\begin{array}{c}H\\|\\H-C-Cl\\|\\H\end{array}+H-Cl$$

一氯甲烷

但反应并没有停止，生成的一氯甲烷仍继续跟氯气作用，依次生成二氯甲烷、三氯甲烷（又叫氯仿）和四氯甲烷（又叫四氯化碳）。反应分别表示如下

$$\begin{array}{c}H\\|\\H-C-H\\|\\Cl\end{array}+Cl-Cl\xrightarrow{\text{散射光}}\begin{array}{c}H\\|\\H-C-Cl\\|\\Cl\end{array}+H-Cl$$

二氯甲烷

$$\begin{array}{c}H\\|\\Cl-C-H\\|\\Cl\end{array}+Cl-Cl\xrightarrow{\text{散射光}}\begin{array}{c}H\\|\\Cl-C-Cl\\|\\Cl\end{array}+H-Cl$$

三氯甲烷

$$\begin{array}{c}Cl\\|\\Cl-C-H\\|\\Cl\end{array}+Cl-Cl\xrightarrow{\text{散射光}}\begin{array}{c}Cl\\|\\Cl-C-Cl\\|\\Cl\end{array}+H-Cl$$

四氯甲烷

在这些反应中，甲烷分子里的氢原子逐步被氯原子所取代而生成了四种取代物。有机物分子里的某些原子或原子团被其他原子或原子团所取代的反应叫取代反应。

上述反应的产物是甲烷的四种氯代物的混合物，根据它们的沸点不同可以一一进行分离。它们都不溶于水。在常温下一氯甲烷是气体，其他三种都是液体。这些甲烷氯代物都是重要的有机化工原料，也是很好的溶剂。四氯化碳还是一种效率较高的灭火剂。

（2）氧化反应　纯净的甲烷在空气里能安静地燃烧，生成 CO_2 和水，燃烧时产生淡蓝色的火焰并放出大量的热。

$$CH_4+2O_2\xrightarrow{\text{点燃}}CO_2\uparrow+2H_2O(\text{液})$$

甲烷是一种良好的气态燃料。但是必须注意，如果点燃甲烷与氧气或空气的混合物[1]，它就立即发生爆炸。因此在煤矿的矿井里必须采取安全措施，如通风、严禁烟火等，以防止甲烷跟空气混合物的爆炸事故发生。

（3）加热分解　在隔绝空气的条件下，甲烷加热到 1273～1473K 能分解成炭黑和氢气。如果在短时间内加热到 1773K 并迅速冷却，甲烷就会分解成乙炔和氢气。反应式分

[1] 甲烷在空气里的爆炸极限是含甲烷 5%～15%，在氧气里的爆炸极限是 5.4%～59.2%。

别为

$$CH_4 \xrightarrow{1273\sim1473K} C + 2H_2\uparrow$$

$$2CH_4 \xrightarrow{1773K} C_2H_2 + 3H_2\uparrow$$

甲烷分解生成的炭黑可作增强橡胶耐磨性的填充物，也可作黑色颜料、油漆、油墨的原料等，生成的氢气可作合成氨的原料。

二、烷烃的通式和同系物

除甲烷外，还有一系列性质跟它很相似的烃，像乙烷（C_2H_6）、丙烷（C_3H_8）、丁烷（C_4H_{10}）等。它们的结构式可以分别表示如下

$$\begin{array}{c} \quad H\;\;H \\ \quad |\;\;\;| \\ H-C-C-H \\ \quad |\;\;\;| \\ \quad H\;\;H \end{array} \qquad\qquad \begin{array}{c} \quad H\;\;H\;\;H \\ \quad |\;\;\;|\;\;\;| \\ H-C-C-C-H \\ \quad |\;\;\;|\;\;\;| \\ \quad H\;\;H\;\;H \end{array} \qquad\qquad \begin{array}{c} \quad H\;\;H\;\;H\;\;H \\ \quad |\;\;\;|\;\;\;|\;\;\;| \\ H-C-C-C-C-H \\ \quad |\;\;\;|\;\;\;|\;\;\;| \\ \quad H\;\;H\;\;H\;\;H \end{array}$$

乙烷　　　　　　丙烷　　　　　　丁烷

在这些烃的分子里，碳原子与碳原子都以单键结合成链状，与甲烷一样，碳原子剩余的价键全部跟氢原子相结合。这样的结合使得每个碳原子的化合价都已充分利用，都达到“饱和”。具有这种结构的链烃叫做饱和链烃，或称烷烃。

这些烷烃可采用习惯命名法来命名。碳原子在十以下的，从一到十依次用甲、乙、丙、丁、戊、己、庚、辛、壬、癸来表示。碳原子数在十一以上的，就用数字来表示。例如 C_5H_{12} 叫戊烷，$C_{17}H_{36}$ 叫十七烷。

为了书写方便，有机物除用结构式表示外，也可以用结构简式表示。如乙烷的结构简式是 CH_3CH_3，丙烷的结构简式是 $CH_3CH_2CH_3$，戊烷的是 $CH_3(CH_2)_3CH_3$ 等。

烷烃的种类很多，表 10-1 列出了其中的一部分。

表 10-1　几种烷烃的物理性质

名　称	结构简式	常温时的状态	熔点/℃	沸点/℃	液态时的密度/(g/cm³)
甲烷	CH_4	气	−182.5	−164	0.466①
乙烷	CH_3CH_3	气	−183.3	−88.63	0.572②
丙烷	$CH_3CH_2CH_3$	气	−189.7	−42.07	0.5005
丁烷	$CH_3(CH_2)_2CH_3$	气	−138.4	−0.5	0.5788
戊烷	$CH_3(CH_2)_3CH_3$	液	−129.7	36.07	0.6262
庚烷	$CH_3(CH_2)_5CH_3$	液	−90.61	98.42	0.6833
辛烷	$CH_3(CH_2)_6CH_3$	液	−56.79	125.7	0.7025
癸烷	$CH_3(CH_2)_8CH_3$	液	−29.7	174.1	0.7300
十七烷	$CH_3(CH_2)_{15}CH_3$	固	22	301.8	0.7780(固态)
二十四烷	$CH_3(CH_2)_{22}CH_3$	固	54	391.3	0.7991(固态)

① 是−164℃时值。

② 是−108℃时值，其余是 20℃时值。

从表 10-1 还可看出，各种烷烃的物理性质一般随着分子里的碳原子数目的递增（相对分子质量也递增）发生规律性的变化。例如在常温下它们的状态是由气态、液态到固态；它们的熔点、沸点逐渐增高；液态时的密度逐渐增大等。

烷烃具有相似的结构，所以化学性质也很相似，在通常状况下，它们很稳定，在特殊条件下也能发生氧化、热分解和取代反应。

从表中烷烃的结构简式可以看出，任何两个烷烃之间在组成上都相差一个或若干个“CH_2”原子团。如果把碳原子数定为 n，H 原子数就是 $2n+2$。所以烷烃的化学式可用通式 C_nH_{2n+2} 来表示。

把这些结构相似，在分子组成上相差一个或若干个 CH_2 原子团的物质互相称为同系物。如甲烷、乙烷、戊烷、十六烷等都是烷烃的同系物。

烃分子失去一个或几个氢原子后所剩余的部分叫做烃基。烃基一般用“R—”表示。烷烃分子去掉一个氢原子后所剩余的原子团就叫烷基。例如，甲烷去掉一个氢原子后所剩余的 CH_3—叫做甲基，乙烷分子去掉一个氢原子后所剩余的 CH_3CH_2—叫做乙基等。

三、同分异构体及烷烃的命名

1. 同分异构现象

在研究物质的分子组成和性质时，发现有很多物质的分子组成相同，但性质却有差异。例如，在研究化学式为 C_4H_{10} 的丁烷的组成和性质的过程中，发现有另一种组成和相对分子质量跟丁烷完全相同，但性质却有差异的物质。为了便于区别，人们把其中一种叫做正丁烷，另一种叫做异丁烷。现将它们在性质上的差异略举几例如下。

	正丁烷	异丁烷
熔点/K	134.8	113.8
沸点/K	272.7	261.5
液态时的密度/(g/cm^3)	0.579	0.557

为什么这两种丁烷的组成相同，相对分子质量也相同，性质却有差异呢？实验证明，原来它们具有不同的结构。正丁烷的分子里的碳原子形成直链，而异丁烷分子里的碳原子却带有支链，其结构式分别如下

```
   H  H  H  H              H  H  H
   |  |  |  |              |  |  |
H—C—C—C—C—H            H—C—C—C—H
   |  |  |  |              |  |  |
   H  H  H  H              H  |  H
                            H—C—H
                               |
                               H
     正丁烷                  异丁烷
```

由于分子里碳原子结合的顺序不同，即分子的结构不同，因此它们的性质就有差异。

化合物具有相同的化学式，但具有不同结构和性质的现象叫做同分异构现象。具有同分异构现象的化合物称为同分异构体。例如正丁烷和异丁烷就是丁烷的两种同分异构体。

在有机物中，同分异构现象普遍存在。随着分子里碳原子数目的增多，碳原子的结合方式越来越复杂，同分异构体的数目也越来越多。例如戊烷（C_5H_{12}）有 3 种，己烷（C_6H_{14}）有 5 种，而癸烷（$C_{10}H_{22}$）有 75 种等。同分异构现象是造成有机物数量繁多的原因之一。

2. 烷烃的系统命名法

烷烃除前面采用的习惯命名法外，对于碳原子数较多，分子的组成和结构又比较复杂的有机化合物，广泛采用系统命名法。步骤如下。

① 选择分子里最长的碳链作主链，并根据主链上碳原子的数目称为“某烷”。

② 把主链里离支链较近的一端作为起点，用阿拉伯数字（1,2,3,…）给主链的各个碳原子依次编号定位以确定支链的位置。

```
1      2      3      4                       CH3
CH3—CH—CH2—CH3                     4      3      2|   1
       |                           CH3—CH2—C—CH3
       CH3                                       |
                                                 CH3
```

③ 将支链作为取代基，把取代基的名称写在烷烃名称的前面，同时在取代基的前面用阿拉伯数字注明它在烷烃直链上所处的位置，在数字与取代基之间用一短线隔开。例如

```
1      2      3      4
CH3—CH—CH2—CH3                 2-甲基丁烷
       |                        （又叫异戊烷）
       CH3
```

④ 主链上如果有相同的取代基，必须合并起来，并在取代基名称以前用二、三、四等数字表明相同取代基的数目。但要将表示相同取代基位置的阿拉伯数字用“,”隔开。如果几个取代基不同，则把简单的写在前面，复杂的写在后面。例如

```
       CH3
1      |2  3      4
CH3—C—CH2—CH3                          2,2-二甲基丁烷
       |
       CH3

1      2     3     4      5      6      7
CH3—CH—CH—CH2—CH2—CH2—CH3              2,3-二甲基庚烷
       |     |
       CH3   CH3

                                          CH3
8      7      6      5     4      3       |2  1
CH3—CH2—CH2—CH—CH2—CH—C—CH3            2,2,5-三甲基-3-乙基辛烷
                     |            |       |
                     CH3          CH2     CH3
                                  |
                                  CH3
```

四、环烷烃

在烃类分子里的碳原子除了互相结合成链状结构外，还有一类分子里的碳原子间相互连接成环状的烃，叫做环烃。

在环烃分子里碳原子之间以单链相互结合的叫做环烷烃。环烷烃的性质与饱和链烃相似，以下是四种环烷烃的结构简式

```
                                           CH2              CH2
                                          /   \            /   \
     CH2          CH2—CH2            H2C       CH2     H2C       CH2
    /   \         |     |             |         |       |         |
 H2C——CH2         CH2—CH2            H2C———CH2         H2C       CH2
                                                           \   /
                                                            CH2
   环丙烷           环丁烷               环戊烷               环己烷
```

可以看出，环烷烃的分子组成比相应的烷烃少两个氢原子，所以环烷烃的通式是 C_nH_{2n}（$n \geqslant 3$）。

在环烷烃里，用途较广的是环己烷。它是无色液体，易挥发，易燃烧，是生产合成纤维——锦纶的重要原料，也是一种有机溶剂。

第三节　烯　　烃

在链状烃中，有一类化合物，它们的碳原子之间存在双键或三键，氢原子数比相应的烷烃少，这类化合物称为不饱和烃。按照不饱和烃分子结构的不同，又分为烯烃、二烯烃和炔烃。

一、乙烯

1. 乙烯分子的结构

乙烯是一种不饱和烃。化学式为 C_2H_4。从化学式可以看出乙烯分子比乙烷少两个氢原子，在乙烯分子里碳原子间是通过两对共用电子互相结合的。它们的电子式、结构式和结构简式分别表示如下。

$$\begin{matrix} & H & & H & \\ & \times & & \times & \\ H\overset{\times}{\cdot} & C & :: & C & \overset{\times}{\cdot}H \end{matrix} \qquad \begin{matrix} & H & & H & \\ & | & & | & \\ H— & C & = & C & —H \end{matrix} \qquad CH_2{=}CH_2$$

电子式　　　　结构式　　　　结构简式

从乙烯的结构看出，乙烯分子里含有一个不饱和的 C═C 双键。链烃分子里含有一个碳碳双键的不饱和烃叫做烯烃。乙烯是分子组成最简单的烯烃。

为了简单而形象地描述乙烯分子的结构，常用分子模型来表示，如图 10-4(a) 所示的球棍模型里，两个碳原子之间用两根可以弯曲的弹性短棍进行连接，用来表示双键。图 10-4(b) 所示为乙烯分子的比例模型。

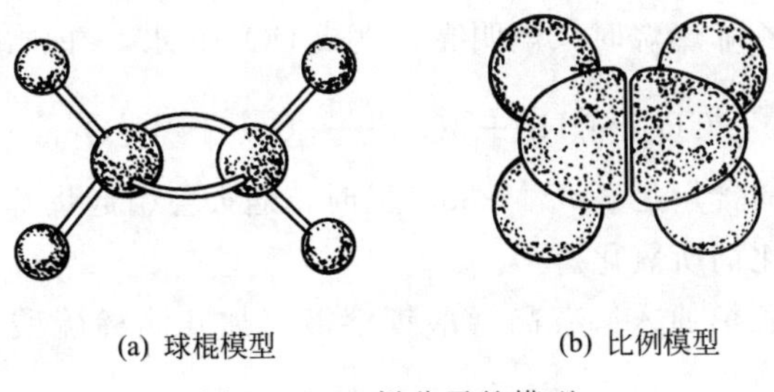

(a) 球棍模型　　(b) 比例模型

图 10-4　乙烯分子的模型

2. 乙烯的物理性质

乙烯是无色气体，稍有气味，密度是 1.25g/L，难溶于水。

3. 乙烯的化学性质和用途

工业上所用的乙烯，主要是从石油炼制厂和石油化工厂产生的裂解气里分离出来的。在实验室里是用浓度95%以上的酒精（乙醇）和浓 H_2SO_4 混合加热，使酒精分解制得的。浓 H_2SO_4 在反应过程里起催化剂和脱水剂的作用。化学反应方程式如下。

$$\underset{乙醇}{CH_3CH_2OH} \xrightarrow[443K]{浓\ H_2SO_4} \underset{乙烯}{CH_2{=}CH_2} + H_2O$$

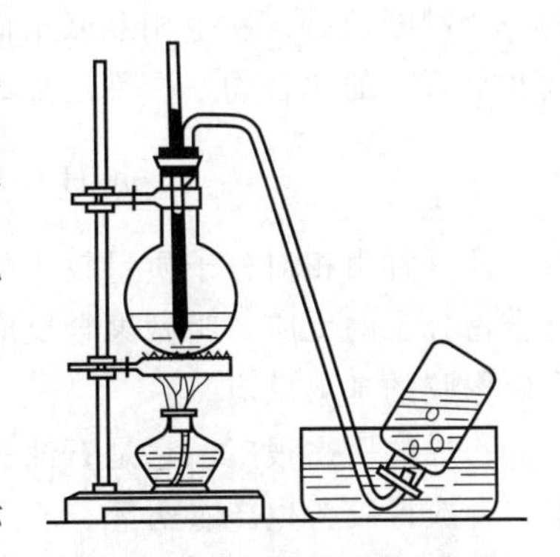

图 10-5　乙烯的实验室制法

【实验 10-3】 把烧瓶和试管等装置按图 10-5 所示连接。向烧瓶里注入酒精和浓硫酸（体积比1∶3）的混合液 20mL，并放入几片碎瓷，以免混合液在受热沸腾时剧烈跳动。加热使液体温度升到 443K，这时就有乙烯生成。

因为乙烯分子里的 C═C 双键不稳定，所以它的化学性质比烷烃活泼。

（1）加成反应　见实验 10-4。

【实验 10-4】 把乙烯通入盛有溴水的试管里，可以观察到溴水的红棕色迅速消失。乙烯与溴水里的溴起反应，生成无色的 1，2-二溴乙烷（$CH_2Br—CH_2Br$）液体。

$$\begin{matrix} & H & & H & \\ & | & & | & \\ H- & C & = & C & -H \end{matrix} + Br-Br \longrightarrow \begin{matrix} & H & & H & \\ & | & & | & \\ H- & C & - & C & -H \\ & | & & | & \\ & Br & & Br & \end{matrix}$$

1，2-二溴乙烷

这个反应的实质是乙烯分子里双键中的一个键断裂，两个溴原子分别加在两个价键不饱和的碳原子上，生成了二溴乙烷。这种有机物分子里的不饱和的碳原子与其他原子或原子团直接结合，生成新的物质的反应叫做加成反应。乙烯还能跟氢气、氯气、卤化氢以及水等，在适宜的反应条件下起加成反应。例如

$$CH_2═CH_2 + H_2 \xrightarrow{Ni} CH_3—CH_3$$

$$CH_2═CH_2 + HCl \longrightarrow \underset{\text{氯乙烷}}{CH_3CH_2Cl}$$

$$CH_2═CH_2 + H_2O \xrightarrow[\text{加热、加压}]{\text{催化剂}} \underset{\text{乙醇}}{CH_3CH_2OH}$$

（2）氧化反应　乙烯燃烧时火焰明亮，生成 CO_2 和水，并放出大量的热。

$$CH_2═CH_2 + 3O_2 \xrightarrow{\text{点燃}} CO_2 + 2H_2O(\text{液})$$

当乙烯在空气中的含量是 3.0%～33.5%时，遇火会引起爆炸。乙烯不但与氧气直接发生氧化，还能被氧化剂所氧化。

【实验 10-5】 把乙烯通入盛有高锰酸钾溶液（加几滴稀硫酸）的试管里，观察溶液的颜色。

从实验可以看到高锰酸钾溶液的紫红色很快褪去。说明乙烯可被氧化剂高锰酸钾（$KMnO_4$）氧化。利用这种方法可以区别甲烷和乙烯。

（3）聚合反应　在适当的温度、压强和有催化剂存在的条件下，乙烯分子里的双键中的一个键断裂后，发生相互联结而聚合成为很长的链，从而形成相对分子质量很高（几万到几十万）的化合物——聚乙烯。

$$nCH_2═CH_2 \xrightarrow[\text{加热加压}]{\text{催化剂}} \underset{\text{聚乙烯}}{\left[CH_2—CH_2 \right]_n}$$

像这种由相对分子质量较小的不饱和化合物分子，互相结合成为相对分子质量很大的化合物分子的反应，叫做聚合反应或叫加成聚合反应。这种反应是制造塑料、合成纤维、合成橡胶的基本反应。

乙烯的用途很广。它是石油化学工业最重要的基础原料之一，用于制造塑料、合成纤维、合成橡胶、生产农药等。乙烯还是一种植物生长调节剂，例如可用它作为果实催熟剂的原料等。

二、烯烃的通式及命名

1. 烯烃及其命名

烯烃是分子里含有碳碳双键（C═C）的不饱和链烃的总称。烯烃里除乙烯外，还有丙烯、丁烯等。表 10-2 列出了几种烯烃的物理性质。

表 10-2　几种烯烃的物理性质

名　称	结构简式	常温时状态	熔点/℃	沸点/℃	液态时的密度/(g/cm³)
乙烯	$CH_2{=}CH_2$	气	−169.2	−103.7	0.384①
丙烯	$CH_3CH{=}CH_2$	气	−185.3	47.4	0.5193
1-丁烯	$CH_3CH_2CH{=}CH_2$	气	−185.4	−6.3	0.5951
1-戊烯	$CH_3(CH_2)_2CH{=}CH_2$	液	−138	29.97	0.6405
1-己烯	$CH_3(CH_2)_3CH{=}CH_2$	液	−139.8	63.35	0.6731
1-庚烯	$CH_3(CH_2)_4CH{=}CH_2$	液	−119	93.64	0.6970

① 指−10℃时的值，其余是指 20℃时的值。

由上表可以看出，与烷烃一样，乙烯的同系物也是依次相差一个 CH_2 原子团。所以烯烃的通式是 C_nH_{2n}。它们的物理性质一般也随着碳原子数目的增加而递变，明显地体现着从量变到质变的规律。其他烯烃的化学性质与乙烯相似，如能发生加成、氧化和聚合反应等。烯烃的命名跟烷烃相似，所不同的是要标出双键的位置。命名的步骤如下。

① 选择包括双键在内的最长碳链为主链，按主链上碳原子的数目称为“某烯”。

② 从靠近双键的一端开始，用阿拉伯数字给主链碳原子依次编号，将双键的位置数字标在“某烯”的前面，中间加一短线。例如

$$\overset{1}{C}H_2{=}\overset{2}{C}H\overset{3}{C}H_2\overset{4}{C}H_3$$

1-丁烯

$$\overset{1}{C}H_3\overset{2}{C}H{=}\overset{3}{C}H\overset{4}{C}H_3$$

2-丁烯

$$\overset{5}{C}H_3-\underset{\displaystyle CH_3}{\overset{4}{C}H}-\overset{3}{C}H{=}\overset{2}{C}H-\overset{1}{C}H_3$$

4-甲基-2-戊烯

$$\overset{4}{C}H_3-\underset{\displaystyle CH_3}{\overset{3}{C}H}-\underset{\displaystyle CH_2CH_3}{\overset{2}{C}}{=}\overset{1}{C}H_2$$

3-甲基-2-乙基-1-丁烯

2. 二烯烃

分子里含有两个 C═C 双键的链烃叫做二烯烃。如 1,3-丁二烯（$CH_2{=}CH-CH{=}CH_2$）就是二烯烃里一种最重要的同系物。

二烯烃有两个双键，因此化学性质比较活泼。在发生加成反应时，主要是两个双键里比较活泼的键一起断裂，同时又生成一个新的双键。例如 1,3-丁二烯与 Br_2 进行的加成反应

$$\overset{1}{C}H_2{=}\overset{2}{C}H-\overset{3}{C}H{=}\overset{4}{C}H_2+Br_2\longrightarrow Br-\overset{1}{C}H_2-\overset{2}{C}H{=}\overset{3}{C}H-\overset{4}{C}H_2-Br$$

1,4-二溴-2-丁烯

这种形式的加成反应叫 1,4 加成反应。除主要生成这种 1,4 加成产物外，同时还生成 1,2加成产物

$$Br-\overset{4}{C}H_2-\overset{3}{C}HBr-\overset{2}{C}H{=}\overset{1}{C}H_2$$

3,4-二溴-1-丁烯

二烯烃比烯烃多一个双键，少两个氢原子。因此，二烯烃的通式为 C_nH_{2n-2} ($n \geqslant 3$)。

二烯烃的系统命名法与烯烃相似。由于分子中含有两个双键，故称“二烯”，在名称的前面须将两个双键的位置同时表示出来。例如

$CH_2=C=CH_2$　　$CH_2=CH-CH=CH_2$　　$CH_2=C(CH_3)-CH=CH_2$

丙二烯　　1,3-丁二烯（俗称丁二烯）　　2-甲基-1,3-丁二烯（俗称异戊二烯）

第四节 炔 烃

一、乙炔

1. 乙炔分子的结构

乙炔的化学式为 C_2H_2。从这个化学式可以看出，乙炔的分子比乙烯的分子少两个氢原子。在乙炔分子里的碳原子间有三对共用电子，通常把它称为三键。乙炔的电子式、结构式及结构简式表示如下。

H×C⠿C×H　　$H-C\equiv C-H$　　$HC\equiv CH$

电子式　　结构式　　结构简式

图 10-6 所示为乙炔分子的两种模型。

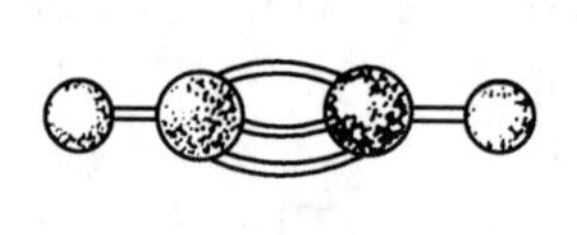

(a) 球棍模型

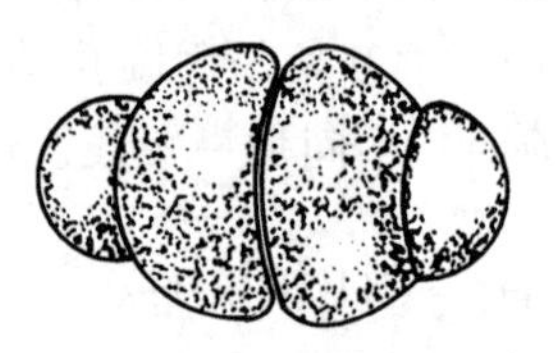

(b) 比例模型

图 10-6　乙炔的分子模型

2. 乙炔的物理性质

乙炔俗称电石气。纯的乙炔是无色、无臭味的气体。由电石制得的乙炔常因含有硫化氢、磷化氢等杂质而有特殊难闻的臭味。乙炔的密度是 1.16g/L，比空气稍轻，微溶于水，易溶于有机溶剂（如丙酮等）。

3. 乙炔的制法

在实验室里，乙炔是用电石（碳化钙）跟水反应制得的。反应式为

$$CaC_2+2H_2O \longrightarrow C_2H_2+Ca(OH)_2$$

【实验 10-6】 实验装置如图 10-7 所示。在广口瓶里放几小块碳化钙。轻轻旋开分液漏斗的活栓，使水缓慢地滴下。用排水法收集乙炔。观察乙炔的颜色、状态。

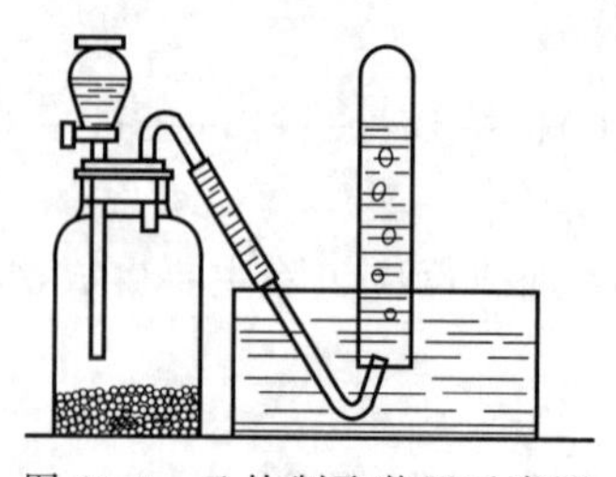

图 10-7　乙炔制取装置示意图

工业上可用煤、石油或天然气作原料来生产乙炔，目前我国采用较多的有电石法和甲烷裂解法。电石法是将生石灰和焦炭按一定的比例投入高温电弧炉熔融，生成电石（碳化钙）；然后将电石与水作用制得乙炔。

$$CaO+3C \xrightarrow{2773\sim3273K} \underset{\text{碳化钙}}{CaC_2} + CO$$

$$CaC_2 + H_2O \longrightarrow CH\equiv CH + Ca(OH)_2$$

随着石油化工生产的发展，采用油田气和天然气作原料，使甲烷在1673～1773K的高温下进行瞬时裂解，可得到乙炔。

$$2CH_4 \xrightarrow{1673\sim1773K} CH\equiv CH + 3H_2$$

4. 乙炔的性质和用途

乙炔分子结构中具有不饱和的 C≡C 三键，其中有两个键容易断裂，所以性质和烯烃相似，也能发生氧化、加成和聚合等反应。

（1）氧化反应　见实验10-7。

【实验10-7】 点燃从实验10-6取制的乙炔，观察火焰的颜色和亮度等现象。

从实验可看到乙炔在空气里燃烧的火焰明亮而带有浓烟。这是由于乙炔分子含碳量很高，未能充分燃烧而产生细微的炭粒的缘故。乙炔完全燃烧的化学方程式如下。

$$2C_2H_2+5O_2 \xrightarrow{\text{点燃}} 4CO_2+2H_2O(\text{液})$$

乙炔在氧气里燃烧，火焰温度高达3273～4273K，一般称为氧炔焰，工业上广泛用于焊接和切割金属。在乙炔与空气的混合物中，当乙炔体积分数为2.5%～80%时，遇火即引起爆炸。所以使用乙炔时要特别注意安全。

【实验10-8】 把纯净的乙炔通入盛有高锰酸钾溶液（加入少量硫酸）的试管，观察溶液颜色的变化。

从实验可以看到高锰酸钾溶液的紫红色逐渐褪去，说明乙炔和乙烯一样，也能被氧化剂氧化。

（2）加成反应　见实验10-9。

【实验10-9】 把纯净的乙炔通入盛有溴水的试管，观察溶液颜色的变化。可以看到乙炔也能使溴水褪色。反应过程可以分步表示如下。

$$H-C\equiv C-H + Br-Br \longrightarrow \underset{\text{1,2-二溴乙烷}}{H-\underset{Br}{\underset{|}{C}}=\underset{Br}{\underset{|}{C}}-H}$$

$$H-\underset{Br}{\underset{|}{C}}=\underset{Br}{\underset{|}{C}}-H + Br-Br \longrightarrow \underset{\text{1,1,2,2-四溴乙烷}}{H-\overset{Br}{\overset{|}{\underset{Br}{\underset{|}{C}}}}-\overset{Br}{\overset{|}{\underset{Br}{\underset{|}{C}}}}-H}$$

在有催化剂存在的条件下，乙炔还能与氢气、氯化氢等起加成反应。

$$CH\equiv CH + H_2 \xrightarrow[\text{加热}]{\text{催化剂 (Ni)}} CH_2=CH_2$$

$$CH_2=CH_2 + H_2 \xrightarrow[\text{加热}]{\text{催化剂 (Ni)}} CH_3-CH_3$$

$$CH\equiv CH + HCl \xrightarrow[393\sim453K]{\text{催化剂 }(HgCl_2)} \underset{\text{氯乙烯}}{CH_2=CHCl}$$

(3) 聚合反应　乙炔也能发生聚合反应。在不同的催化剂和反应条件下，可以聚合生成不同的产物。例如，乙炔可以发生两分子聚合生成乙烯基乙炔，也可以发生三分子聚合生成苯。

$$HC\equiv CH + HC\equiv CH \xrightarrow[357\sim369K]{Cu_2Cl_2\text{-}NH_4Cl} \underset{\text{乙烯基乙炔}}{H_2C=CH-C\equiv CH}$$

$$3C_2H_2 \xrightarrow[873\sim923K]{\text{活性炭}} \underset{\text{苯}}{C_6H_6}$$

(4) 金属炔化合物的生成　乙炔分子中的氢原子，由于受三键的影响变得比较活泼，可以被金属取代生成金属炔化物。例如将乙炔通入硝酸银的氨溶液或氯化亚铜的氨溶液，生成灰白色的乙炔银或棕红色的乙炔亚铜沉淀。反应式如下。

$$CH\equiv CH + 2Ag(NH_3)_2NO_3 \longrightarrow \underset{\text{乙炔银（灰白色）}}{AgC\equiv CAg\downarrow} + 2NH_4NO_3 + 2NH_3$$

$$CH\equiv CH + 2Cu(NH_3)_2Cl \longrightarrow \underset{\text{乙炔亚铜（棕红色）}}{CuC\equiv CCu\downarrow} + 2NH_4Cl + 2NH_3$$

上述反应极为灵敏，常用来检验乙炔和具有 $R-C\equiv CH$ 型结构的炔烃。

二、炔烃的通式及同系物

链烃分子里含有碳碳三键的不饱和烃叫做炔烃。除乙炔外还有丙炔、丁炔等。表10-3列出了几种炔烃的物理性质。

表 10-3　几种炔烃的物理性质

名　称	结构简式	常温时状态	熔点/℃	沸点/℃	液态时的密度/(g/cm³)
乙炔	$HC\equiv CH$	气	−80.8(加压)	−84.0	0.6181①
丙炔	$CH_3-C\equiv CH$	气	−101.5	−23.2	0.66②
1-丁炔	$CH_3-CH_2-C\equiv CH$	气	−125.7	8.1	0.6784③
1-戊炔	$CH_3-(CH_2)_2-C\equiv CH$	液	−90	40.18	0.6901

① 是−32℃时的值。

② 是−13℃时的值。

③ 是0℃时的值，另一是20℃时的值。

乙炔的各种同系物也依次差一个 CH_2 原子团，但它们比同级的烯烃各少两个氢原子，所以炔烃的通式是 C_nH_{2n-2}。炔烃的物理性质一般也是随着分子里的碳原子数的增加而递变的。其他炔烃的化学性质和乙炔相似，都能发生加成、氧化、聚合等反应。

炔烃的同分异构现象和烯烃相同。命名方法也跟烯烃相似，只需将“烯”字改为“炔”字即可。例如戊炔（C_5H_8）有三种异构体，它们的命名如下。

$$\overset{1}{C}H\equiv\overset{2}{C}-\overset{3}{C}H_2-\overset{4}{C}H_2-\overset{5}{C}H_3 \qquad \text{1-戊炔}$$

$$\overset{1}{CH_3}-\overset{2}{C}\equiv\overset{3}{C}-\overset{4}{CH_2}-\overset{5}{CH_3}$$ 2-戊炔

$$\overset{4}{CH_3}-\overset{3}{\underset{|}{\underset{CH_3}{CH}}}-\overset{2}{C}\equiv\overset{1}{CH}$$ 3-甲基-1-丁炔

第五节 苯及芳香烃

一、苯

1. 苯分子的结构

乙炔聚合生成苯。苯的化学式是 C_6H_6，结构式可以表示为

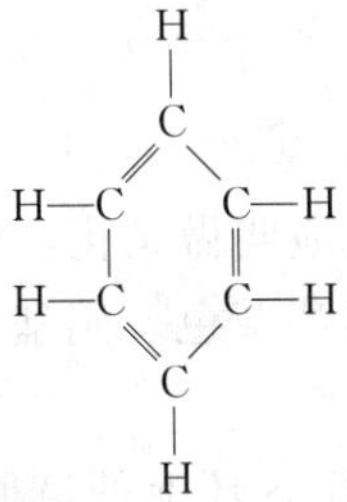

(苯的凯库勒结构式：六个C原子组成六元环，单双键交替，每个C原子连接一个H原子) 或简写为 (六边形结构简式)

从这样的结构式（又称凯库勒式）来推测，苯的化学性质应该显示出极不饱和的性质，也就是说应当具有不饱和链烃的性质。但实验证明苯的不饱和性不像烯烃那样明显。例如，苯与高锰酸钾溶液和溴水都不起反应，这说明苯分子有特殊的结构。

根据近代物理方法对苯分子结构的研究，证明苯分子中的 6 个碳原子和 6 个氢原子都在同一平面内，6 个碳原子组成一个正六边形。各个键角都是 120°，C—C 间的键长都是 1.40×10^{-10} m，比一般的 C—C 单键（1.54×10^{-10} m）短，又比一般的 C═C 键（1.33×10^{-10}m）长。因此苯分子内的键既不是一般的单键，也不是一般的双键，而是一种介于单键和双键之间的独特的键。为了表示苯分子结构的这一特点，常用 (带圆圈的六边形) 表示苯分子的结构简式。

苯分子模型如图 10-8 所示。

直到现在，凯库勒式的表示法仍然沿用，不过在使用时绝对不应认为是单、双键交替组成的环状结构。

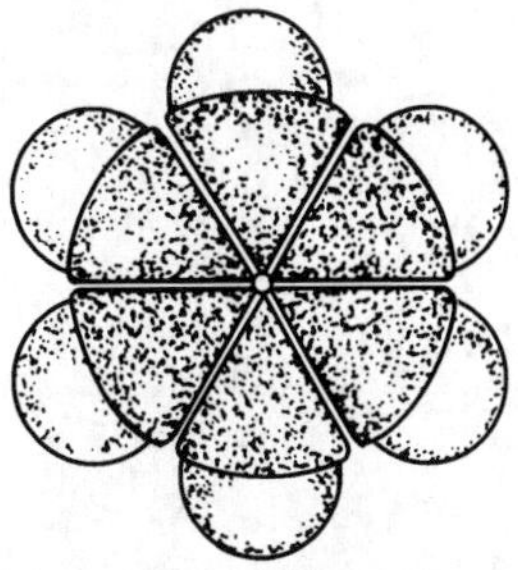

图 10-8 苯分子模型

2. 苯的物理性质

苯是无色、有特殊气味、易挥发、有毒的液体。沸点是 353K，熔点是 278.5K。如果用冰来冷却，苯就可以凝结成无色的晶体。苯的密度是 0.879g/cm³。苯不溶于水而能溶于乙醚、乙醇等有机溶剂中。

3. 苯的化学性质与用途

由于苯分子具有一种特殊的结构，因而它的化学性质也具有一定的特点。苯环有较高的稳定性，不易破裂，不易起加成反应，不易被氧化，而容易起取代反应。这些特性称为苯的芳香性。

(1) 取代反应　苯环上的氢原子能被别的原子或原子团所取代。

① 苯的卤代反应　在有催化剂（如卤化铁、卤化铝、铁粉等）存在和较低的温度下，苯环上的氢原子能被卤素原子所取代，生成相应的卤代苯，并放出卤化氢。例如

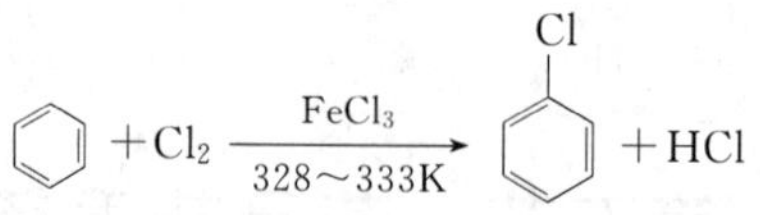

$$C_6H_6 + Cl_2 \xrightarrow[328\sim333K]{FeCl_3} C_6H_5Cl + HCl$$

氯苯

氯苯也是一种无色液体。它是合成染料，制造药物的原料。

② 苯的硝化反应　苯与浓硝酸和浓硫酸（作催化剂）的混合物作用，加热到 323～333K，环上的氢原子被硝基（$-NO_2$）取代，生成一种浅黄色的油状液体叫硝基苯（$C_6H_5NO_2$）。

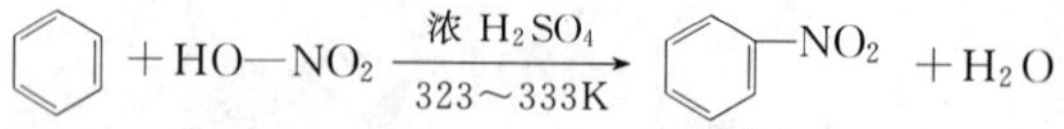

$$C_6H_6 + HO-NO_2 \xrightarrow[323\sim333K]{浓\ H_2SO_4} C_6H_5-NO_2 + H_2O$$

硝基苯

苯分子里的氢原子被硝基（$-NO_2$）取代的反应叫做硝化反应。

硝基苯是一种没有颜色的油状液体，不纯的显淡黄色。硝基苯有苦杏仁气味，密度比水大，有毒，是制造染料的重要原料。

③ 苯的磺化反应　苯与浓硫酸或发烟硫酸作用，环上的氢原子被硫酸分子里的磺酸基（$-SO_3H$，简称磺基）取代，生成苯磺酸（$C_6H_5-SO_3H$）。这种在有机化合物分子中引入磺基的反应，称为磺化反应。

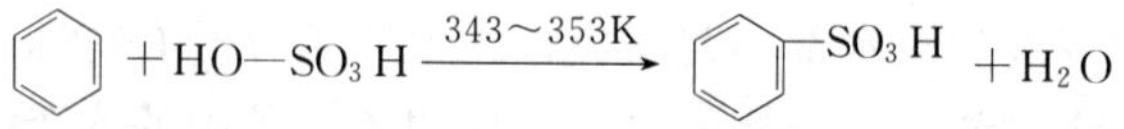

$$C_6H_6 + HO-SO_3H \xrightarrow{343\sim353K} C_6H_5-SO_3H + H_2O$$

苯磺酸

磺化反应是有机合成中的一个重要反应。工业上生产合成洗涤剂、药物、染料时往往要应用磺化反应。苯磺酸易溶于水，在制备染料时常把磺基引入不易溶于水的物质分子内来增加它的水溶性。

(2) 加成反应　苯不具有典型的双键所具有的加成反应性能，但在特殊情况下，它仍能够起加成反应。如在镍催化剂存在下并加热至 453～523K 的条件下，苯能够与氢气起加成反应，生成环己烷。

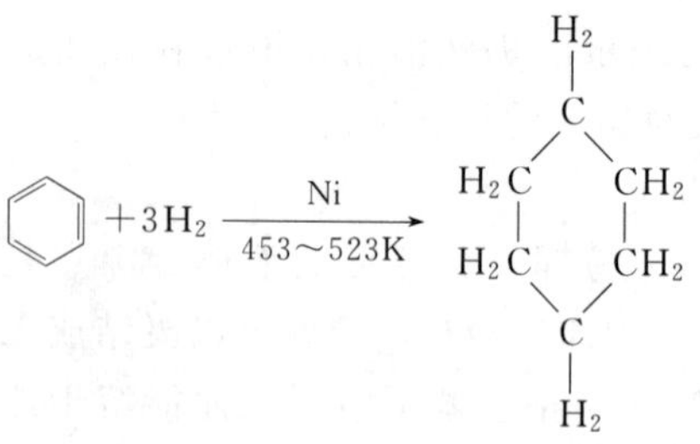

$$C_6H_6 + 3H_2 \xrightarrow[453\sim523K]{Ni} C_6H_{12}$$

环己烷

在光照或紫外线照射下，苯与氯气起加成反应，生成六氯环己烷（$C_6H_6Cl_6$），俗称六六六，它曾是一种使用较广的农用杀虫药。由于它的残毒很大，容易污染环境和食物，已停止了生产。

(3) 氧化反应　苯在空气里燃烧生成二氧化碳和水，燃烧时发出明亮并带有浓烟的火

焰，这是由于苯分子里含碳量很大的缘故。苯在高温下还能分解生成氢气和活性碳原子。

$$C_6H_6 \xrightarrow{高温} 3H_2 + 6[C]$$

苯是一种很重要的有机化工原料，它广泛用来生产合成纤维、合成橡胶、塑料、农药、医药、染料、香料等。苯也常作为有机溶剂。

二、芳香烃

芳香烃简称芳烃，指分子中含有苯环结构的碳氢化合物。苯就是最简单的芳烃。芳香烃根据分子结构不同，可分为单环、多环、稠环芳烃三类。

1. 单环芳烃

指分子中含有一个苯环的芳烃，其中包括苯及其同系物。例如

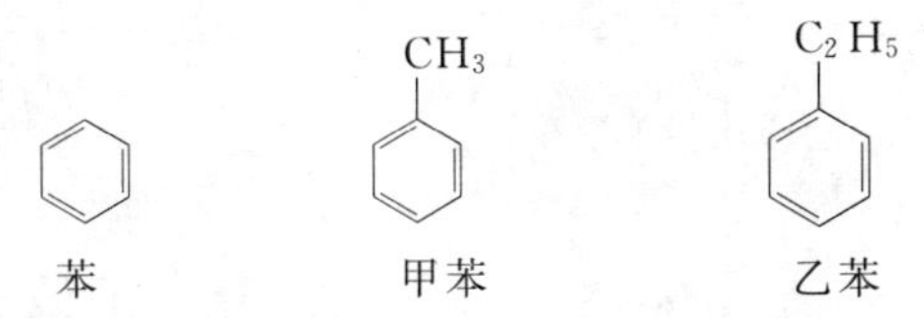

苯　　甲苯　　乙苯

苯的同系物可看作是苯分子中的一个或几个氢原子被烃基取代后的产物，彼此之间相差一个或若干个 CH_2 原子团，它们的通式为 C_nH_{2n-6}（$n\geqslant6$）。

苯的同系物在性质上跟苯有许多相似之处，如它们都能燃烧并产生带浓烟的火焰；在苯环上也都能起取代反应等。但由于苯的同系物里苯环和侧链的相互影响，使它们有些性质跟苯不同。如苯环与氧化剂不起反应，而侧链则容易被氧化。

2. 多环芳烃

指分子中含有两个或多个独立的苯环的芳烃。例如

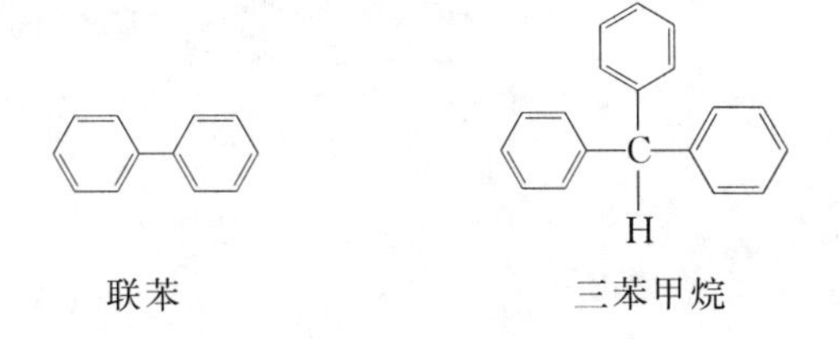

联苯　　三苯甲烷

3. 稠环芳烃

指分子中含有两个或多个苯环，而相邻的两个苯环之间有两个共用碳原子的芳烃。例如

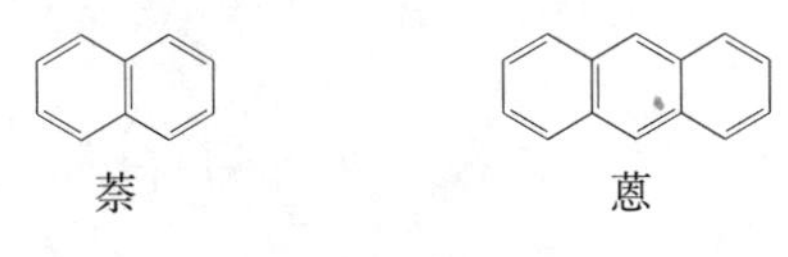

萘　　蒽

汽油的辛烷值

汽油是复杂烃类（碳原子数约 4～12）的混合物，是用量最大的轻质石油产品之一，是发动机的一种重要燃料。辛烷值是表示汽油在汽油发动机中燃烧时的抗震性指标。不同化学结构的烃类，具有不同的抗爆震能力。异辛烷（2,2,4-三甲基戊烷）的抗爆性能较好，辛烷值设定为 100；正庚烷的抗爆性差，辛烷值设定为 0。汽油辛烷值的测定是以异辛烷和正庚烷为标准燃料，按标准条件，在实验室单缸汽油机上用对比法进行的。调节标准燃料组成的比例，使标准燃料产生的抗爆震强度与试样相同，此时标准燃料中异辛烷所占的体积百分数

就是试样的辛烷值。辛烷值高，抗爆性好。汽油的等级是按辛烷值划分的。高辛烷值汽油可以满足高压缩比汽油机的需要。汽油机压缩比高，则热效率高，可以节省燃料。值得注意的是，辛烷值只表示汽油的抗爆震程度，并不表示汽油中异辛烷的真正含量。我国目前使用的车用汽油的牌号就是按照汽油辛烷值的大小划分的。例如，90 号汽油表示该汽油的辛烷值不低于 90。

要提高汽油的辛烷值，主要靠增加高辛烷值汽油组分含量，也可以通过在汽油中添加抗爆震剂四乙基铅等来实现。但是，四乙基铅由于含铅，当人体内的含铅量累积到一定量时会发生铅中毒。所以，目前世界上许多国家都已经限制了汽油中铅的加入量，逐步实行低铅化和无铅化。目前主要是通过两种途径：一是改进炼油技术，发展能生产高辛烷值汽油组分的炼油新工艺；另一是研究和开发新的提高汽油辛烷值的调和剂，代替四乙基铅作为汽油的抗爆剂。

第十一章　烃的重要衍生物

烃分子中的氢原子被其他原子或原子团取代后生成的化合物，叫做烃的衍生物。例如一氯甲烷（CH_3Cl）、硝基苯（$C_6H_5-NO_2$）等都是烃的衍生物。

烃的衍生物具有与相应的烃不同的化学特性，这是因为取代氢原子的原子或原子团对于烃的衍生物的性质起着很重要的作用。这种决定化合物的化学性质的原子或原子团叫做官能团。卤素原子（—X）、硝基（$-NO_2$）、磺酸基（$-SO_3H$）等都是官能团，碳碳双键和碳碳三键也分别是烯烃和炔烃的官能团。含有相同官能团的化合物化学性质基本相似，可归于一类。表 11-1 列出了一些主要的官能团及其所属化合物的类别。

表 11-1　主要官能团及其所属化合物的类别

化合物类别	官能团	化合物类别	官能团
烯烃	双键 $>C=C<$	醛和酮	羰基 $>C=O$
炔烃	三键 $-C\equiv C-$	羧酸	羧基 —COOH
卤代烃	卤素 —X(F、Cl、Br、I)	胺	氨基 $-NH_2$
醇和酚	羟基 —OH	硝基化合物	硝基 $-NO_2$
		磺酸类	磺(酸)基 $-SO_3H$
醚	醚键 —C—O—C—	腈	氰基 —CN

烃的衍生物种类很多。本章只介绍其中几类重要的烃的衍生物，即卤代烃、醇、酚、醚、醛、酮及羧酸。

第一节　卤　代　烃

烃分子中的氢原子被卤素原子取代而生成的化合物称为烃的卤素衍生物，也叫卤代烃，简称卤烃。卤素原子就是卤代烃的官能团。卤烃可用通式 RX 表示，X 代表卤素原子，R 代表烃基。

卤烃的种类很多。根据分子里所含卤素原子数目的多少，可分为一卤代烃（如一氯甲烷、溴苯）和多卤代烃（如二溴乙烷、三氯甲烷）；根据卤素所连接的烃基不同，可分为饱和卤代烃（如氯乙烷）、不饱和卤代烃（如氯乙烯）和芳香卤代烃（如氯苯）。

一、卤烃的命名

卤烃一般是以相应的烃作母体，卤原子当作取代基，按系统命名法命名的。但不同的卤烃命名方法又有所不同。

1. 卤烷的命名

① 选择连有卤原子的最长碳链作主链，根据主链上所含碳原子的数目而称为某烷。

② 从靠近卤原子的一端开始将主连上的碳原子依次编号。

③ 把卤原子和支链当作取代基，将它们的位次、数目和名称写在烷烃名称之前。例如

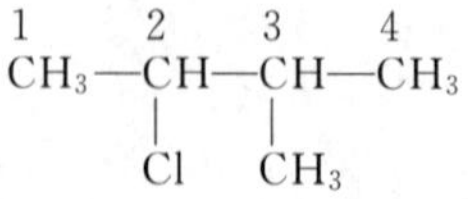

$\overset{1}{C}H_3-\overset{2}{C}H(Cl)-\overset{3}{C}H(CH_3)-\overset{4}{C}H_3$　　2-氯-3-甲基丁烷

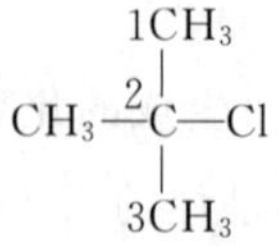

$\overset{1}{C}H_3-\overset{2}{C}(CH_3)(Cl)-\overset{3}{C}H_3$　　2-氯-2-甲基丙烷

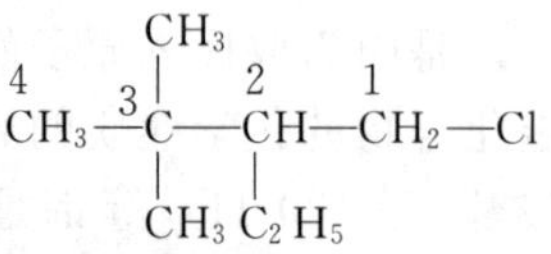

$\overset{4}{C}H_3-\overset{3}{C}(CH_3)_2-\overset{2}{C}H(C_2H_5)-\overset{1}{C}H_2-Cl$　　1-氯-3,3-二甲基-2-乙基丁烷

2. 不饱和卤烃的命名

选择含有不饱和键及卤原子的最长碳链作主链，从最靠近双键或三键的一端开始，将主链上碳原子依次编号，然后按不饱和烃的系统命名法命名。

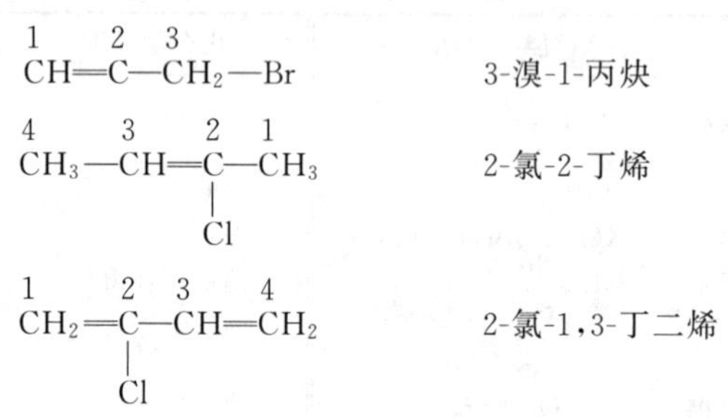

3-溴-1-丙炔

2-氯-2-丁烯

2-氯-1,3-丁二烯

3. 卤芳烃的命名

① 当卤原子连在苯环上时，以芳烃作母体，卤素作取代基来命名。例如

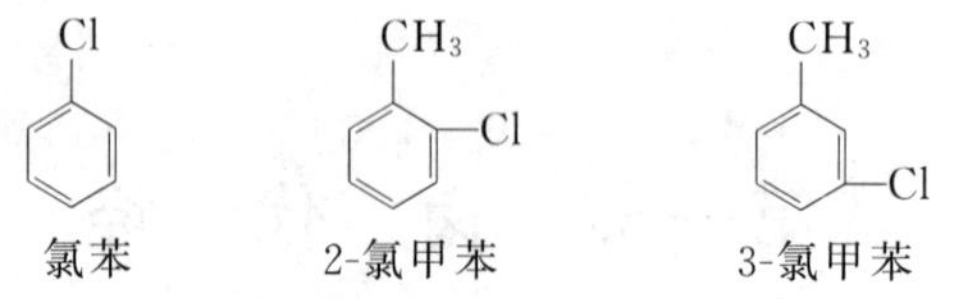

氯苯　　2-氯甲苯　　3-氯甲苯

② 当卤素连在芳烃的侧链上时，则以链烃作母体，把芳基和卤素当作取代基来命名。例如

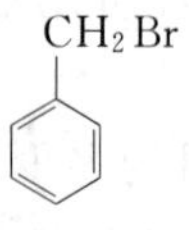

$C_6H_5-CH_2Br$　　苯溴甲烷

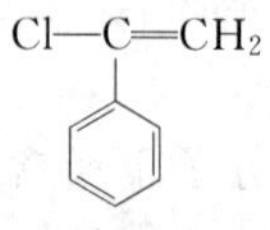

$Cl-C(C_6H_5)=CH_2$　　1-氯-1-苯基乙烯

二、卤烃的物理性质

在常温下，氯甲烷、氯乙烷、溴甲烷、氯乙烯、溴乙烯等是气体，其余卤烃都是液体或固体。它们的蒸气一般都有毒。

所有的卤烃都不溶于水，而溶于醇和醚等有机溶剂中，能以任意比例与烃类混溶，并能溶解多种有机化合物。因此卤烃可作为有机溶剂。

一元卤烷的沸点随着碳原子数目的增加而升高，密度一般随着烷基中碳原子数目的增加而减少。

卤烷在铜丝上燃烧时能产生绿色的火焰。这是鉴定有机化合物中含有卤素的简便方法。一些氯代烃的物理常数见表 11-2。

表 11-2　几种氯代烃的密度和沸点

名　　称	结构简式	液态时密度/（g/cm^3）	沸点/K
氯甲烷	CH_3Cl	0.9159	248.96
氯乙烷	CH_3CH_2Cl	0.8978	285.43
1-氯丙烷	$CH_3CH_2CH_2Cl$	0.8909	319.76
1-氯丁烷	$CH_3CH_2CH_2CH_2Cl$	0.8862	351.60
1-氯戊烷	$CH_3CH_2CH_2CH_2CH_2Cl$	0.8818	380.96

三、卤烃的化学性质

卤烃分子中的卤原子比较活泼，在反应时容易发生 C—X 键的断裂而发生许多类型的反应。

1. 取代反应

卤代烃分子里的卤原子容易被多种原子或原子团所取代，这是卤烃最重要的一类反应。例如氯乙烷和水起反应（即水解），生成乙醇。

$$C_2H_5-Cl + H-OH \longrightarrow \underset{\text{乙醇}}{C_2H_5-OH} + HCl$$

在反应中，氯乙烷分子中的卤素原子被 H_2O 分子中的—OH 原子团（或称羟基）所取代。卤烷的水解是可逆反应，反应进行得很缓慢。如果水解时加入强碱同时加热，这样既增加 OH^- 的浓度，又使反应中生成的盐酸能被中和，反应就可进行到底。

$$C_2H_5-Cl + Na-OH \xrightarrow{\text{加热}} C_2H_5-OH + NaCl$$

卤烃与硝酸银的醇溶液也能发生取代反应，生成硝酸酯及卤化银沉淀。由于不同结构的卤烃，其卤原子的活泼性不同，生成卤化银沉淀的速度也不同，所以在有机定性分析上，常根据生成卤化银沉淀的速度来鉴别不同类型的卤烃。

按照卤原子在取代反应中的活泼性，可将卤烃分为以下三类。

（1）烯丙型卤烃　卤原子与双键或苯环之间相隔一个单键。这类卤烃的卤原子特别活泼，与硝酸银的乙醇溶液在室温下就能生成卤化银沉淀。例如

$$CH_2{=}CH-CH_2Cl + AgNO_3 \xrightarrow[\text{室温}]{\text{乙醇}} CH_2{=}CH-CH_2ONO_2 + AgCl\downarrow$$

$$C_6H_5CH_2Cl + AgNO_3 \xrightarrow[\text{室温}]{\text{乙醇}} C_6H_5CH_2ONO_2 + AgCl\downarrow$$

（2）卤烷型卤烃　包括卤代烷和卤原子与双键或苯环之间相隔两个以上饱和键的卤烃。这类卤烃与硝酸银的乙醇溶液在加热下才能反应。例如：

$$CH_2{=}CH-CH_2-CH_2Cl + AgNO_3 \xrightarrow[\text{加热}]{\text{乙醇}} CH_2{=}CH-CH_2-CH_2ONO_2 + AgCl\downarrow$$

$$C_6H_5CH_2-CH_2Cl + AgNO_3 \xrightarrow[\text{加热}]{\text{乙醇}} C_6H_5CH_2-CH_2ONO_2 + AgCl\downarrow$$

(3) 乙烯型卤烃　卤原子直接连在双键碳原子或苯环上。这类卤烃的卤原子特别不活泼，即使在加热的情况下，也不与硝酸银的乙醇溶液作用。

以上三类卤烃中卤原子表现出的不活泼性，对于其他取代反应也都如此。

2. 消去反应

卤代烃与强碱的醇溶液共热时，脱去卤化氢而生成烯烃。如

$$CH_3-\underset{\boxed{H}}{CH}-\underset{\boxed{Br}}{CH_2} + NaOH \xrightarrow[\text{加热}]{\text{醇}} CH_3-CH=CH_2 + NaBr + H_2O$$

卤代烃脱去卤化氢的反应是一种消去反应。这种在分子内脱去一个简单分子（如水、卤化氢等）而形成不饱和键的反应，叫做消去反应。上述消去反应是从分子中相邻的两个碳原子上脱去一个 HBr 分子。

如果卤原子不在键端，而在碳链中间，则可能得到两种不同的产物。例如

$$CH_3-CH_2-\underset{Br}{\underset{|}{CH}}-CH_3 \xrightarrow{\text{KOH，乙醇}} \begin{cases} CH_3-CH=CH-CH_3 & 81\% \\ CH_3-CH_2-CH=CH_2 & 19\% \end{cases}$$

$$CH_3-\overset{CH_3}{\overset{|}{\underset{Br}{\underset{|}{C}}}}-CH_2-CH_3 \xrightarrow{\text{KOH，乙醇}} \begin{cases} CH_3-\overset{CH_3}{\overset{|}{C}}=CH-CH_3 & 71\% \\ CH_2=\overset{CH_3}{\overset{|}{C}}-CH_2-CH_3 & 29\% \end{cases}$$

由实验测知，两种产物的比例是不同的。在长期实践的基础上，人们总结出一条规律，即卤烷在脱卤化氢时，含氢较少的那个相邻碳原子比较容易脱去氢原子。这个规律称为**查依采夫规则**。

四、重要的卤代烃

1. 氯乙烷(C_2H_5Cl)

是无色而有甜香气味的液体，沸点约 285K，极易气化。液态氯乙烷气化时要吸收大量的热，工业上常用它作制冷剂；医疗上可作为局部麻醉剂。

2. 氯乙烯($CH_2=CHCl$)

氯乙烯在常温下是无色易燃易液化的气体，沸点 259K，难溶于水，易溶于乙醇、乙醚等有机溶剂。与空气能形成爆炸性混合物，爆炸极限为 4%～22%。

氯乙烯在过氧化物存在下能聚合成高分子化合物，聚合物称为聚氯乙烯，是一种用途很广的塑料。

$$nCH_2=CHCl \xrightarrow{\text{过氧化物}} \left[CH_2-\underset{Cl}{\underset{|}{CH}}\right]_n$$

聚氯乙烯

3. 三氯甲烷($CHCl_3$)

俗称氯仿，它是无色而有甜香味的液体，密度为 1.489g/cm³，沸点约为 334K，易挥发，不易燃烧。不溶于水而溶于有机溶剂中。并能溶解多种有机物，是常用的溶剂。在医学上还可作为麻醉剂。

三氯甲烷在光照下能被空气氧化，生成剧毒的光气，故应避光保存于棕色瓶中。

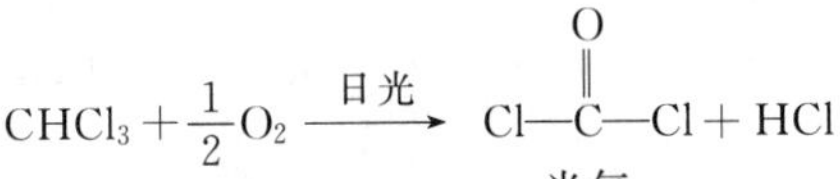

$$CHCl_3 + \frac{1}{2}O_2 \xrightarrow{日光} \underset{光气}{Cl-\overset{\overset{\displaystyle O}{\|}}{C}-Cl} + HCl$$

4. 四氯化碳(CCl_4)

为无色液体，有令人愉快的气味，沸点为 350K，密度为 1.595g/cm³，有毒。它能溶解多种有机物，是常用的溶剂。四氯化碳容易挥发，蒸气比空气重，而且不能燃烧，故常作为灭火剂。但它与金属钠在温度较高时能剧烈反应以致发生爆炸，所以不能用来扑灭金属钠着火。

第二节 醇、酚、醚

醇、酚、醚都是烃的含氧衍生物，在结构上有相似之处，但又有其各自的特点。

一、醇

烃分子中的一个或几个氢原子被羟基（—OH）取代生成的化合物称为醇。羟基是醇的官能团。醇的种类比较多，可按不同的方法加以分类。在各类醇中，饱和一元醇在理论上和实际应用上都比较重要。

1. 饱和一元醇的分类和命名

饱和一元醇的通式是 $C_nH_{2n+1}OH$ 或简写为 ROH。羟基连接在伯碳原子上的称为伯醇，连接在仲碳原子上的称为仲醇，连接在叔碳原子上的称为叔醇。例如

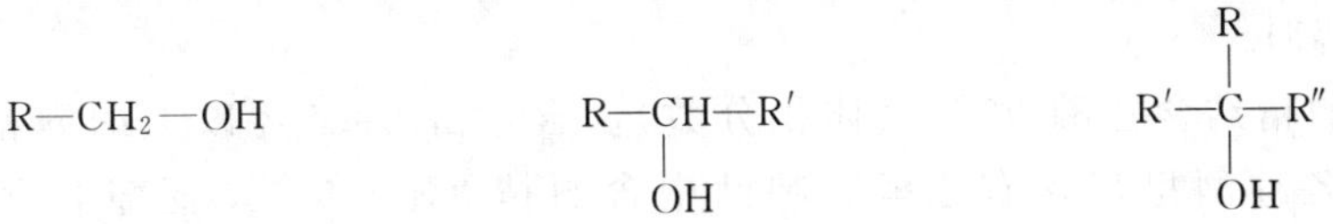

$$\underset{伯醇}{R-CH_2-OH} \qquad \underset{仲醇}{\underset{\displaystyle OH}{R-\underset{|}{CH}-R'}} \qquad \underset{叔醇}{R'-\overset{\overset{\displaystyle R}{|}}{\underset{\underset{\displaystyle OH}{|}}{C}}-R''}$$

其中伯、仲、叔碳原子分别表示在碳链中与一个、两个或三个碳原子相连的碳原子。与四个碳原子相连的碳原子叫季碳原子。

饱和一元醇常用的命名法有两种。

(1) 习惯命名法 醇的习惯命名法是在“醇”字前面加上与羟基相连的烃基的名称，但“基”字常略去不写。这种命名只适用于低级醇类。例如

CH_3OH	甲醇	CH_3CH_2OH	乙醇
$CH_3CH_2CH_2OH$	正丙醇	$CH_3-\underset{\underset{\displaystyle CH_3}{|}}{CH}-OH$	异丙醇
$CH_3CH_2CH_2CH_2OH$	正丁醇	$CH_3-\underset{\underset{\displaystyle CH_3}{|}}{CH}-CH_2-OH$	异丁醇

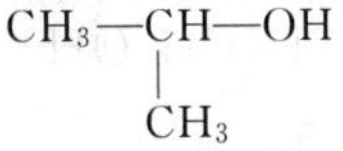

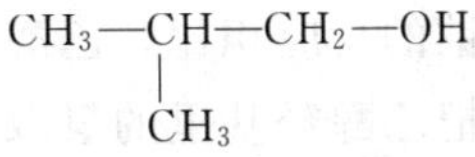

（2）系统命名法　醇的命名一般用系统命名法。其命名原则与烯烃相似。通常是选择带有羟基的最长碳链作主链，以支链为取代基；主链碳原子的编号从离羟基最近的一端开始，按照主链上碳原子的数目称为某醇。取代基的位置用阿拉伯数字标在取代基名称的前面，羟基的位置用阿拉伯数字标在醇的名称前面。例如

$$\overset{3}{C}H_3—\overset{2}{C}H_2—\overset{1}{C}H_2—OH$$

1-丙醇

$$\overset{3}{C}H_3—\overset{2}{C}H(CH_3)—\overset{1}{C}H_2—OH$$

2-甲基-1-丙醇

$$\overset{1}{C}H_3—\overset{2}{C}H(OH)—\overset{3}{C}H_2—\overset{4}{C}H_3$$

2-丁醇

$$\overset{1}{C}H_3—\overset{2}{C}(CH_3)(OH)—\overset{3}{C}H_3$$

2-甲基-2-丙醇

2. 饱和一元醇的性质和用途

含有一个到十一个碳原子的直链饱和一元醇是无色液体，十二个碳原子以上的醇是蜡状固体。饱和一元醇相对密度都小于1。低级醇（甲醇、乙醇、丙醇）能以任意比例与水混溶，高级醇则不溶水而溶于有机溶剂中。醇的化学性质主要表现在官能团—OH上。醇类具有相似的化学性质。下面以乙醇为例介绍醇的主要化学反应。

乙醇分子可以看作乙烷分子中的一个氢原子被一个羟基（—OH）取代后的生成物。

乙醇的化学式是 C_2H_6O，结构式是 $H—\underset{H}{\overset{H}{C}}—\underset{H}{\overset{H}{C}}—O—H$，简写为 CH_3CH_2OH 或 C_2H_5OH。

乙醇俗称酒精，是无色、透明而具有特殊香味的液体，密度为 $0.789g/cm^3$，沸点为351K，易挥发，易燃烧。乙醇能以任意比例与水混溶，能溶解多种无机物和有机物，是一种良好的溶剂。

工业用酒精约含乙醇95%（体积分数）。含乙醇99.5%以上的酒精叫做无水酒精。饮用的各种酒里都含有乙醇，啤酒中含酒精3%～5%，葡萄酒含6%～20%、白酒含50%～70%。

乙醇的化学性质主要由官能团羟基（—OH）决定。羟基比较活泼，能发生多种化学反应。

（1）与活泼金属反应　见实验11-1。

【实验11-1】 在试管中注入1～2mL无水乙醇，然后放入2～3小片新切的用滤纸擦干煤油的金属钠。检验反应中放出的气体是否是氢气。

实验结果表明，乙醇与金属钠反应生成乙醇钠，并放出氢气。反应式为

$$2CH_3CH_2OH + 2Na \longrightarrow \underset{\text{乙醇钠}}{2CH_3CH_2ONa} + H_2\uparrow$$

与水和金属钠的反应相比，乙醇与金属钠的反应要缓和得多。其他活泼金属，如钾、镁、铝等也能够把乙醇羟基里的氢取代出来。

（2）与氢卤酸反应　乙醇跟氢卤酸反应时，乙醇分子里的羟基被卤素原子取代，生成卤代烷和水。例如，把乙醇与氢溴酸（通常用溴化钠和硫酸的混合物）混合加热，就能得到一种油状液体，即溴乙烷。

$$C_2H_5—OH + H—Br \xrightarrow{加热} \underset{溴乙烷}{CH_3CH_2Br} + H_2O$$

乙醇与浓盐酸须在无水氯化锌存在下加热，才能生成氯乙烷。

$$CH_3CH_2—OH + H—Cl \xrightarrow[加热]{氯化锌} CH_3CH_2Cl + H_2O$$

（3）氧化反应　乙醇在空气里能够燃烧，发出不易看清的淡蓝色火焰，同时放出大量的热。因此，乙醇可用作内燃机的燃料，实验室也常用它作为燃料。

$$C_2H_5OH(液) + 3O_2(气) \xrightarrow{点燃} 2CO_2(气) + 3H_2O(液)$$

乙醇在加热和有催化剂（Cu 或 Ag）的作用下，能被空气氧化并生成乙醛。

$$2CH_3CH_2OH + O_2 \xrightarrow[加热]{Cu或Ag} 2\underset{乙醛}{CH_3CHO} + 2H_2O$$

在这个反应中，乙醇蒸气在 523～573K 下通过催化剂时发生了脱氢反应，生成乙醛。因同时通入空气，则氢被氧化成水，使反应能进行到底。乙醇氧化成乙醛的过程是先经脱氢反应，然后才进行氧化反应。

有机化学反应中，凡是在有机化合物分子中加入氧或脱去氢的反应，都叫氧化反应。

（4）脱水反应　乙醇和浓硫酸加热到 443K 左右。每一个乙醇分子会脱去一个水分子而生成乙烯。这个反应也是一种消去反应。

$$H—\underset{H}{\overset{H}{C}}—\underset{OH}{\overset{H}{C}}—H \xrightarrow[443K]{浓H_2SO_4} CH_2{=}CH_2\uparrow + H_2O$$

实验室里可用这种方法制取乙烯。

如果乙醇和浓硫酸共热到 413K 左右，那么每两个乙醇分子间会脱去一个水分子而生成乙醚。

$$C_2H_5—OH + HO—C_2H_5 \xrightarrow[413K]{浓H_2SO_4} \underset{乙醚}{C_2H_5—O—C_2H_5} + H_2O$$

一般情况下，较高温度有利于乙醇分子内脱水生成乙烯，而较低温度有利于乙醇分子间脱水生成乙醚。这说明反应条件对有机反应进行的方向有很大的影响。

乙醇有相当广泛的用途。除各种饮料酒中含有乙醇外，乙醇还是一种重要的有机工业原料，用于制造合成橡胶、人造纤维、塑料、香料和有机药物等。乙醇还是一种重要的有机溶剂，用于溶解树脂、制造涂料、提取油脂或药物。此外，乙醇可作为燃料，医疗上作为消毒剂和防腐剂。

3. 其他几种重要的醇

除乙醇外，还有一些在结构上和性质上跟乙醇很相似的醇类物质。如甲醇（CH_3OH）、丙醇（$CH_3CH_2CH_2OH$）等。

（1）甲醇（CH_3OH）　甲醇是最简单的醇。又称木醇，为无色具有酒精气味的液体。沸点为 338K，密度为 0.791g/cm^3。甲醇能溶于水，易挥发，易燃烧，蒸气与空气能形成爆炸性的混合物，爆炸极限为 6%～36.5%。甲醇具有强烈的毒性。饮用 10mL 能使眼睛失明，饮用多量可中毒致死。近代工业中，甲醇一般是以合成气（$CO+2H_2$）或天然气（甲烷）为原料，在高温、高压和催化剂存在下，采用合成方法制成的。

$$CO+2H_2 \xrightarrow[(632\sim673)K,30397.5kPa]{ZnO\text{-}Cr_2O_3} CH_3OH$$

$$CH_4+\frac{1}{2}O_2 \xrightarrow[473K,10132.5kPa]{\text{通过钢管}} CH_3OH$$

甲醇是一种重要的化工原料，主要用来制取甲醛，也应用于制造药品、染料、合成纤维等。它是一种常用的有机溶剂，也可作无公害燃料。

（2）丙三醇（$\underset{OH}{CH_2}-\underset{OH}{CH}-\underset{OH}{CH_2}$） 丙三醇俗称甘油，是一种重要的多元醇。丙三醇是无色透明、无毒、稍带甜味的黏稠状液体，熔点 291K，沸点 563K，密度为 $1.261g/cm^3$。它的吸湿性很强，能以任意比例与水混溶，不溶于乙醚、氯仿等有机溶剂。

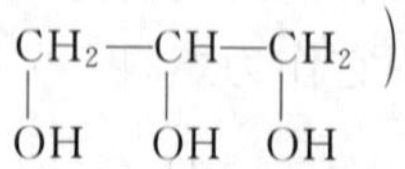

甘油有广泛的用途。它的三硝酸酯（俗称硝化甘油）是一种烈性炸药，多用于国防、开矿等，也可作心绞痛的缓解药物。甘油还用作合成树脂的原料，在食品、烟草、化妆品及纺织品等工业中作吸湿剂。

二、酚

羟基直接与芳香环（苯环）相连接的化合物称为酚。例如

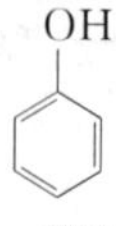

苯酚 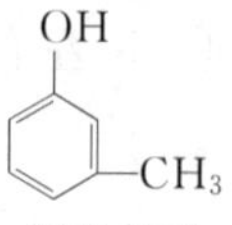　　间甲苯酚 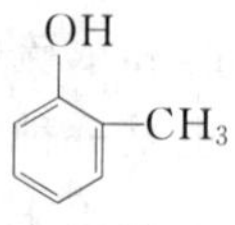　　邻甲苯酚

酚和醇的分子中都含有羟基，但它们的结构却不相同。酚的羟基直接与芳香环相连，而醇的羟基不直接与芳香环相连，例如苯甲醇 $C_6H_5-CH_2OH$。

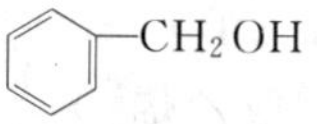

1. 酚的分类和命名

酚类按照分子中所含羟基的数目，可分为一元酚、二元酚、三元酚等，二元以上统称为多元酚。酚类的命名一般是以酚作为母体，也就是在"酚"字前面加上其他取代基的位次、数目和名称及芳环的名称。例如

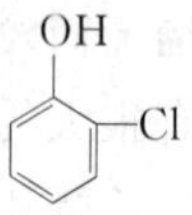

邻氯苯酚 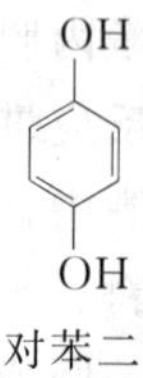　　对苯二酚 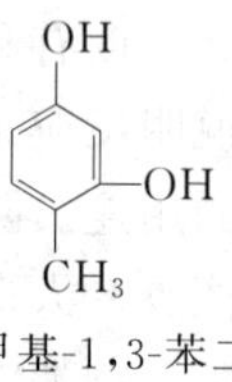　　4-甲基-1,3-苯二酚

2. 苯酚

苯分子中只有一个氢原子被羟基取代的生成物，叫做苯酚。它是最简单也是最重要的酚。苯酚的分子式为 C_6H_6O，结构式是

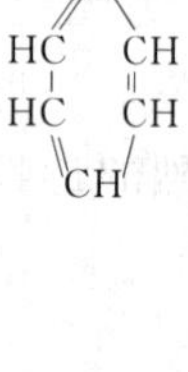

简写为 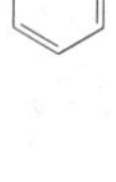　　或　C_6H_5OH

（1）苯酚的物理性质　苯酚俗称石炭酸。纯净的苯酚是无色的针状晶体，有特殊臭味，遇光及空气能被氧化而呈微红色，熔点 316K。苯酚在常温下微溶于水，当温度高于 343K 时能与水以任意比例混溶。苯酚易溶于乙醇、苯等有机溶剂。苯酚有毒，它的浓溶液对皮肤有强烈的腐蚀性，使用时如果不慎沾到皮肤上，应立即用酒精洗涤。

（2）苯酚的化学性质

① 苯酚的酸性　在苯酚的分子中，因羟基与苯环直接相连而相互影响，使苯酚具有弱酸性。因此，苯酚也能与氢氧化钠起反应，生成易溶于水的苯酚钠，反应式为

$$C_6H_5{-}OH + NaOH \longrightarrow C_6H_5{-}ONa + H_2O$$

但是苯酚的酸性比碳酸还弱，它不能使石蕊变色，也不与碳酸钠或碳酸氢钠作用。所以，在苯酚钠溶液中通入 CO_2，可以使苯酚游离析出，反应式为

$$C_6H_5{-}ONa + CO_2 + H_2O \longrightarrow C_6H_5{-}OH + NaHCO_3$$

② 苯环上的取代反应　苯酚能跟卤素、硝酸、硫酸等发生苯环上的取代反应，并且取代反应总是发生在羟基的邻位和对位上，生成多元取代物。例如常温下苯酚与过量溴水作用，能立即生成 2,4,6-三溴苯酚的白色沉淀，反应式为

$$C_6H_5{-}OH + 3Br_2 \longrightarrow C_6H_2Br_3{-}OH \downarrow + 3HBr$$

2,4,6-三溴苯酚

此反应很灵敏，常用于苯酚的定性检验和定量测定。

③ 显色反应　苯酚与三氯化铁溶液作用呈现紫色，利用这一反应可以检验苯酚的存在。

（3）苯酚的工业制法和用途　过去工业上主要是从煤焦油里提取苯酚。随着化工生产的发展，对苯酚的需求量越来越大，从煤焦油中提取的苯酚已远不能满足需要。目前，苯酚主要用合成法制取。

合成苯酚的方法有多种。一般用苯作原料来合成，其中异丙苯氧化法比较先进，还有磺化法和氯苯水解法。例如，用 $FeCl_3$ 作催化剂，可使苯氯代而制得氯苯；用铜作催化剂，在高温高压下，氯苯在碱性溶液里水解，制得苯酚。

$$C_6H_6 + Cl_2 \xrightarrow{\text{催化剂}} C_6H_5{-}Cl + HCl$$

$$C_6H_5{-}Cl + H_2O \xrightarrow[\text{高温、高压}]{\text{催化剂}} C_6H_5{-}OH + HCl$$

苯酚是一种重要的化工原料，可用来制造酚醛塑料（俗称电木）、合成纤维（如锦纶）、染料、炸药、农药和医药等。

三、醚

醇或酚羟基里的氢原子被烃基取代而生成的化合物，称为醚。例如苯甲醚（$C_6H_5{-}O{-}CH_3$）、乙醚（$CH_3CH_2{-}O{-}CH_2CH_3$）。醚分子中—O—键称为醚键，是醚的官能团。

1. 醚的分类和命名

醚一般按照醚键所连接的烃基的结构及连接方式的不同进行分类。在醚的分子中，两个烃基相同的称为单醚，如甲醚和二苯醚；两个烃基不同的称为混醚，如甲乙醚和苯甲醚。

单醚 $CH_3—O—CH_3$ 甲醚；$C_6H_5—O—C_6H_5$ 二苯醚

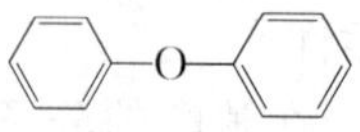

混醚 $CH_3—O—CH_2CH_3$ 甲乙醚；$C_6H_5—O—CH_3$ 苯甲醚

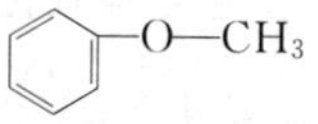

按醚分子中烃基的不同将醚分为脂肪醚和芳香醚。两个烃基都是脂肪烃基的叫脂肪醚，例如甲醚和甲乙醚；如果有一个是芳香烃基或两个都是芳香烃基，叫芳香醚。例如二苯醚和苯甲醚。

脂肪醚 $CH_3—O—CH_3$ 甲醚；$CH_3—O—C_2H_5$ 甲乙醚

芳香醚 $C_6H_5—O—C_6H_5$ 二苯醚；$C_6H_5—O—CH_3$ 苯甲醚

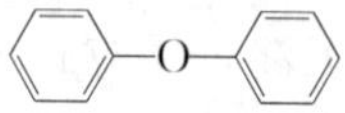

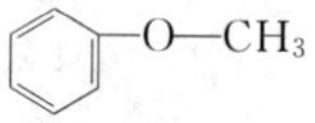

醚键若与碳环形成环状结构，则称为环醚。环醚一般以烃作母体，命名时把“环氧”二字加在母体烃的名称之前。例如

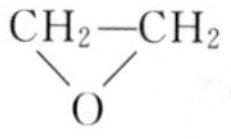

$CH_2—CH_2$（两个C与O成三元环）环氧乙烷；$CH_3—CH—CH_2$（后两个C与O成三元环）1,2-环氧丙烷

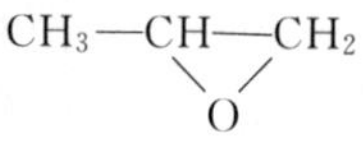

对于结构比较简单的醚，一般采用习惯命名法命名。这种命名法，是在“醚”字前面加上两个烃基的名称，将较小的烃基放在前面。如果是芳醚，则将芳基名称放在前面并省去“基”字。例如

$CH_3—O—CH_2CH_3$ 甲乙醚；$C_6H_5—O—CH_3$ 苯甲醚；$CH_3—O—CH_2CH_2CH_3$ 甲正丙醚

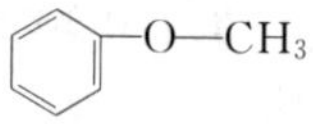

单醚可在相同烃基的名称之前加上“二”字，饱和醚（分子中无不饱和键）“二”字可省略，不饱和醚和芳香醚不能省略。例如

$CH_3—O—CH_3$ （二）甲醚；$C_6H_5—O—C_6H_5$ 二苯醚

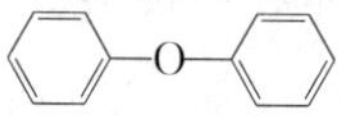

2. 重要的醚

(1) 乙醚　乙醚是最常见的一种开链醚，为无色具有特殊气味的液体。沸点 307.5K，微溶于水，易溶于各种有机溶剂，易挥发、易燃，其蒸气与空气能形成爆炸性混合物，爆炸极限为 1.85%～36.5%。在使用时须注意安全。

乙醚还是常用的有机溶剂。纯乙醚在医疗上用作麻醉剂。

(2) 环氧乙烷　环氧乙烷是最简单的环醚，常温时为无色气体。熔点 161.7K，沸点 283.7K，易于液化，能与水及醇、醚等有机溶剂混溶。环氧乙烷易燃烧，与空气的混合物在宽广的浓度范围（3.6%～78%）内形成爆炸性混合物。用它作合成原料气时，一般

先用惰性气体（氮气）清洗反应器及管线以排除空气。

环氧乙烷分子中含有不稳定的三元环结构，化学性质非常活泼，极易开环而发生一系列反应。

第三节　醛　和　酮

分子里含有羰基（$\gt C{=}O$）的化合物，叫做羰基化合物。醛和酮都是含有羰基的烃的衍生物。它们都属于羰基化合物。

如果羟基的碳原子连着一个氢原子，就构成“$-\overset{\overset{O}{\|}}{C}-H$”，这种原子团叫醛基。分子里由烃基跟醛基相连而构成的化合物叫做醛。醚类的通式为：$R-\overset{\overset{O}{\|}}{C}-H$（甲醛除外，其结构式为 $H-\overset{\overset{O}{\|}}{C}-H$）。醛的系统命名法同醇相似，但由于醛分子中的醛基总是位于链端，故无须标明醛基的位次。例如

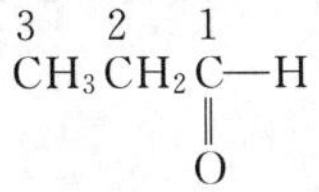

$$\overset{3}{C}H_3\overset{2}{C}H_2\underset{\underset{O}{\|}}{\overset{1}{C}}-H \qquad \overset{4}{C}H_3-\underset{\underset{CH_3}{|}}{\overset{3}{C}H}-\overset{2}{C}H_2-\underset{\underset{O}{\|}}{\overset{1}{C}}-H$$

丙醛 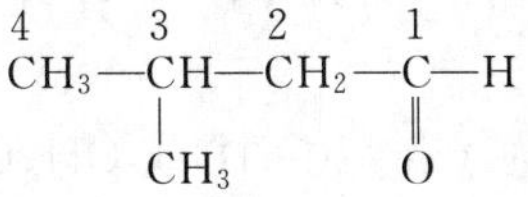　　3-甲基丁醛

有些结构简单的醛，常采用习惯命名法，即按照它们氧化后所生成的羧酸的习惯名称来命名。例如

$HCHO$	甲醛（氧化后生成甲酸）
$CH_3CH_2CH_2CHO$	正丁醛（氧化后生成正丁酸）
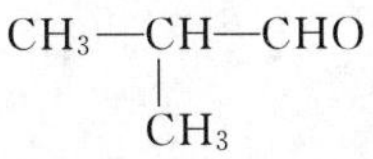 $CH_3-\underset{\underset{CH_3}{\vert}}{CH}-CHO$	异丁醛（氧化后生成异丁酸）

如果羰基的碳原子和两个烃基相连，那么构成的化合物叫酮。酮分子里的羰基又可叫做酮基。酮的通式为：$R-\overset{\overset{O}{\|}}{C}-R'$，其中 R 和 R′可以相同，也可以不同。

醛和酮虽然都含有羰基，但二者的羰基在碳链中的位置是不同的。醛的羰基总是位于碳链的链端，而酮的羰基必然在碳链中间。

酮的系统命名法与醇相似，只需将“醇”字改为“酮”字。例如

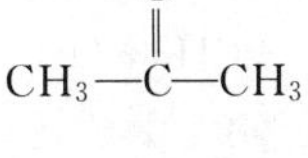

$$CH_3-\overset{\overset{O}{\|}}{C}-CH_3 \qquad CH_3-\underset{\underset{CH_3}{|}}{\overset{\overset{H}{|}}{C}}-\overset{\overset{O}{\|}}{C}-CH_3$$

丙酮 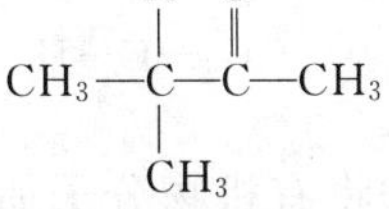　　3-甲基-2-丁酮

有些结构简单的酮，常采用习惯命名法，即按照羰基所连接的两个烃基的名称来命名。例如

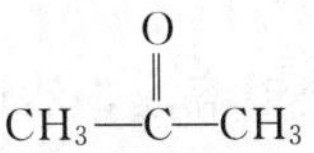

$$CH_3-\overset{\overset{O}{\|}}{C}-CH_3 \qquad CH_3CH_2\overset{\overset{O}{\|}}{C}-CH_3$$

二甲基甲酮（简称二甲酮） 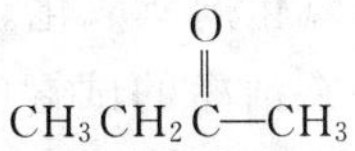　　甲基乙基甲酮（简称甲乙酮）

本节介绍几个典型的醛酮的主要性质及用途。

一、甲醛

甲醛是最简单的醛。结构式为 $\mathrm{H{-}\overset{\overset{\displaystyle O}{\|}}{C}{-}H}$，可简写为 HCHO。

甲醛也叫蚁醛，是一种无色具有强烈刺激性气味的气体，易溶于水，35%～40%的甲醛水溶液叫做福尔马林，它具有杀菌和防腐能力，是一种良好的杀菌剂。

甲醛的羰基碳原子和两个氢原子直接相连，性质比其他醛都活泼。容易发生聚合反应，生成聚甲醛，由聚甲醛制作的塑料具有较高的机械强度和化学稳定性，可以代替某些金属，用于制造轴承、齿轮等。因此，甲醛是一种重要的有机合成原料，大量用于塑料工业、合成纤维工业和制革工业等。

二、乙醛

1. 乙醛的物理性质与结构

乙醛是除甲醛外最简单和最常见的醛。乙醛是一种没有颜色、具有刺激性气味的液体，密度是 $0.78g/cm^3$，沸点是 294K。乙醛易挥发、易燃烧，能与水、乙醇、乙醚、氯仿等互溶。

乙醛分子的比例模型如图 11-1 所示，其分子式是 C_2H_4O，它的结构式是 $\mathrm{H{-}\underset{\underset{\displaystyle H}{|}}{\overset{\overset{\displaystyle H}{|}}{C}}{-}\overset{\overset{\displaystyle O}{\|}}{C}{-}H}$，简写为 $\mathrm{CH_3{-}\overset{\overset{\displaystyle O}{\|}}{C}{-}H}$ 或 CH_3CHO。

图 11-1 乙醛分子的比例模型

2. 乙醛的化学性质

(1) 加成反应 由于乙醛分子里的羰基的 C═O 双键与烯烃的 C═C 双键相似，具有一定的不饱和性，所以可以在羰基上发生一系列的加成反应。例如将乙醛蒸气和氢气的混合物，通过热的镍催化剂时发生加成反应，乙醛被还原成乙醇，反应式为

$$\mathrm{CH_3{-}\overset{\overset{\displaystyle O}{\|}}{C}{-}H + H_2 \xrightarrow[\text{加热}]{Ni} CH_3{-}CH_2{-}OH}$$

在有机反应中通常将有机物分子加入氢原子或失去氧原子的反应叫做还原反应。乙醛加氢就是乙醛被还原。

(2) 氧化反应 乙醛很容易被氧化而生成乙酸，所以乙醛是一种还原性较强的物质，甚至可以被一些弱氧化剂所氧化。

【实验 11-2】 在洁净的试管中注入 1～2mL 2%硝酸银溶液，然后逐滴加入 2%的稀氨水，立即产生沉淀。继续滴入氨水，并摇动试管，直至沉淀恰好溶解为止（这种溶液通常称为银氨溶液）。然后再加入 4～6 滴乙醛，振荡后，把试管放在热水浴里温热。不久，试管内壁上附着一层光亮如镜的金属银。

在这个实验中，硝酸银跟氨水起反应，生成银氨配合物，它把乙醛氧化成乙酸，乙酸跟氨反应生成乙酸铵，而银氨配合物中的银离子被还原成金属银，附着在试管内壁上，形成光亮的银镜。所以，这个反应又叫做银镜反应。反应方程式如下

$$AgNO_3 + 3NH_3 \cdot H_2O \longrightarrow Ag(NH_3)_2OH + NH_4NO_3 + 2H_2O$$

$$CH_3-\overset{\overset{\large O}{\|}}{C}-H + 2Ag(NH_3)_2OH \xrightarrow{\text{微热}} CH_3-\overset{\overset{\large O}{\|}}{C}-ONH_4 + 2Ag\downarrow + 3NH_3 + H_2O$$

凡是含有醛基$\left(-\overset{\overset{\large O}{\|}}{C}-H\right)$的化合物都能够发生银镜反应。因此银镜反应常用来检验醛基的存在。工业上利用这一原理，用含有醛基的葡萄糖作还原剂，把银均匀地镀在玻璃上以制镜或镀在保温瓶胆上。

乙醛也能被另一种弱氧化剂氢氧化铜（需新配制的）氧化，并生成乙酸，而氢氧化铜被还原成红色的氧化亚铜沉淀。反应式为

$$CH_3\overset{\overset{\large O}{\|}}{C}-H + Cu(OH)_2 \xrightarrow{\text{加热}} CH_3\overset{\overset{\large O}{\|}}{C}-OH + \underset{\text{氧化亚铜}}{Cu_2O}\downarrow + H_2O$$

这个反应也是醛基的特征反应，也可用来检验醛基的存在。医院检验糖尿病患者的尿中是否含有葡萄糖（葡萄糖分子中含有醛基）时，就用新制的氢氧化铜跟尿液混合加热至沸腾，如果出现砖红色沉淀，就说明尿中含糖多。

三、丙酮

丙酮是酮类中具有代表性的物质，也是最简单的酮。丙酮的化学式是 C_3H_6O，结构式是 $CH_3-\overset{\overset{\large O}{\|}}{C}-CH_3$，简写为 CH_3COCH_3。它的分子比例模型如图 11-2 所示。

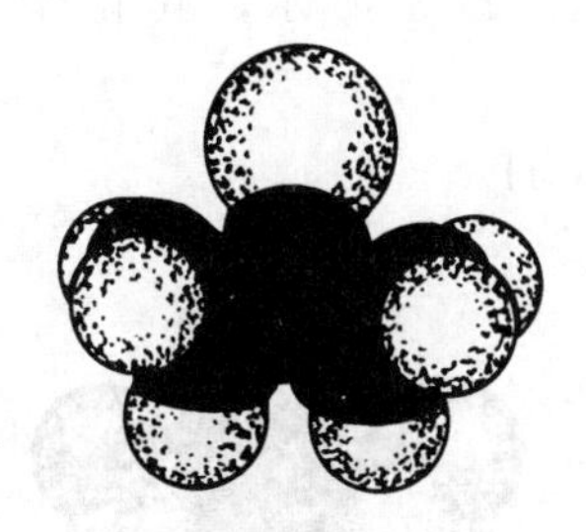

图 11-2　丙酮分子比例模型

丙酮是无色、易挥发、易燃烧、具有特殊气味的液体。密度为 $0.79g/cm^3$，沸点为 329K，它能与水、乙醇、乙醚等以任意比例混溶，还能溶解脂肪、树脂和橡胶等有机物，是一种重要的有机溶剂及有机合成原料。

丙酮没有还原性，不能发生银镜反应，也不能使新制备的氢氧化铜还原成氧化亚铜沉淀。因此，可用这两种方法鉴别酮和醛。但丙酮也能发生羰基的加成反应，如在催化剂（Ni 或 Pt）的作用下，它能和氢气起加成反应而生成异丙醇。反应式为

$$CH_3-\overset{\overset{O}{\|}}{C}-CH_3 + H_2 \xrightarrow{Ni或Pt} CH_3-\overset{\overset{OH}{|}}{CH}-CH_3$$

异丙醇

含有相同数目碳原子的同一类醛和酮，互为同分异构体。例如，丙醛与丙酮的化学式都为 C_3H_6O，但结构不同，丙酮（CH_3COCH_3）分子里没有醛基，而丙醛（CH_3CH_2CHO）分子中含有醛基，所以它们有许多不同的性质。一般情况下醛的化学性质比酮活泼。

第四节 羧 酸

羰基和羟基相连所形成的基团 $-\overset{\overset{O}{\|}}{C}-OH$ 称为羧基。凡分子中含有羧基的化合物称为羧酸。羧基是羧酸的官能团。饱和一元羧酸是最简单也是最重要的羧酸，其结构式为R—COOH。

羧酸的系统命名法与醛相似，即选择含有羧基的最长碳链作主链，按主链碳原子数而称为“某酸”。例如

CH_3COOH 乙酸　　　$CH_3CH_2CH_2COOH$ 丁酸

由于许多羧酸最初是从天然产物中得到的，所以常见的一些羧酸往往根据其来源加以命名。例如甲酸最初得自蚂蚁，所以俗名蚁酸；乙酸最初得自食醋，所以俗名醋酸。

一、乙酸

乙酸是一种重要的有机酸，它是食醋的主要成分，普通的食醋中含有3%～5%的乙酸，所以乙酸又叫做醋酸。

纯乙酸为无色有刺激性气味的液体，沸点为391K，熔点是290K，当温度低于290K时，乙酸就凝结成像冰一样的晶体，所以无水乙酸又称冰醋酸。乙酸易溶于水和乙醇。

乙酸分子的比例模型如图11-3所示，其化学式是 $C_2H_4O_2$，它的结构式是 $CH_3-\overset{\overset{O}{\|}}{C}-OH$，简写为 CH_3COOH。

图11-3 乙酸分子的比例模型

乙酸具有明显的酸性，在水溶液里能电离出氢离子

$$CH_3COOH \rightleftharpoons CH_3COO^- + H^+$$

乙酸是一种弱酸，它的电离常数 $K=1.75\times10^{-5}$，但比碳酸的酸性强，它具有无机酸的通性。同时分子中的羟基可以被卤素原子（—X）、羧酸根（RCCO—）、烷氧基（RO—）、氨基（$-NH_2$）取代，分别生成酰卤、酸酐、酯及酰胺等羧酸的衍生物。

乙酸是人类最早使用的一种有机酸，不仅可以用来调味，而且还是一种重要的化工原料，可用来制造醋酸纤维或电影胶片。醋酸与醇作用可制得醋酸酯类，作为喷漆的溶剂或增塑剂，有些也可作为食品的香料和化妆品的香精，还可用于制造染料、合成纤维、医药、农药等。

二、甲酸

甲酸是羧酸中最简单的一种酸。它是无色有刺激性气味的液体，熔点为 281.5K，沸点 373.7K，能和水、乙醇、乙醚混溶，有强腐蚀性，在饱和一元羧酸中，酸性最强。

甲酸的分子式是 HCHO，它的分子结构比较特殊，是脂肪酸中唯一在羧基上连有氢原子的酸。所以既具有羧基的结构（实线方框为羧基），又具有醛基的结构（虚线方框内为醛基），如图 11-4 所示。

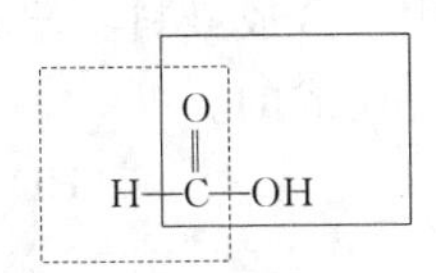

图 11-4　甲酸分子结构

甲酸这种结构上的特殊性，使它既表现出羧酸的性质，又表现出醛的性质。例如甲酸具有酸的通性，又具有还原性，能还原银氨溶液而发生银镜反应。

甲酸在浓硫酸存在下加热，即分解为水和一氧化碳，反应式为

$$\text{HCOOH} \xrightarrow[\text{(333～353) K}]{\text{浓 } H_2SO_4} \text{CO}\uparrow + H_2O$$

利用上述反应可在实验室制备少量一氧化碳。

甲酸的碱金属盐可用来制备草酸，例如

$$\underset{\text{(甲酸钠)}}{2\text{H}-\overset{\overset{\displaystyle O}{\|}}{\text{C}}-\text{ONa}} \xrightarrow{673\text{K}} \begin{array}{c} O{=}\text{C}-\text{ONa} \\ | \\ O{=}\text{C}-\text{ONa} \end{array} \xrightarrow{H^+} \underset{\text{(草酸)}}{\begin{array}{c} \text{COOH} \\ | \\ \text{COOH} \end{array}}$$

甲酸在工业上用作还原剂、制备染料、合成酯类及橡胶的凝聚剂等。

三、乙二酸

乙二酸$\left(\begin{array}{c}\text{COOH}\\ |\\ \text{COOH}\end{array}\right)$俗称草酸，它是最简单的二元羧酸。乙二酸是无色晶体，从水中析出的草酸结晶，其分子中含有两个结晶水，将它加热到 373K 就会失去结晶水，变成无水草酸。无水草酸的熔点是 463K。含结晶水的草酸熔点是 375K。草酸能溶于水或乙醇，但不溶于乙醚。草酸的酸性比醋酸强得多，而且也是饱和二元羧酸中酸性最强的。它除了具有羧酸的一般性质外，还具有还原性，能还原高锰酸钾。

$$5\begin{array}{c} \text{COOH} \\ | \\ \text{COOH} \end{array} + 2KMnO_4 + 3H_2SO_4 \longrightarrow K_2SO_4 + 2MnSO_4 + 10CO_2\uparrow + 8H_2O$$

此反应在定量分析中常用来标定高锰酸钾溶液的浓度。

草酸能与许多金属形成可溶性的配合物，所以大量用于提炼稀有金属，在印染工业上，草酸可作媒染剂和漂白剂，还可用来除去铁锈和墨水痕迹。

四、邻苯二甲酸

邻苯二甲酸 $C_6H_4(COOH)_2$ 是白色固体结晶，熔点为486K。它是工业上很重要的有机合成原料。邻苯二甲酸分子内失水可得到邻苯二甲酸酐，反应式为

$$C_6H_4(COOH)_2 \xrightarrow{加热} C_6H_4(CO)_2O + H_2O$$

邻苯二甲酸酐

邻苯二甲酸酐用途广泛，主要用于合成染料、塑料及增塑剂等。例如常用的酸碱指示剂酚酞就是邻苯二甲酸酐和苯酚缩合而成的。

$$C_6H_4(CO)_2O + 2\,C_6H_5OH \xrightarrow[加热]{H_2SO_4} 酚酞$$

酚酞

固体酒精

固体酒精并不是人们常规意义所想的固体状态的酒精（酒精的熔点很低，为－117.3℃，常温下不可能是固体），而是将工业酒精中加入凝固剂使之成为胶冻状。凝固剂可以是醋酸钙，用氢氧化钙和醋酸合成的；也可以用硬脂酸钠，用硬脂酸和氢氧化钠合成的。凝固剂易溶于水而难溶于酒精，当两种液体混合时，凝固剂在酒精中成为凝胶析出，液体便逐渐从浑浊到稠厚，最后凝聚成像蜡烛一样的一整块，就得到固体酒精。固体酒精是混合物，没有固定的化学式。使用时用一根火柴即可点燃，燃烧时无烟尘、无毒、无异味，火焰温度均匀，温度可达到600℃左右。每250g可以燃烧1.5h以上。比使用电炉、酒精炉都节省、方便、安全。因此，是一种理想的方便燃料。

判断酒后驾车的方法

司机酒后驾车容易肇事，因此交通法规禁止酒后驾车。怎样判断司机是否为酒后驾车呢？一种科学的、简单的检测方法就是使驾车人的强呼出气体接触载有经过硫酸酸化处理的氧化剂三氧化铬的硅胶，如果呼出的气体中含有乙醇蒸气，乙醇就会被三氧化铬氧化成乙醛，同时，三氧化铬被还原为硫酸铬。三氧化铬为绿色，硫酸铬为紫色，通过颜色的变化即可知道司机是否喝了酒。

第十二章　糖类和蛋白质

糖类和蛋白质都是动植物进行生命活动的重要有机物质。糖类是动植物所需要能量的主要来源，蛋白质是一切生命的物质基础。

第一节　糖　　类

糖类是由 C、H、O 三种元素组成的一类有机化合物。大多数的糖类可以用通式$C_n(H_2O)_m$来表示。从结构上看，糖是指多羟基醛或多羟基酮，以及水解后能生成多羟基醛或多羟基酮的一类有机化合物。根据能否水解以及水解后生成的物质不同，糖可以分为单糖、二糖和多糖。单糖是指不能水解的糖，如葡萄糖和果糖。二糖是指水解后能生成两分子单糖的糖，如蔗糖和麦芽糖。多糖是指水解后能生成多分子单糖的糖，如淀粉和纤维素。

一、葡萄糖和果糖

1. 葡萄糖

葡萄糖是自然界中分布最广的单糖，主要存在于葡萄、蜂蜜和其他带甜味的水果里。正常人体的血液里约含 0.1%的葡萄糖，称为血糖。

葡萄糖的化学式为 $C_6H_{12}O_6$，它是白色晶体，有甜味，易溶于水，微溶于乙酸，不溶于乙醚和苯。葡萄糖的结构简式如下。

$CH_2OH—CHOH—CHOH—CHOH—CHOH—CHO$。

【实验 12-1】 在一支洁净的试管里，加入 2mL 2%硝酸银溶液，同时逐滴加入 2%的稀氨水，直到析出的沉淀刚好溶解为止。所得的澄清溶液就是银氨溶液。向银氨溶液中加入 1mL 10%葡萄糖溶液，振荡，然后在水浴里加热 3～5min，观察现象。

【实验 12-2】 在试管里加入 2mL 10%NaOH 溶液，滴加入 5%的 $CuSO_4$ 溶液 5 滴，再加入 2mL 10%葡萄糖溶液，加热，观察现象。

从实验 12-1 可以看到有银镜生成，从实验 12-2 可以看到有红色沉淀 Cu_2O 生成。

由此可见，葡萄糖跟醛类一样具有还原性。反应的化学方程式可以简单表示如下。

$$CH_2OH—(CHOH)_4—CHO+2[Ag(NH_3)]_2OH \longrightarrow CH_2OH—(CHOH)_4—COONH_4+2Ag\downarrow+H_2O+3NH_3$$

$$CH_2OH—(CHOH)_4—CHO+2Cu(OH)_2 \longrightarrow CH_2OH—(CHOH)_4—COOH+Cu_2O\downarrow+2H_2O$$

葡萄糖是一种重要的营养物质，它在人体组织中发生氧化反应，放出热量，以维持人体生命活动所需要的能量。工业上葡萄糖可用于制镜业、制糖业，医药上还可用于制备维生素 C、葡萄糖醛酸和葡萄糖酸钙等药物。

2. 果糖

果糖也是自然界中分布较广的一种单糖，主要存在于水果里，也存在于蜂蜜里。果糖比葡萄糖甜。

果糖的化学式也为 $C_6H_{12}O_6$，它是葡萄糖的同分异构体。纯净的果糖是一种白色晶体，可溶于水、乙酸和乙醚。果糖的结构简式如下。

$$CH_2OH—CHOH—CHOH—CHOH—CO—CH_2OH$$

果糖分子中没有醛基，只有酮基，所以果糖是酮糖。溴水是一种弱氧化剂，溶液呈弱酸性，它能使葡萄糖氧化成葡萄糖酸而使自身的黄色褪去。果糖却不能被溴水氧化而使溴水褪色。根据这个性质可以鉴别葡萄糖和果糖。

果糖可作为食物、营养剂和防腐剂。

二、蔗糖和麦芽糖

1. 蔗糖

蔗糖是自然界中分布最广的二糖，其化学式为 $C_{12}H_{22}O_{11}$，它是一种无色晶体，易溶于水，大量存在于甘蔗（含糖 11%～17%）和甜菜（含糖 14%～26%）中。日常生活中所食用的白糖、红糖、冰糖的主要成分都是蔗糖。

蔗糖分子中不含醛基，不能发生银镜反应，也不能还原新制的氢氧化铜。在浓硫酸的催化作用下，蔗糖发生水解，生成葡萄糖和果糖。

$$\underset{蔗糖}{C_{12}H_{22}O_{11}} + H_2O \longrightarrow \underset{葡萄糖}{C_6H_{12}O_6} + \underset{果糖}{C_6H_{12}O_6}$$

2. 麦芽糖

麦芽糖的化学式也为 $C_{12}H_{22}O_{11}$，它是蔗糖的同分异构体。麦芽糖是一种白色晶体，易溶于水，有甜味，但不及蔗糖甜。

麦芽糖分子中含有醛基，能发生银镜反应，也能还原新制的氢氧化铜。在浓硫酸的催化作用下，1mol 麦芽糖发生水解，生成 2mol 的葡萄糖。

$$\underset{麦芽糖}{C_{12}H_{22}O_{11}} + H_2O \longrightarrow \underset{葡萄糖}{2C_6H_{12}O_6}$$

三、淀粉和纤维素

1. 淀粉

淀粉是最重要的多糖，它的通式是 $(C_6H_{10}O_5)_n$。淀粉分子中含有几百到几千个单糖单元，也就是说，淀粉的相对分子质量很大，从几万到几十万，属于天然有机高分子化合物。

淀粉是绿色植物进行光合作用的产物，主要存在于植物的种子、块根或块茎里，其中谷类中含淀粉较多。如大米约含淀粉 80%，小麦约含 70%，马铃薯约含 20%。

淀粉为白色粉末，不溶于冷水，在热水里淀粉颗粒会膨胀破裂，有一部分淀粉会溶解在水里，另一部分悬浮在水里，形成胶状淀粉糊。

淀粉与碘作业显示蓝色，这是淀粉的特性，可以用于检验淀粉。

淀粉在稀酸的作用下，发生水解，生成一系列的产物，最后得到葡萄糖。

$$(C_6H_{10}O_5)_n + nH_2O \longrightarrow nC_6H_{12}O_6$$

淀粉　　　　　　葡萄糖

淀粉在人体内也进行水解。人们在咀嚼食物的时候，淀粉受唾液所含的淀粉酶的作用，开始水解，生成一部分葡萄糖。所以在吃饭的时候多加咀爵，就会感到有甜味。

淀粉是食物的一种重要成分，是人体的重要能源。它也可以作为一种工业原料，用来制造葡萄糖和酒精。

2. 纤维素

纤维素也是一种重要的多糖，它的通式和淀粉相同，但所包含的单糖单元值的数目不同，即 n 值不同，所以纤维素和淀粉在结构上也不同。纤维素分子中大约含几千个单糖单元，相对分子质量约为几十万乃至百万。

纤维素是构成植物细胞壁的基础物质。木材中约有一半是纤维素，棉花是含纤维素很高的植物，其纤维素含量可达 92%～95%。

纤维素是白色、无臭无味的物质，不溶于水，也不溶于一般的有机溶剂。

跟淀粉一样，纤维素也可以发生水解，但比淀粉困难，一般要在浓酸中或用稀酸在加压下才能发生。水解的最终产物还是葡萄糖。

$$(C_6H_{10}O_5)_n + nH_2O \longrightarrow nC_6H_{12}O_6$$

纤维素　　　　　　葡萄糖

纤维素常用于造纸，也可用于制造硝化纤维、醋酸纤维、人造棉、人造丝以及玻璃纸等。

第二节　蛋　白　质

蛋白质广泛存在于生物体内，是组成细胞的基础物质。动物的肌肉、皮肤、血液、乳汁以及毛、发、蹄、角等都是由蛋白质构成的。许多植物的种子里也含有丰富的蛋白质。

一、蛋白质的组成

蛋白质是一类非常复杂的化合物，由碳、氢、氧、氮、硫等元素组成。蛋白质的相对分子质量非常大，从几万到几千万。如烟草斑纹病毒的核蛋白的相对分子质量超过两千万。所以，蛋白质属于天然有机高分子化合物。

蛋白质在酸、碱或酶的作用下能发生水解，水解的最终产物是氨基酸。氨基酸是一种含氮有机物，它的分子里既含有氨基（$—NH_2$），又含有羧基（—COOH）。下面是几种常见的氨基酸。

$CH_2—COOH$（CH_2 上连 NH_2）　甘氨酸

$CH_3—CH—COOH$（CH 上连 NH_2）　丙氨酸

$HOOC—CH_2—CH_2—CH—COOH$（CH 上连 NH_2）　谷氨酸

氨基酸的种类很多，组成蛋白质时氨基酸的数量和排列又各不相同，所以蛋白质的结构很复杂。

1965 年，我国科学家在世界上第一次用人工方法合成了具有生命活力的蛋白质——结晶牛胰岛素，为蛋白质科学的发展做出了重大贡献。

二、蛋白质的性质

有些蛋白质能溶于水，如鸡蛋白；有的难溶于水，如丝、毛等。蛋白质除了能水解生成氨基酸外，还具有以下性质。

1. 胶体性质

蛋白质分子的直径在1～100nm之间（胶粒范围内），因此其水溶液具有胶体的性质。

2. 盐析

在蛋白质的水溶液中加入无机盐，如NaCl、Na_2SO_4等，可使蛋白质的溶解度降低并从溶液中析出，这种作用叫盐析。

盐析是一个可逆过程，析出的蛋白质可重新溶解在水里，并且其结构和性质不发生变化。利用这个性质，可以采用多次盐析的方法来分离、提纯蛋白质。

3. 变性

在受热、紫外线辐射或酸、碱、重金属盐等作用下，蛋白质的结构和性质会发生改变，溶解度降低，甚至凝固，这种变化叫蛋白质的变性。

蛋白质的变性是不可逆的，变性后的蛋白质往往失去了它原有的生理功能。

4. 显色反应

蛋白质可以和许多化学试剂发生特殊的显色反应。如蛋白质和硫酸铜的碱性溶液反应，呈红紫色；含有芳环的蛋白质遇浓硝酸显黄色。

此外，蛋白质被灼烧时会产生具有烧焦羽毛的气味。

核酸简介

核酸存在于一切生物体内，是具有生物功能的重要高分子化合物。它因最初是从细胞核中被分离出来且具有酸性而得名。核酸是组成基因的唯一物质，它是继发现蛋白质后人类的又一重大发现。

核酸也称多聚核苷酸，是由许多个核苷酸聚合而成的生物大分子。核酸可分为两种类型，即脱氧核糖核酸（DNA）和核糖核酸（RNA）。其中DNA存在于细胞核中，是主要的遗传物质，负责遗传信息的储存和发布。RNA存在于细胞质中，主要负责遗传信息的表达，直接参与蛋白质的生物合成。

基因全部由核酸组成，基因控制着生物从诞生到死亡的全部代谢过程，基因指导着蛋白质、酶、激素及一切生理活性物质的合成、分解，控制着生物体的生长、发育、繁殖、复制，同时自身也处于不断的代谢中。基因的代谢实际上就是核酸的代谢，核酸的代谢决定了整个生命过程的兴衰。

所以，没有核酸就没有蛋白质，也就没有生命。

实　　验

实验一　化学实验基本操作

【实验目的】

1. 练习称量和过滤的基本操作。

2. 学习滴定管和容量瓶的使用。

【实验用品】

烧杯　漏斗　蒸发皿　玻璃棒　酒精灯　铁架台　研钵　托盘天平　药匙　滤纸　火柴　滴定管　容量瓶　胶头滴管　滴定管夹

五水硫酸铜　氢氧化钠溶液

【实验步骤】

1. 制取氧化铜

① 在托盘天平上称取 5g $CuSO_4 \cdot 5H_2O$，在研钵中研细后倒入烧杯中。向烧杯中加入 30mL 蒸馏水，搅拌使固体完全溶解。观察溶液的颜色。

② 向盛有 $CuSO_4$ 溶液的烧杯中加入 NaOH 溶液，直到不再产生沉淀。观察沉淀的颜色。

③ 用滤纸和漏斗做一个过滤器，过滤并分离烧杯内的液体和沉淀。再用少量蒸馏水洗涤沉淀 2～3 次。观察滤液及沉淀的颜色。

④ 把滤纸上的沉淀转移到蒸发皿内，加热，搅拌，直到全部变为黑色固体后停止加热。

2. 滴定管的使用

滴定管是能任意滴放液体，准确快速地放出一定体积的溶液的量器，常用规格有 25mL 的和 50mL 的，可估读到 0.01mL。

滴定管分酸式滴定管和碱式滴定管。酸式滴定管的下端有一旋塞，开启旋塞溶液即自管内流出。碱式滴定管下端用乳胶管与玻璃尖嘴相连，管内装有一个玻璃圆球代替玻璃活塞，以控制溶液的流出。

(1) 检漏　滴定管使用前必须先检查是否漏水。酸式滴定管如发现漏水和旋塞转动不灵活，可将旋塞取下，洗干净后用滤纸把水吸干，在旋塞的小孔两侧涂上很少量的凡士林，再将旋塞装上，沿同一方向转动旋塞，直到旋塞与塞槽接触处呈透明状为止。最后在旋塞末端套上橡皮圈，以防旋塞滑落。

碱式滴定管如有漏液或挤压吃力，应更换合适的玻璃珠或橡皮胶管。

（2）洗涤　滴定管在使用之前先用自来水洗，再用蒸馏水洗，最后用少量待装溶液洗涤2～3次。

（3）读数　向滴定管中注入溶液至“0”刻度以上2～3cm处，将滴定管垂直夹持在滴定管架上。如果滴定管尖嘴部分有气泡，应该快速放液，以赶走气泡。调整液面到“0”刻度，读取滴定管内液体的体积数。读数时注意眼睛与液面凹面最低点及刻度线保持水平，读取与液面凹面相切处的数据。

（4）滴定　开始滴定时，滴定速度可稍快，但不可成“线”放出。接近终点时，要逐滴加入，直到溶液颜色变化刚好不再消失即为终点。

操作练习：

用滴定管准确量取10.00mL水。注意当放出的水的体积接近10.00mL时，应逐滴加入，以防止量取的水过量。

3. 容量瓶的使用

容量瓶是细颈、梨形的平底玻璃瓶，瓶口配有磨口玻璃塞或塑料塞。容量瓶是用来准确配制一定体积溶液的容器。常用的有100mL、250mL、1000mL。

容量瓶在使用前应先检查是否完好，瓶塞是否漏水。检查时往瓶内加入一定量的水，塞好瓶塞。用食指摁住瓶塞，另一只手托住瓶底，把瓶倒立过来，观察瓶塞是否漏水。漏水的容量瓶是不能使用的。

使用容量瓶配制溶液时，如果是固体试剂，应先把称好的固体试样溶解在烧杯中，然后再把溶液从烧杯转移到容量瓶里。如果是液体试剂，应将所需体积的液体先移入烧杯中，加入适量蒸馏水稀释后再转移到容量瓶里。如果在溶解或稀释时有明显的热量变化，就必须等溶液的温度恢复到室温后才能转移到容量瓶里。

操作练习：

向烧杯中加入30mL水，然后再转移到100mL的容量瓶中，用水将烧杯洗涤2～3次，把洗涤液也移到容量瓶中，然后向容量瓶中缓慢地注入水到刻度线以下1～2cm处，改用滴管加水刚好到刻度。塞好瓶塞，把容量瓶反复倒转，使之混合均匀。

实验二　溶液的配制

【实验目的】

1. 学会配制一定的物质的量浓度溶液的方法。

2. 初步学会容量瓶的使用。

【实验用品】

烧杯　量筒　托盘天平　玻璃棒　250mL容量瓶　药匙　胶头滴管　氯化钠　浓盐酸（质量分数为37.5%，密度为1.19g/cm^3）

【实验步骤】

1. 配制250mL 0.1mol/L的氯化钠溶液

（1）计算溶质的量　计算出配制250mL 0.1mol/L的氯化钠溶液所需氯化钠的质量。

（2）称取氯化钠　在托盘天平上称取所需的氯化钠，然后加入小烧杯中。

（3）配制溶液　向小烧杯中加入约30mL水，用玻璃棒搅拌使之溶解，然后注入容量瓶内。将烧杯洗涤 2～3 次，洗涤液也注入容量瓶内。然后继续往容量瓶中小心加水，直到液面接近刻度 2～3cm 处。然后用胶头滴管加水，使溶液凹面恰好与刻度线相切。把容量瓶盖紧、振荡、摇匀、静置。这样就得到了 0.1mol/L 的氯化钠溶液。

2. 配制 250mL 0.1mol/L 的盐酸

(1) 计算溶质的量　根据浓盐酸（质量分数 37.5%，密度为 1.19g/cm^3）计算配制 250mL 0.1mol/L 的盐酸所需浓盐酸的体积。

(2) 量取浓盐酸　用量筒量取所需的浓盐酸，沿玻璃棒倒入烧杯中加水约 30mL，并搅拌，使之混合均匀。

(3) 配制溶液　把已冷却的盐酸沿玻璃棒注入容量瓶，然后按配制氯化钠的方法配制 0.1mol/L 的盐酸溶液。

实验完后，将配成的溶液倒入指定的容器中。

实验三　离子反应与盐类水解

【实验目的】

1. 通过 CO_3^{2-}、SO_4^{2-}、Cl^-、NH_4^+ 等离子的特性反应，掌握这些离子的定性检验。

2. 了解各类盐的水解，练习 pH 试纸的使用。

【实验用品】

试管　烧杯　pH 试纸　玻璃棒　带有毛细管的塞子　导气管　酚酞试液　石蕊试纸　CO_3^{2-}、SO_4^{2-}、Cl^-、NH_4^+ 试液　0.5mol/L HNO_3　2mol/L H_2SO_4　$BaCl_2$ 溶液　$Ca(OH)_2$溶液　$AgNO_3$ 溶液　NaCl、NaAc、NH_4Ac、NH_4Cl 固体

【实验步骤】

1. 离子反应

(1) CO_3^{2-} 反应

$$CO_3^{2-} + 2H^+ = CO_2\uparrow + H_2O$$
$$CO_2 + Ca(OH)_2 = CaCO_3\downarrow + H_2O$$

取 CO_3^{2-} 试液约 5mL，滴入几滴 H_2SO_4 溶液迅速用活塞将试管塞紧，并将产生的气体通入盛有 $Ca(OH)_2$ 澄清液的烧杯中，观察现象。

(2) SO_4^{2-} 反应

$$Ba^{2+} + SO_4^{2-} = BaSO_4\downarrow$$

取少量 SO_4^{2-} 试液于试管内，滴加 2 滴 $BaCl_2$ 试液，观察现象。如果有白色沉淀生成，再加入稀 HNO_3 溶液，观察沉淀是否溶解。

(3) Cl^- 反应

$$Ag^+ + Cl^- = AgCl\downarrow$$

取少量 Cl^- 试液于试管内，加入 2 滴 $AgNO_3$ 试液，观察是否有白色沉淀生成，如果有，再加入几滴稀 HNO_3，观察沉淀是否溶解。

(4) NH_4^+ 反应

$$NH_4^+ + OH^- = NH_3\uparrow + H_2O$$

取少量NH_4^+试液于试管内，加入6mol/L的NaOH溶液2滴，立即用湿润的红色石蕊试纸检验试管口的气体，观察试纸颜色的变化情况。

2. 盐类水解

① 在四支试管中分别加NaCl、NaAc、NH_4Ac、NH_4Cl固体少许，再各加入15mL蒸馏水，使之充分溶解，用pH试纸测定它们的pH值，写出水解反应的离子方程式。

② 在试管里加入少量NaAc固体，再加入一定量的蒸馏水使之溶解，然后滴入几滴酚酞试剂，观察溶液的颜色。把上述溶液的一半倒入另一支试管里，在酒精灯上加热，比较两支试管内溶液的颜色，并思考温度对水解有什么影响。

[思考题]

1. 影响盐类水解的因素有哪些？
2. 有人说NaCl和NH_4Ac溶液的pH值都接近7，因此它们都没有发生水解。这种说法对吗？为什么？
3. 鉴别以下物质

$(NH_4)_2SO_4$　　$AgNO_3$　　KCl　　Na_2CO_3

实验四　卤素的性质

【实验目的】

1. 认识氯、溴、碘及其化合物的反应。
2. 认识卤素间的置换反应。
3. 学习萃取和分液的操作方法。

【实验用品】

试管　胶头滴管　烧杯　量筒　玻璃棒　铁架台　淀粉试纸　碘化钾淀粉试纸　分液漏斗　氯化钠溶液　溴化钠溶液　碘化钾溶液　氯水　溴水　碘水　淀粉溶液　酒精　四氯化碳硝酸银溶液

【实验步骤】

1. 氯水的颜色和气味

取出一瓶氯水，观察氯水的颜色，打开瓶盖，小心地按闻有毒气体的正确方法闻氯气的气味，然后盖好瓶盖。

2. 碘与淀粉的反应

在两支试管中分别加入淀粉溶液，然后向其中一支试管里加2滴碘水，另一支试管里加2滴碘化钾溶液。观察两支试管里溶液颜色的变化，说明理由。

3. 氯、溴、碘之间的置换反应

① 将一小块碘化钾淀粉试纸润湿，并把它粘在玻璃棒上，伸到盛氯水的试剂瓶口附近，打开瓶盖，观察试纸颜色的变化，说明理由。

② 在一支试管内加入少量碘化钾和淀粉的混合溶液，然后将一半倒入另一支试管，分别向一支试管里加入氯水，向另一支试管里加入溴水，振荡后观察现象，并写出反应方程式。

③ 在两支试管里分别加入溴化钠溶液，然后向一支试管里加入氯水，向另一支试管里加碘水。振荡后观察现象，并写出反应方程式。

根据以上实验结论说明卤素间的置换顺序。

4. 金属卤化物与硝酸银的反应

取三支试管，分别加入少量氯化钠、溴化钠、碘化钾溶液，然后在三支试管中分别滴入几滴硝酸银试液，再分别向三支试管内加入少许的稀硝酸。观察发生的现象，写出反应的化学方程式。

5. 萃取和分液

(1) 萃取　萃取是指利用溶质在互不相容的溶剂里溶解度的不同，利用一种溶剂把溶质从它与另一种溶剂所形成的溶液里提取出来的方法。萃取在分析和生产中应用非常广泛。

(2) 分液　分液是把两种互不相容的液体分开的操作。使用的仪器是分液漏斗。分液漏斗有圆球形、圆筒形和圆锥形等几种，容积有 50mL、100mL、250mL 等。

(3) 操作　萃取和分液经常是结合进行的。其方法如下。

① 在溶液中加入适量的萃取剂，用右手压住分液漏斗的口部，左手握住活塞部分，然后把分液漏斗倒转过来，用力振荡（如图实验 4-1 所示）后在铁架台上放好（如图实验 4-2 所示）。

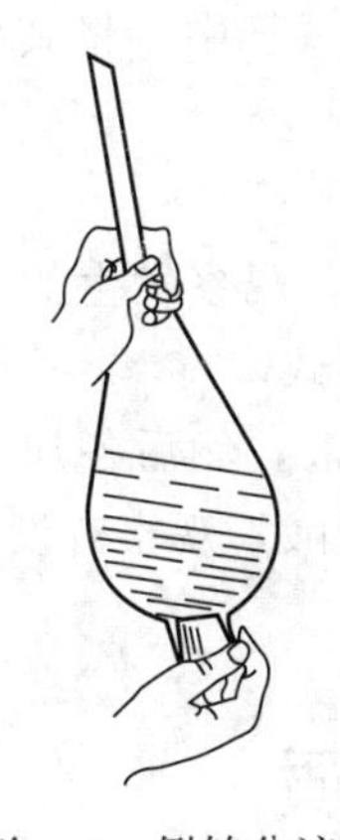

图实验 4-1　倒转分液漏斗

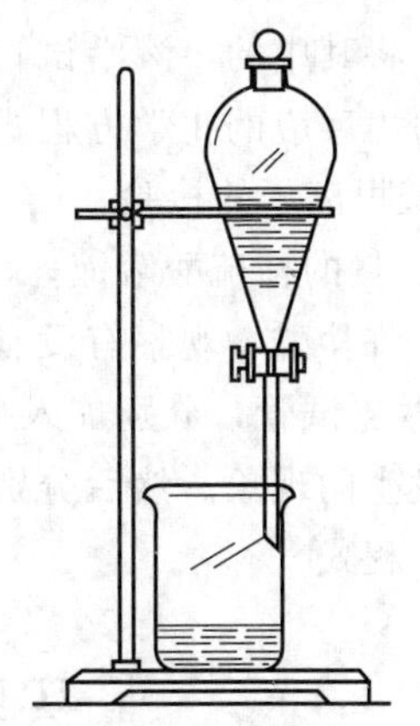

图实验 4-2　萃取操作

② 把分液漏斗上的玻璃塞打开或使塞上的凹槽或小孔对准漏斗上的小孔，使漏斗内外空气相通，保证漏斗里的液体能够流出。

③ 当溶液分层后，打开活塞，使下层液体慢慢流出，上层液体则从分液漏斗的上口倒出。

(4) 练习

① 在试管中加入少量溴水，再加几滴四氯化碳，振荡，静置后观察水层和四氯化碳层的颜色。

② 取 10mL 碘水倒入分液漏斗中，再加入 3mL 四氯化碳，充分振荡，静置后进行分液，用小烧杯接四氯化碳溶液，回收然后用淀粉试纸检验并比较萃取前后的碘水。

实验五　硫酸的性质

【实验目的】

1. 认识硫酸的特性。

2. 学会硫酸根离子的定性检验。

【实验用品】

试管　酒精灯　玻璃棒　玻璃片　浓硫酸　盐酸　碳酸钠溶液　硫酸钠溶液　氯化钡溶液　铜片

【实验步骤】

1. 硫酸的特性

(1) 浓硫酸的稀释　取一支试管，加入5mL蒸馏水，然后小心地沿着试管壁倒入约1mL浓硫酸，轻轻振荡后，用手摸试管外壁，有何感觉？把溶液保留，以备下面实验用。

(2) 浓硫酸的脱水性　用玻璃棒蘸取浓硫酸在白纸（下面垫上玻璃片）上写字，观察字迹的变化。

(3) 浓硫酸的氧化性　在一试管中加入小片铜片，倒入上述实验（1）制得的稀硫酸3mL，观察是否发生反应。然后在酒精灯上加热片刻，再观察是否发生反应，为什么？

在另一支试管中放入小片铜片，倒入2mL浓硫酸，观察是否发生反应？然后在酒精灯上小心加热（注意试管口不要对着任何人），并用润湿的蓝色石蕊试纸在试管口（注意不要触及试管口），检验生成的气体，仔细观察有什么现象，然后停止加热，待试管中液体冷却后，将其中的溶液沿试管壁倒入另一盛有5mL水的试管中，将其稀释，观察发生的现象，写出反应的化学方程式。

2. 硫酸根离子的检验

① 取少量的稀硫酸溶液，向里面滴入几滴氯化钡试液，观察发生的现象。再向该试管中加入少许盐酸，观察有没有变化。写出反应的化学方程式。

② 取两支试管，分别加入少量硫酸钠溶液和碳酸钠溶液，然后各加入几滴氯化钡溶液，观察发生的现象。然后分别向两支试管中各加入少量盐酸，观察有没有变化，写出反应的化学方程式。

实验六　碱金属的性质

【实验目的】

1. 认识碱金属及其化合物的性质。

2. 学习用焰色反应检验碱金属离子。

【实验用品】

试管　烧杯　镊子　小刀　玻璃片　药匙　铝箔　滤纸　铁架台　铂丝　蓝色钴玻璃片　木条　酒精灯　导管　橡皮塞　金属钠　过氧化钠　碳酸钠　碳酸氢钠　碳酸钾　氯化锂　氯化钡　石灰水　盐酸　酚酞

【实验步骤】

1. 金属钠的性质

① 用镊子取出一小块金属钠，用滤纸把煤油擦干。把钠放在玻璃片上，用小刀切下绿豆大小的一块钠。观察新切开的钠的断面的颜色及其在空气中颜色的变化，写出反应的化学方程式。

② 用镊子把上面切下的钠放入一个预先盛有水的小烧杯里，迅速用玻璃片将烧杯盖

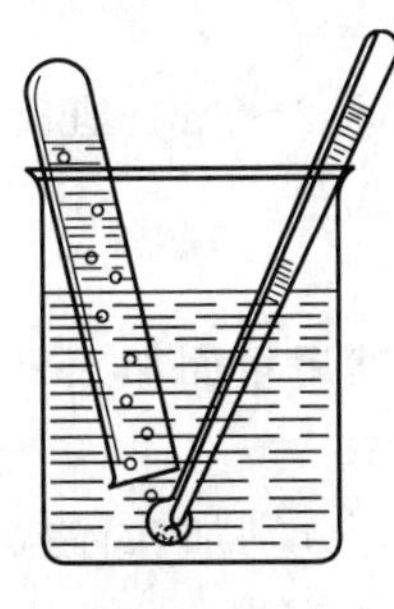

图实验 6-1 钠跟水起反应

好。观察发生的现象。

③ 重新切一小块钠，用刺有小孔的铝箔包好，再用镊子夹住，放到如图实验 6-1 所示的试管里。等收集的气体满试管时，把试管移近酒精灯点燃，观察发生的现象。说明生成了什么气体?

向烧杯中滴几滴酚酞试液，观察发生的现象。写出反应的化学方程式。

2. 过氧化钠的性质

在一个小试管中加入一小匙过氧化钠，观察过氧化钠的颜色。向试管里加入约 3mL 水，用带火星的木条检验产生的气体，说明生成了什么物质？写出反应的化学方程式。

3. 碳酸氢钠的性质

在一个干燥的试管中加入适量的碳酸氢钠粉末，照图实验 6-2 所示安装好。

加热碳酸氢钠，观察发生的现象，写出反应的化学方程式。

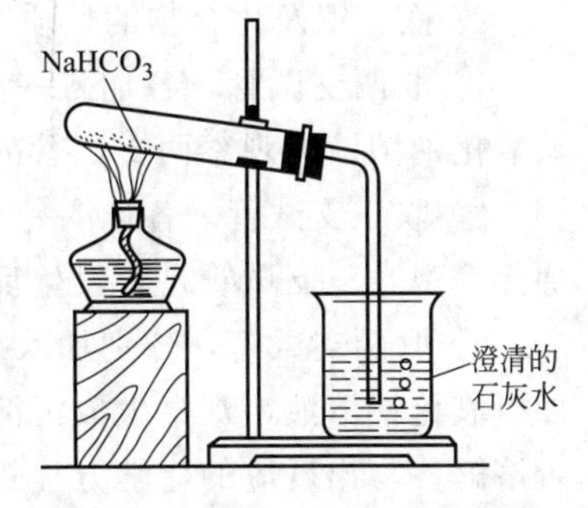

图实验 6-2 碳酸氢钠的受热分解

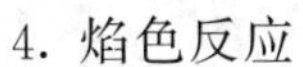

4. 焰色反应

① 把铂丝洗干净，烧热，蘸一些碳酸钠溶液或粉末，放在酒精灯上灼烧，观察火焰的颜色。

② 把铂丝洗干净，烧热，蘸一些碳酸钾溶液或粉末，放在酒精灯上灼烧，隔着蓝色钴玻璃片观察火焰的颜色。

③ 把铂丝洗干净，烧热，蘸一些碳酸钠和碳酸钾的混合溶液（或粉末），放在酒精灯上灼烧，直接观察火焰的颜色，再隔着蓝色钴玻璃片观察火焰的颜色。

④ 把铂丝洗干净，烧热，蘸一些氯化锂溶液或粉末，放在酒精灯上灼烧，观察火焰的颜色。

⑤ 把铂丝洗干净，烧热，蘸一些氯化钡溶液或粉末，放在酒精灯上灼烧，观察火焰的颜色。

实验七　铝、铁、铜及其化合物的性质

【实验目的】

1. 认识铝、铁、铜及其化合物的性质。

2. 掌握 Cu^{2+}、Fe^{2+}、Fe^{3+} 的定性检验方法。

【实验用品】

试管　试管夹　酒精灯　稀盐酸　稀硫酸　浓硫酸　浓硝酸　氨水　氢氧化钠溶液　铝片　铜片　铁片　氯化铝溶液　氯化铜溶液　氯化亚铁溶液　氯化铁溶液

【实验步骤】

1. 铝及化合物的性质

(1) 铝与酸的反应　在一支试管中加入一小块铝片，然后向里面加入 2～3mL 稀盐

酸，加热，观察发生的现象，写出反应的化学方程式。

（2）铝与碱的反应　在一支试管中加入一小块铝片，然后向里面加入 2～3mL 氢氧化钠溶液，稍加热，观察发生的现象，写出反应的化学方程式。

（3）氢氧化铝的两性

① 氢氧化铝的生成　在两支试管中分别加入 3mL 的氯化铝溶液，然后里面加入氢氧化钠溶液和氨水溶液，直至产生大量的沉淀为止。写出反应的化学方程式。

② 氢氧化铝与酸和碱的反应　取出两个盛有氢氧化铝沉淀的试管，分别加入稀盐酸和氢氧化钠溶液，振荡，观察发生的现象。写出反应的化学方程式和离子方程式。

2. 铁、铜及化合物的性质

① 取两支试管，各加入一小片铁片，然后分别加入 2～3mL 稀盐酸（或稀硫酸）和氢氧化钠溶液，观察两支试管的反应情况，写出反应的化学方程式。

② 取三支试管，各加入一小片铜片，然后分别加入 2～3mL 稀硫酸、硝酸和浓硫酸，加热，观察三支试管是否发生反应。写出反应的化学方程式。

③ 取两支试管，分别加入氯化亚铁溶液、氯化铁溶液和氯化铜溶液，然后向里面滴加氢氧化钠溶液，观察生成沉淀的颜色。再向里面滴入过量的氢氧化钠溶液，观察沉淀是否溶解。写出反应的化学方程式。

3. Cu^{2+}、Fe^{2+}、Fe^{3+} 的鉴定

① 取少许氯化铜溶液于试管中，向里面滴入几滴氨水溶液，观察生成沉淀的颜色。然后再向里面滴入过量的氨水溶液，观察沉淀是否溶解。写出反应的化学方程式和离子方程式。

② 取两支试管，分别注入少量的氯化亚铁溶液和氯化铁溶液，然后分别加入几滴硫氰化钾溶液，振荡，观察并比较两支试管中发生的现象。

③ 取两支试管，分别注入少量的氯化亚铁溶液和氯化铁溶液，分别加入 2 滴盐酸酸化，然后各滴入几滴铁氰化钾[$K_3Fe(CN)_6$]溶液，振荡，观察并比较两支试管中发生的现象。

④ 取两支试管，分别注入少量的氯化亚铁溶液和氯化铁溶液，分别加入 2 滴盐酸酸化，然后各滴入几滴亚铁氰化钾[$K_4Fe(CN)_6$]溶液，振荡，观察并比较两支试管中发生的现象。

实验八　乙烯和乙炔的性质

【实验目的】

1. 掌握乙烯、乙炔的实验室制法。

2. 认识乙烯、乙炔的主要化学性质，熟悉鉴别方法。

【实验用品】

试管　酒精灯　铁架台　蒸馏瓶　温度计　滴液漏斗　导气管　浓硫酸　酒精　饱和食盐水　高锰酸钾溶液　氢氧化钠溶液　溴水　硝酸银氨水溶液　氯化亚铜氨水溶液

【实验步骤】

1. 乙烯的制备和性质

① 在50mL的蒸馏瓶中倒入5mL 95%的酒精，然后，一边摇动一边徐徐加入15mL浓硫酸，再放入少量碎瓷片（防止加热时发生暴沸）。用带有温度计的塞子塞住瓶口，使温度计的水银球没入混合液中。将蒸馏瓶固定在铁架台并置于石棉网上，蒸馏瓶的支管通过导气管与盛有10%的氢氧化钠溶液的洗气装置相连，如图实验8-1所示。

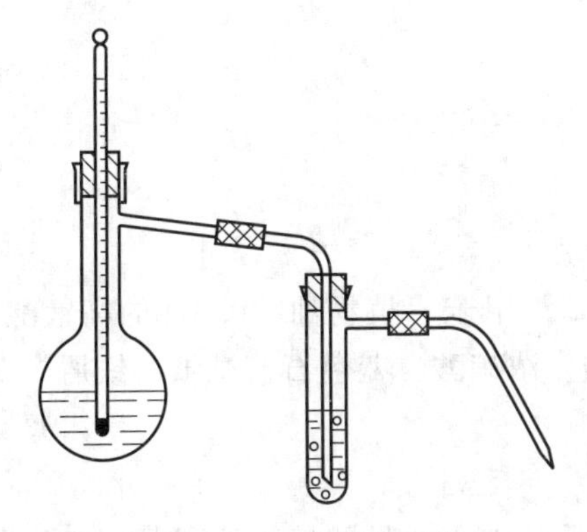

图实验8-1　乙烯的制备

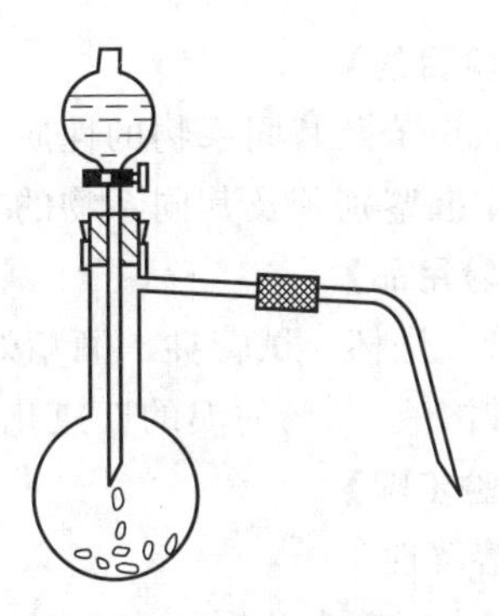

图实验8-2　乙炔的制备

用小火慢慢地加热蒸馏瓶中的混合液体，当温度升高到160℃时，调整火焰的高度，使液体的温度保持在160～180℃之间。

② 将生成的乙烯气体通入盛溴水的试管中，观察溶液是否褪色。写出反应的化学方程式。

③ 将生成的乙烯气体通入高锰酸钾溶液中，观察溶液是否褪色。写出反应的化学方程式。

④ 用排水法收集乙烯气体，当收满试管后，用手指按住管口。从水中取出试管，管口向下，接近火焰，放开手指，点燃乙烯。观察乙烯燃烧时火焰的颜色。

实验结束时，先去掉洗气装置，再移去酒精灯，以免碱液倒流回蒸馏瓶内发生事故。

2. 乙炔的制备和性质

① 在干燥的100mL的蒸馏瓶中，放入5～6g小块碳化钙，瓶口通过单孔塞安装一个50mL滴液漏斗，将漏斗的活塞关紧。将蒸馏瓶固定在铁架台上，蒸馏瓶支管与尖嘴导气管相连，如图实验8-2所示。

把饱和食盐水倒入滴液漏斗中，然后开启活塞将饱和食盐水慢慢地滴入蒸馏瓶中。不要一次滴入太多，以控制乙炔产生的速度。

② 将生成的乙炔气体通入盛溴水的试管中，观察溶液是否变色。写出反应的化学方程式。

③ 将生成的乙炔气体通入盛高锰酸钾溶液的试管中，观察溶液是否变色。写出反应的化学方程式。

④ 将生成的乙炔气体通入盛硝酸银氨水溶液的试管中，观察有什么现象发生。写出反应的化学方程式。

⑤ 将生成的乙炔气体通入盛氯化亚铜氨水溶液的试管中，观察有什么现象发生。写出反应的化学方程式。

⑥ 在蒸馏瓶的尖嘴口点燃乙炔，观察发生的现象。（点火时注意气流要充分，点燃时

间不要太长，以免火焰延烧入蒸馏瓶中引起爆炸)。

实验完后，将乙炔银和乙炔亚铜回收到指定的地方。

实验九　苯及其同系物的性质

【实验目的】

1. 认识苯及其同系物的性质。
2. 掌握鉴别苯及其同系物的方法。

【实验用品】

试管　烧杯　试管夹　酒精灯　铁三角架　苯　甲苯　植物油　0.5%的高锰酸钾溶液　硫酸溶液　3%的溴的四氯化碳溶液　浓硫酸　浓硝酸　蓝色石蕊试纸　铁屑

【实验步骤】

1. 溶解性

在两支试管中分别加入苯和甲苯各 2mL，然后各加入适量的植物油和蒸馏水，振荡，观察苯和甲苯在油和水中的溶解性。

2. 氧化反应

在两支试管中分别加入苯和甲苯各 2mL，然后各加入几滴高锰酸钾溶液和稀硫酸溶液。振荡，(必要时可在水浴中加热)，观察比较两支试管的变化情况。

3. 与溴作用

① 在两支试管中，分别加入苯和甲苯各 2mL，然后分别滴入几滴四氯化碳溶液，在试管口各放一条润湿的蓝色石蕊试纸并用软木塞塞紧。将两支试管放在强日光灯下照几分钟，观察并比较两支试管的变化现象。

② 在试管中加入 1mL 苯，再加入几滴溴，再加入一小角匙新刨的铁屑，振荡，反应即开始，同时产生气体。将润湿的蓝色石蕊试纸置于试管口上，观察试纸是否变色。

当反应变慢时，用小火微微加热试管，使反应趋于完全。将试管中的液体倒入盛有水的烧杯中，有浅黄色的油珠沉于杯底。

4. 硝化反应

在干燥的大试管中加入 2mL 的浓硝酸，再加入 2mL 的浓硫酸，充分混合用冷水浴冷却到室温。然后在振荡下慢慢加入 1mL 苯，振荡试管，使它们混合均匀，然后在 50～60℃的水浴中加热 10min。将反应液倾入盛有大量水的烧杯中，硝基苯呈黄色油状液体，沉于烧杯底部。同时，可以闻到一股苦杏仁的气味。

实验完毕后，把得到的硝基苯倒在教师指定的容器中。

实验十　乙醇、乙醛和乙酸的性质

【实验目的】

认识乙醇、乙醛和乙酸的重要性质。

【实验用品】

试管　试管夹　酒精灯　烧杯　乙醇　金属钠　铜丝　乙醛稀溶液　10%的氢氧化钠

溶液　2%的硝酸银溶液　2%的氨水溶液　品红试液　2%的硫酸铜溶液　冰醋酸　试纸

【实验步骤】

1. 乙醇的性质

（1）乙醇与金属钠的反应　在干燥的试管中，加入1mL无水乙醇，再投入一颗黄豆大小的金属钠，反应立即剧烈地发生，放出很多的气体，当反应稍慢时，按住试管口片刻，用点燃的火柴接近管口，试管内的氢气燃烧发出爆鸣声。

（2）乙醇的氧化　在试管里加入1mL乙醇，把一端弯成螺旋状的铜丝放在酒精灯火焰上加热，使钢丝表面生成一层黑色的氧化铜，立即把它插入盛有乙醇的试管中，这样反复操作几次，注意闻生成的乙醛的气味，观察铜丝表面的变化。写出反应的化学方程式。

2. 乙醛的性质

（1）与品红试液的反应　在试管中加入1mL品红试剂，再滴入几滴乙醛溶液，振荡后观察溶液颜色的变化，然后再加入1mL浓硫酸，观察溶液颜色有无变化，为什么？

（2）银镜反应　在洁净的试管中加入2mL 2%的硝酸银溶液，再滴入几滴2%的氨水溶液，边滴边振荡，直到生成的沉淀刚好溶解为止。然后沿试管壁滴入2～3滴乙醛稀溶液，把试管放在盛有热水的烧杯里，静置几分钟，观察试管内壁有什么现象产生。解释这个现象，并写出反应的化学方程式。

（3）乙醛的氧化　在试管中注入10%的氢氧化钠溶液2mL，滴入几滴2%的硫酸铜溶液4～5滴，振荡，然后加入0.5mL乙醛溶液，加热到沸腾，观察有什么现象产生。写出反应的化学方程式。

3. 乙酸的性质

（1）乙酸的酸性　在一支试管中，加入5滴冰醋酸，再加入1mL水，振荡使其溶解，然后用洗净的玻璃棒蘸取溶液，润湿pH试纸，对比标准比色卡，测定乙酸溶液的酸性。

（2）乙酸的氧化　在试管中加入1mL的冰醋酸，再加入2mL的水配成溶液，然后加入酸化的0.5%的高锰酸钾溶液2mL，小心加热到沸，观察试管中有什么变化。

附　录

附表 1　弱酸、弱碱在水中的电离常数（25℃）

弱　　酸	化学式	K_a	pK_a
砷酸	H_3AsO_4	$6.3\times10^{-3}(K_{a_1})$	2.20
		$1.0\times10^{-7}(K_{a_2})$	7.00
		$3.2\times10^{-12}(K_{a_3})$	11.50
亚砷酸	$HAsO_2$	6.0×10^{-10}	9.22
硼酸	H_3BO_3	$5.8\times10^{-10}(K_{a_1})$	9.24
碳酸	$H_2CO_3(CO_2+H_2O)$	$4.2\times10^{-7}(K_{a_1})$	6.38
		$5.6\times10^{-11}(K_{a_2})$	10.25
氢氰酸	HCN	6.2×10^{-10}	9.21
铬酸	H_2CrO_4、$HCrO_4^-$	$1.8\times10^{-1}(K_{a_1})$	0.74
		$3.2\times10^{-7}(K_{a_2})$	6.50
氢氟酸	HF	6.6×10^{-4}	3.18
亚硝酸	HNO_2	5.1×10^{-4}	3.29
磷酸	H_3PO_4	$7.6\times10^{-3}(K_{a_1})$	2.12
		$6.3\times10^{-8}(K_{a_2})$	7.20
		$4.4\times10^{-13}(K_{a_3})$	12.36

附表 2　难溶化合物的溶度积常数（18～25℃）

微溶化合物	K_{SP}	pK_{SP}	微溶化合物	K_{SP}	pK_{SP}
Ag_3AsO_4	1×10^{-22}	22.0	BaF_2	1×10^{-6}	6.0
AgBr	5.0×10^{-13}	12.30	$BaC_2O_4\cdot H_2O$	2.3×10^{-8}	7.64
Ag_2CO_3	8.1×10^{-12}	11.09	$BaSO_4$	1.1×10^{-10}	9.96
AgCl	1.8×10^{-10}	9.75	$Bi(OH)_3$	4×10^{-31}	30.4
Ag_2CrO_4	2.0×10^{-12}	11.71	BiOOH	4×10^{-10}	9.4
AgCN	1.2×10^{-15}	15.92	BiI_3	8.1×10^{-19}	18.09
AgOH	2.0×10^{-8}	7.71	BiOCl	1.8×10^{-31}	30.75
AgI	9.3×10^{-17}	16.03	$BiPO_4$	1.3×10^{-23}	22.89
$Ag_2C_2O_4$	3.5×10^{-11}	10.46	Bi_2S_3	1×10^{-97}	97.0
Ag_3PO_4	1.4×10^{-18}	15.84	$CaCO_3$	2.9×10^{-9}	8.54
Ag_2SO_4	1.4×10^{-5}	4.84	CaF_2	2.7×10^{-11}	10.57
Ag_2S	2×10^{-40}	48.7	$CaC_2O_4\cdot H_2O$	2.0×10^{-9}	8.70
AgSCN	1.0×10^{-12}	12.00	$Ca_3(PO_4)_2$	2.0×10^{-20}	28.70
$Al(OH)_3$ 无定形	1.3×10^{-33}	32.9	$CaSO_4$	9.1×10^{-6}	5.04
As_2S_3	2.1×10^{-22}	21.68	$CaWO_4$	8.7×10^{-9}	8.06
$BaCO_3$	5.1×10^{-9}	8.29	$CdCO_3$	5.2×10^{-12}	11.28
$BaCrO_4$	1.2×10^{-10}	9.93	$Cd_2[Fe(CN)_6]$	3.2×10^{-17}	16.49

续表

微溶化合物	K_{SP}	pK_{SP}	微溶化合物	K_{SP}	pK_{SP}
$Cd(OH)_2$ 新析出	2.5×10^{-14}	13.60	$MnCO_3$	1.8×10^{-11}	10.74
CdC_2O_4、$3H_2O$	9.1×10^{-8}	7.04	$Mn(OH)_2$	1.9×10^{-13}	12.72
CdS	8×10^{-27}	26.1	MnS 无定形	2×10^{-10}	9.7
$CoCO_3$	1.4×10^{-13}	12.84	MnS 晶形	2×10^{-13}	12.7
$Co_2[Fe(CN)_6]$	1.8×10^{-15}	14.74	$NiCO_3$	6.6×10^{-9}	8.18
$Co(OH)_2$ 新析出	2×10^{-15}	14.7	$Ni(OH)_2$ 新析出	2×10^{-15}	14.7
$Co(OH)_3$	2×10^{-44}	43.7	$Ni_3(PO_4)_2$	5×10^{-31}	30.3
$Co[Hg(SCN)_4]$	1.5×10^{-8}	5.82	α-NiS	3×10^{-19}	18.5
α-CoS	4×10^{-21}	20.4	β-NiS	1×10^{-24}	24.0
β-CoS	2×10^{-25}	24.7	γ-NiS	2×10^{-26}	25.7
$Co_3(PO_4)_2$	2×10^{-35}	34.7	$PbCO_3$	7.4×10^{-14}	13.13
$Cr(OH)_3$	6×10^{-31}	30.2	$PbCl_2$	1.6×10^{-5}	4.79
CuBr	5.2×10^{-9}	8.28	PbClF	2.4×10^{-9}	8.62
CuCl	1.2×10^{-8}	5.92	$PbCrO_4$	2.8×10^{-13}	12.55
CuCN	3.2×10^{-20}	19.49	PbF_2	2.7×10^{-8}	7.57
CuI	1.1×10^{-12}	11.96	$Pb(OH)_2$	1.2×10^{-15}	14.93
CuOH	1×10^{-14}	14.0	PbI_2	7.1×10^{-9}	8.15
Cu_2S	2×10^{-48}	47.7	$PbMoO_4$	1×10^{-13}	13.0
CuSCN	4.8×10^{-15}	14.32	$Pb_3(PO_4)_2$	8.0×10^{-43}	42.10
$CuCO_3$	1.4×10^{-10}	9.86	$PbSO_4$	1.6×10^{-8}	7.79
$Cu(OH)_2$	2.2×10^{-20}	19.66	PbS	8×10^{-28}	27.9
CuS	6×10^{-36}	35.2	$Pb(OH)_4$	3×10^{-66}	65.5
$FeCO_3$	3.2×10^{-11}	10.50	$Sb(OH)_3$	4×10^{-42}	41.4
$Fe(OH)_2$	8×10^{-16}	15.1	Sb_2S_3	2×10^{-93}	92.8
FeS	6×10^{-18}	17.2	$Sn(OH)_2$	1.4×10^{-28}	27.85
$Fe(OH)_3$	4×10^{-38}	37.4	SnS	1×10^{-25}	25.0
$FePO_4$	1.3×10^{-22}	21.89	$Sn(OH)_4$	1×10^{-56}	56.0
Hg_2Br_2	5.8×10^{-23}	22.24	SnS_2	2×10^{-27}	26.7
Hg_2CO_3	8.9×10^{-17}	16.05	$SrCO_3$	1.1×10^{-10}	9.96
Hg_2Cl_2	1.3×10^{-18}	17.88	$SrCrO_4$	2.2×10^{-5}	4.65
$Hg_2(OH)_2$	2×10^{-24}	23.7	SrF_2	2.4×10^{-9}	8.61
Hg_2I_2	4.5×10^{-20}	28.35	$SrC_2O_4\cdot H_2O$	1.6×10^{-7}	6.80
Hg_2SO_4	7.4×10^{-7}	6.13	$Sr_3(PO_4)_2$	4.1×10^{-28}	27.39
Hg_2S	1×10^{-47}	47.0	$SrSO_4$	3.2×10^{-7}	6.49
$Hg(OH)_2$	3.0×10^{-26}	25.52	$Ti(OH)_3$	1×10^{-40}	40.0
HgS 红色	4×10^{-53}	52.4	$TiO(OH)_2$	1×10^{-29}	29.0
黑色	2×10^{-52}	51.7	$ZnCO_3$	1.4×10^{-11}	10.84
$MgNH_4PO_4$	2×10^{-13}	12.7	$Zn_2[Fe(CN)_6]$	4.1×10^{-16}	15.39
$MgCO_3$	3.5×10^{-8}	7.46	$Zn(OH)_2$	1.2×10^{-17}	16.92
MgF_2	6.4×10^{-9}	8.19	$Zn_3(PO_4)_2$	9.1×10^{-33}	32.04
$Mg(OH)_2$	1.8×10^{-11}	10.74	ZnS	2×10^{-22}	21.7

附表 3 标准电极电位（18～25℃）

电 极 反 应	$\varphi^{\ominus}$/V
F_2(气)$+2H^++2e^-$══$2HF$	3.06
$O_3+2H^++2e^-$══O_2+H_2O	2.07
$S_2O_8^{2-}+2e^-$══$2SO_4^{2-}$	2.01
$H_2O_2+2H^++2e^-$══$2H_2O$	1.77
$MnO_4^-+4H^++3e^-$══MnO_2(固)$+2H_2O$	1.695
PbO_2(固)$+SO_4^{2-}+4H^++2e^-$══$PbSO_4$(固)$+2H_2O$	1.685
$HClO_2+2H^++2e^-$══$HClO+H_2O$	1.64
$HClO+H^++e^-$══$\frac{1}{2}Cl_2+H_2O$	1.63
$Ce^{4+}+e^-$══Ce^{3+}	1.61
$H_5IO_6+H^++2e^-$══$IO_3^-+3H_2O$	1.60
$HBrO+H^++e^-$══$\frac{1}{2}Br_2+H_2O$	1.59
$BrO_3^-+6H^++5e^-$══$\frac{1}{2}Br_2+3H_2O$	1.52
$MnO_4^-+8H^++5e^-$══$Mn^{2+}+4H_2O$	1.51
Au(Ⅲ)$+3e^-$══Au	1.50
$HClO+H^++2e^-$══Cl^-+H_2O	1.49
$ClO_3^-+6H^++5e^-$══$\frac{1}{2}Cl_2+3H_2O$	1.47
PbO_2(固)$+4H^++2e^-$══$Pb^{2+}+2H_2O$	1.455
$HIO+H^++e^-$══$\frac{1}{2}I_2+H_2O$	1.45
$ClO_3^-+6H^++6e^-$══Cl^-+3H_2O	1.45
$BrO_3^-+6H^++6e^-$══Br^-+3H_2O	1.44
Au(Ⅲ)$+2e^-$══Au(Ⅰ)	1.41
Cl_2(气)$+2e^-$══$2Cl^-$	1.3595
$ClO_4^-+8H^++7e^-$══$\frac{1}{2}Cl_2+4H_2O$	1.34
$Cr_2O_7^{2-}+14H^++6e^-$══$2Cr^{3+}+7H_2O$	1.33
MnO_2(固)$+4H^++2e^-$══$Mn^{2+}+2H_2O$	1.23
O_2(气)$+4H^++4e^-$══$2H_2O$	1.229
$IO_3^-+6H^++5e^-$══$\frac{1}{2}I_2+3H_2O$	1.20
$ClO_4^-+2H^++2e^-$══$ClO_3^-+H_2O$	1.19
Br_2(水)$+2e^-$══$2Br^-$	1.087
$NO_2+H^++e^-$══HNO_2	1.07
$Br_3^-+2e^-$══$3Br^-$	1.05
$HNO_2+H^++e^-$══NO(气)$+H_2O$	1.00
$VO_2^++2H^++e^-$══$VO^{2+}+H_2O$	1.00
$HIO+H^++2e^-$══I^-+H_2O	0.99
$NO_3^-+3H^++2e^-$══HNO_2+H_2O	0.94
$ClO^-+H_2O+2e^-$══Cl^-+2OH^-	0.89
$H_2O_2+2e^-$══$2OH^-$	0.88
$Cu^{2+}+I^-+e^-$══CuI(固)	0.86
$Hg^{2+}+2e^-$══Hg	0.845
$NO_3^-+2H^++e^-$══NO_2+H_2O	0.80

续表

电　极　反　应	$\varphi^\ominus$/V
$Ag^+ + e^- = Ag$	0.7995
$Hg_2^{2+} + 2e^- = 2Hg$	0.793
$Fe^{3+} + e^- = Fe^{2+}$	0.771
$BrO^- + H_2O + 2e^- = Br^- + 2OH^-$	0.76
O_2(气)$+ 2H^+ + 2e^- = H_2O_2$	0.682
$AsO_2^- + 2H_2O + 3e^- = As + 4OH^-$	0.68
$2HgCl_2 + 2e^- = Hg_2Cl_2$(固)$+ 2Cl^-$	0.63
Hg_2SO_4(固)$+ 2e^- = 2Hg + SO_4^{2-}$	0.6151
$MnO_4^- + 2H_2O + 3e^- = MnO_2$(固)$+ 4OH^-$	0.588
$MnO_4^- + e^- = MnO_4^{2-}$	0.564
$H_3AsO_4 + 2H^+ + 2e^- = HAsO_2 + 2H_2O$	0.559
$I_3^- + 2e^- = 3I^-$	0.545
I_2(固)$+ 2e^- = 2I^-$	0.5345
Mo(Ⅵ)$+ e^- =$ Mo(Ⅴ)	0.53
$Cu^+ + e^- = Cu$	0.52
$4SO_2$(水)$+ 4H^+ + 6e^- = S_4O_6^{2-} + 2H_2O$	0.51
$HgCl_4^{2-} + 2e^- = Hg + 4Cl^-$	0.48
$2SO_2$(水)$+ 2H^+ + 4e^- = S_2O_3^{2-} + H_2O$	0.40
$Fe(CN)_6^{3-} + e^- = Fe(CN)_6^{4-}$	0.36
$Cu^{2+} + 2e^- = Cu$	0.337
$VO^{2+} + 2H^+ + e^- = V^{3+} + H_2O$	0.337
$BiO^+ + 2H^+ + 3e^- = Bi + H_2O$	0.32
Hg_2Cl_2(固)$+ 2e^- = 2Hg + 2Cl^-$	0.2676
$HAsO_2 + 3H^+ + 3e^- = As + 2H_2O$	0.248
AgCl(固)$+ e^- = Ag + Cl^-$	0.2223
$SbO^+ + 2H^+ + 3e^- = Sb + H_2O$	0.212
$SO_4^{2-} + 4H^+ + 2e^- = SO_2$(水)$+ H_2O$	0.17
$Cu^{2+} + e^- = Cu^+$	0.159
$Sn^{4+} + 2e^- = Sn^{2+}$	0.154
$S + 2H^+ + 2e^- = H_2S$(气)	0.141
$Hg_2Br_2 + 2e^- = 2Hg + 2Br^-$	0.1395
$TiO^{2+} + 2H^+ + e^- = Ti^{3+} + H_2O$	0.1
$S_4O_6^{2-} + 2e^- = 2S_2O_3^{2-}$	0.08
AgBr(固)$+ e^- = Ag + Br^-$	0.071
$2H^+ + 2e^- = H_2$	0.000
$O_2 + H_2O + 2e^- = HO_2^- + OH^-$	−0.067
$TiOCl^+ + 2H^+ + 3Cl^- + e^- = TiCl_4^- + H_2O$	−0.09
$Pb^{2+} + 2e^- = Pb$	−0.126
$Sn^{2+} + 2e^- = Sn$	−0.136
AgI(固)$+ e^- = Ag + I^-$	−0.152

续表

电极反应	$\varphi^{\ominus}$/V
$Ni^{2+}+2e^{-}=Ni$	−0.246
$H_3PO_4+2H^{+}+2e^{-}=H_3PO_3+H_2O$	−0.276
$Co^{2+}+2e^{-}=Co$	−0.277
$Tl^{+}+e^{-}=Tl$	−0.3360
$In^{3+}+3e^{-}=In$	−0.345
$PbSO_4$(固)$+2e^{-}=Pb+SO_4^{2-}$	−0.3553
$SeO_3^{2-}+3H_2O+4e^{-}=Se+6OH^{-}$	−0.366
$As+3H^{+}+3e^{-}=AsH_3$	−0.38
$Se+2H^{+}+2e^{-}=H_2Se$	−0.40
$Cd^{2+}+2e^{-}=Cd$	−0.403
$Cr^{3+}+e^{-}=Cr^{2+}$	−0.41
$Fe^{2+}+2e^{-}=Fe$	−0.440
$S+2e^{-}=S^{2-}$	−0.48
$2CO_2+2H^{+}+2e^{-}=H_2C_2O_4$	−0.49
$H_3PO_3+2H^{+}+2e^{-}=H_3PO_2+H_2O$	−0.50
$Sb+3H^{+}+3e^{-}=SbH_3$	−0.51
$HPbO_2^{-}+H_2O+2e^{-}=Pb+3OH^{-}$	−0.54
$Ga^{3+}+3e^{-}=Ga$	−0.56
$TeO_3^{2-}+3H_2O+4e^{-}=Te+6OH^{-}$	−0.57
$2SO_3^{2-}+3H_2O+4e^{-}=S_2O_3^{2-}+6OH^{-}$	−0.58
$SO_3^{2-}+3H_2O+4e^{-}=S+6OH^{-}$	−0.66
$AsO_4^{3-}+2H_2O+2e^{-}=AsO_2^{-}+4OH^{-}$	−0.67
Ag_2S(固)$+2e^{-}=2Ag+S^{2-}$	−0.69
$Zn^{2+}+2e^{-}=Zn$	−0.763
$2H_2O+2e^{-}=H_2+2OH^{-}$	−0.828
$Cr^{2+}+2e^{-}=Cr$	−0.91
$HSnO_2^{-}+H_2O+2e^{-}=Sn+3OH^{-}$	−0.91
$Se+2e^{-}=Se^{2-}$	−0.92
$Sn(OH)_6^{2-}+2e^{-}=HSnO_2^{-}+H_2O+3OH^{-}$	−0.93
$CNO^{-}+H_2O+2e^{-}=CN^{-}+2OH^{-}$	−0.97
$Mn^{2+}+2e^{-}=Mn$	−1.182
$ZnO_2^{2-}+2H_2O+2e^{-}=Zn+4OH^{-}$	−1.216
$Al^{3+}+3e^{-}=Al$	−1.66
$H_2AlO_3^{-}+H_2O+3e^{-}=Al+4OH^{-}$	−2.35
$Mg^{2+}+2e^{-}=Mg$	−2.37
$Na^{+}+e^{-}=Na$	−2.714
$Ca^{2+}+2e^{-}=Ca$	−2.87
$Sr^{2+}+2e^{-}=Sr$	−2.89
$Ba^{2+}+2e^{-}=Ba$	−2.90
$K^{+}+e^{-}=K$	−2.925
$Li^{+}+e^{-}=Li$	−3.042

附表 4　配合物的稳定常数

配合物	温度/K	$K_{稳}$	配合物	温度/K	$K_{稳}$
$[Co(NH_3)_5]^{2+}$	303	2.45×10^{4}	$[ZrCl]^{3+}$	298	2.00
$[Co(NH_3)_5]^{3+}$	303	2.29×10^{36}	$[FeCl]^{+}$	293	2.29
$[Ni(NH_3)_6]^{2+}$	303	1.02×10^{6}	$[FeCl]^{2+}$	298	3.02×10^{1}
$[Cu(NH_3)_2]^{+}$	291	7.24×10^{10}	$[PdCl_4]^{3-}$	298	5.01×10^{15}
$[Cu(NH_3)_4]^{2+}$	303	1.07×10^{12}	$[CuCl_2]$	298	5.37×10^{4}
$[Ag(NH_3)_2]^{+}$	298	1.70×10^{7}	$[CuCl]^{+}$	298	2.51
$[Zn(NH_2)_4]^{2+}$	303	5.01×10^{6}	$[ZnCl_4]^{2-}$	室温	0.1
$[Cd(NH_3)_4]^{2+}$	303	1.38×10^{6}	$[CdCl_4]^{2-}$	298	4.74×10^{1}
$[Hg(NH_2)_4]^{3+}$	295	2.00×10^{10}	$[HgCl_4]^{2-}$	298	1.17×10^{18}
$[Fe(CN)_6]^{4-}$	298	1.00×10^{24}	$[SnCl_4]^{2-}$	298	3.02×10^{1}
$[Fe(CN)_4]^{3-}$	298	1.00×10^{21}	$[PbCl_4]^{2-}$	298	2.40×10^{1}
$[Co(CN)_6]^{4-}$		1.23×10^{10}	$[BiCl_6]^{3}$	293	3.63×10^{7}
$[Ni(CN)_4]^{3-}$	298	1.00×10^{22}	$[FeBi]^{2+}$	298	3.98
$[Cu(CN)_2]^{-}$	298	1.00×10^{24}	$[CuBr_2]^{-}$	298	8.32×10^{5}
$[Ag(CN)_2]^{-}$	298	6.31×10^{21}	$[CuBr]^{+}$	298	0.93
$[Au(CN)_2]$	298	2.00×10^{38}	$[ZnBr]^{+}$	298	0.25
$[Zn(CN)_4]^{2-}$	294	7.94×10^{16}	$[AgBr_2]^{-}$	298	2.19×10^{7}
$[Cd(CN)_4]^{2-}$	298	6.03×10^{18}	$[HgBr_4]^{2-}$	298	10^{21}
$[Hg(CN)_4]^{2-}$	298	9.33×10^{38}	$[AgI_2]^{-}$	291	5.50×10^{11}
$[Ti(CN)_4]$	298	1.00×10^{28}	$[CuI_2]^{-}$	298	7.08×10^{8}
$[Fe(NCS)]^{2+}$	298	1.07×10^{3}	$[CdI_4]^{2-}$	298	1.26×10^{5}
$[Co(NCS)_4]^{2-}$	293	1.82×10^{2}	$[HgI_4]^{2-}$	298	6.76×10^{28}
$[Ni(NCS)_4]^{-}$	293	6.46×10^{2}	$[Ag(S_2O_3)_2]^{2-}$	298	2.88×10^{13}
$[Cu(SCN)_3]^{-}$	291	1.29×10^{12}	$[Cu(S_2O_3)_2]^{3-}$	298	1.86×10^{11}
$[Cu(NCS)_4]^{2}$	291	3.31×10^{4}	$[Cd(S_2O_3)_3]^{4-}$	298	5.89×10^{4}
$[Ag(SCN)_2]^{-}$	298	2.40×10^{3}	$[Cd(S_2O_3)_2]^{2-}$	298	5.50×10^{4}
$[Zn(NCS)_4]^{2}$	303	2.0×10^{1}	$[Hg(S_2O_3)_2]^{2-}$	298	2.75×10^{29}
$[Cd(SCN)_4]^{2-}$	298	9.55×10^{1}	$[Ag(CSN_2H_4)_2]^{+}$	室温	2.51×10
$[Hg(SCN)_4]^{2-}$	—	1.32×10^{21}	$[Cu(CSN_2H_4)_2]^{+}$	298	2.45×10^{15}
$[Pb(NCS)_4]^{2-}$	298	7.08	$[Cd(CSN_2H_4)_2]^{2+}$	298	3.55×10^{2}
$[Pb(NCS)_5]^{2-}$	298	1.70×10^{4}	$[Hg(CSN_2H_4)_2]^{2+}$	298	2.00×10^{36}
$[SeF_4]^{-}$	298	6.46×10^{20}	$[Cu(OH)_4]^{2-}$	—	1.32×10^{16}
$[TiOF]^{-}$	—	2.75×10^{6}	$[Zn(OH)_4]^{2-}$	298	2.75×10^{16}
$[CrF_3]$	298	1.51×10^{10}	$[Al(OH)_4]^{-}$	298	6.03×10^{2}
$[FeF_3]$	298	7.24×10^{11}	$[VO_2Y]^{3-}$	—	18
$[FeF_6]^{2-}$	298	2.04×10^{14}	$[ScY]^{-}$	293	1.26×10^{22}
$[CrCl]^{2+}$	298	3.98	$[BiY]^{-}$	293	8.71×10^{27}
$[AlY]^{-}$	293	1.35×10^{16}	$[BaY]^{2-}$	293	5.75×10^{7}
$[GaY]^{-}$	293	1.86×10^{26}	$[MnY]^{2-}$	293	1.10×10^{14}
$[Ag(En)_2]^{+}$	298	2.51×10^{7}	$[FeY]^{2-}$	293	2.14×10^{14}
$[Cd(En)_2]^{2+}$	303	1.05×10^{10}	$[CoY]^{2-}$	293	2.04×10^{14}
$[Co(En)_2]^{2+}$	303	6.61×10^{18}	$[CoY]^{-}$	—	36
$[Cu(En)_2]^{2+}$	303	3.98×10^{19}	$[NiY]^{2-}$	293	4.17×10^{16}
$[Cu(En)_2]^{2+}$	298	6.31×10^{10}	$[PbY]^{2-}$	298	3.16×10^{18}
$[Fe(En)_2]^{2+}$	303	3.31×10^{8}	$[CuY]^{2-}$	293	6.31×10^{18}
$[Hg(En)_2]^{2+}$	298	1.51×10^{22}	$[ZnY]^{2-}$	293	3.16×10^{14}
$[Mn(En)_3]^{2+}$	303	4.57×10^{6}	$[CdY]^{2-}$	293	2.88×10^{16}
$[Ni(En)_2]^{2+}$	303	4.07×10^{18}	$[HgY]^{2-}$	293	6.31×10^{21}
$[Zn(En)_3]^{2+}$	303	2.34×10^{10}	$[PbY]^{2-}$	293	1.10×10^{18}
$[NaY]^{3-}$	293	4.57×10^{1}	$[SnY]^{2-}$	293	1.29×10^{22}
$[LiY]^{3}$	293	6.17×10^{7}	$[VO_2Y]^{2-}$	293	5.89×10^{18}
$[AgY]^{3-}$	293	2.09×10^{7}	$[TiOY]^{2-}$	—	2.00×10^{17}
$[MgY]^{2-}$	293	4.90×10^{8}	$[ZrOY]^{2-}$	293	3.16×10^{29}
$[CaY]^{2-}$	293	1.26×10^{11}	$[LaY]^{-}$	293	3.16×10^{15}
$[SrY]^{2-}$	293	4.27×10^{3}	$[TlY]^{-}$	293	3.16×10^{22}

注：表中数据是根据大连工学院无机化学教研室编写的《无机化学》附录 4 中的数据换算而来的。

参考文献

[1] 北京师范大学，华中师范大学等．无机化学．北京：高等教育出版社，1997.

[2] 胥朝禔．分析工．北京：化学工业出版社，1997.

[3] 王秀芳. 无机化学. 北京：化学工业出版社，1995.

[4] 党信. 无机化学. 北京：化学工业出版社，1985.

元素周期表

IUPAC 2013

氧化态(单质的氧化态为0，未列入；常见的为红色)
以 ^{12}C=12为基准的原子量(注✦的是半衰期最长同位素的原子量)

图例：95（原子序数）；Am（元素符号(红色的为放射性元素)）；镅▲（元素名称(注▲的为人造元素)）；$5f^77s^2$（价层电子构型）；243.06138(2)✦；氧化态 +2 +3 +4 +5 +6

s区元素　p区元素　d区元素　ds区元素　f区元素　稀有气体

周期＼族	1 IA	2 IIA	3 IIIB	4 IVB	5 VB	6 VIB	7 VIIB	8 VIIIB(VIII)	9 VIIIB(VIII)	10 VIIIB(VIII)	11 IB	12 IIB	13 IIIA	14 IVA	15 VA	16 VIA	17 VIIA	18 VIIIA(0)	电子层
1	1 H 氢 -1 +1 $1s^1$ 1.008																	2 He 氦 $1s^2$ 4.002602(2)	K
2	3 Li 锂 +1 $2s^1$ 6.94	4 Be 铍 +2 $2s^2$ 9.0121831(5)											5 B 硼 +3 $2s^22p^1$ 10.81	6 C 碳 -4 +2 +4 $2s^22p^2$ 12.011	7 N 氮 -3 -2 -1 +1 +2 +3 +4 +5 $2s^22p^3$ 14.007	8 O 氧 -2 -1 $2s^22p^4$ 15.999	9 F 氟 -1 $2s^22p^5$ 18.998403163(6)	10 Ne 氖 $2s^22p^6$ 20.1797(6)	L K
3	11 Na 钠 -1 +1 $3s^1$ 22.98976928(2)	12 Mg 镁 +2 $3s^2$ 24.305											13 Al 铝 +3 $3s^23p^1$ 26.9815385(7)	14 Si 硅 -4 +2 +4 $3s^23p^2$ 28.085	15 P 磷 -3 +1 +3 +5 $3s^23p^3$ 30.973761998(5)	16 S 硫 -2 +2 +4 +6 $3s^23p^4$ 32.06	17 Cl 氯 -1 +1 +3 +5 +7 $3s^23p^5$ 35.45	18 Ar 氩 $3s^23p^6$ 39.948(1)	M L K
4	19 K 钾 -1 +1 $4s^1$ 39.0983(1)	20 Ca 钙 +2 $4s^2$ 40.078(4)	21 Sc 钪 +3 $3d^14s^2$ 44.955908(5)	22 Ti 钛 -1 0 +2 +3 +4 $3d^24s^2$ 47.867(1)	23 V 钒 0 ±1 +2 +3 +4 +5 $3d^34s^2$ 50.9415(1)	24 Cr 铬 -3 0 ±1 ±2 +3 +4 +5 +6 $3d^54s^1$ 51.9961(6)	25 Mn 锰 -2 0 ±1 +2 ±3 +4 +5 +6 +7 $3d^54s^2$ 54.938044(3)	26 Fe 铁 -2 0 ±1 +2 +3 +4 +5 +6 $3d^64s^2$ 55.845(2)	27 Co 钴 0 ±1 +2 +3 +4 +5 $3d^74s^2$ 58.933194(4)	28 Ni 镍 0 ±1 +2 +3 +4 $3d^84s^2$ 58.6934(4)	29 Cu 铜 +1 +2 +3 +4 $3d^{10}4s^1$ 63.546(3)	30 Zn 锌 +1 +2 $3d^{10}4s^2$ 65.38(2)	31 Ga 镓 +1 +3 $4s^24p^1$ 69.723(1)	32 Ge 锗 +2 +4 $4s^24p^2$ 72.630(8)	33 As 砷 -3 +3 +5 $4s^24p^3$ 74.921595(6)	34 Se 硒 -2 +2 +4 +6 $4s^24p^4$ 78.971(8)	35 Br 溴 -1 +1 +3 +5 +7 $4s^24p^5$ 79.904	36 Kr 氪 +2 +4 $4s^24p^6$ 83.798(2)	N M L K
5	37 Rb 铷 -1 +1 $5s^1$ 85.4678(3)	38 Sr 锶 +2 $5s^2$ 87.62(1)	39 Y 钇 +3 $4d^15s^2$ 88.90584(2)	40 Zr 锆 +1 +2 +3 +4 $4d^25s^2$ 91.224(2)	41 Nb 铌 0 ±1 +2 +3 +4 +5 $4d^45s^1$ 92.90637(2)	42 Mo 钼 0 ±1 ±2 +3 +4 +5 +6 $4d^55s^1$ 95.95(1)	43 Tc 锝▲ 0 ±1 +2 +3 +4 +5 +6 +7 $4d^55s^2$ 97.90721(3)✦	44 Ru 钌 0 ±1 ±2 +3 +4 +5 +6 +7 +8 $4d^75s^1$ 101.07(2)	45 Rh 铑 0 ±1 +2 +3 +4 +5 +6 $4d^85s^1$ 102.90550(2)	46 Pd 钯 0 +1 +2 +3 +4 $4d^{10}$ 106.42(1)	47 Ag 银 +1 +2 +3 $4d^{10}5s^1$ 107.8682(2)	48 Cd 镉 +1 +2 $4d^{10}5s^2$ 112.414(4)	49 In 铟 +1 +3 $5s^25p^1$ 114.818(1)	50 Sn 锡 +2 +4 $5s^25p^2$ 118.710(7)	51 Sb 锑 -3 +3 +5 $5s^25p^3$ 121.760(1)	52 Te 碲 -2 +2 +4 +6 $5s^25p^4$ 127.60(3)	53 I 碘 -1 +1 +3 +5 +7 $5s^25p^5$ 126.90447(3)	54 Xe 氙 +2 +4 +6 +8 $5s^25p^6$ 131.293(6)	O N M L K
6	55 Cs 铯 -1 +1 $6s^1$ 132.90545196(6)	56 Ba 钡 +2 $6s^2$ 137.327(7)	57~71 La~Lu 镧系	72 Hf 铪 +1 +2 +3 +4 $5d^26s^2$ 178.49(2)	73 Ta 钽 0 ±1 +2 +3 +4 +5 $5d^36s^2$ 180.94788(2)	74 W 钨 0 ±1 ±2 +3 +4 +5 +6 $5d^46s^2$ 183.84(1)	75 Re 铼 0 ±1 +2 +3 +4 +5 +6 +7 $5d^56s^2$ 186.207(1)	76 Os 锇 0 +1 +2 +3 +4 +5 +6 +7 +8 $5d^66s^2$ 190.23(3)	77 Ir 铱 0 ±1 +2 +3 +4 +5 +6 $5d^76s^2$ 192.217(3)	78 Pt 铂 0 +2 +3 +4 +5 +6 $5d^96s^1$ 195.084(9)	79 Au 金 +1 +2 +3 +5 $5d^{10}6s^1$ 196.966569(5)	80 Hg 汞 +1 +2 +3 $5d^{10}6s^2$ 200.592(3)	81 Tl 铊 +1 +3 $6s^26p^1$ 204.38	82 Pb 铅 +2 +4 $6s^26p^2$ 207.2(1)	83 Bi 铋 -3 +3 +5 $6s^26p^3$ 208.98040(1)	84 Po 钋 -2 +2 +4 +6 $6s^26p^4$ 208.98243(2)✦	85 At 砹 ±1 +5 +7 $6s^26p^5$ 209.98715(5)✦	86 Rn 氡 +2 $6s^26p^6$ 222.01758(2)✦	P O N M L K
7	87 Fr 钫▲ +1 $7s^1$ 223.01974(2)✦	88 Ra 镭 +2 $7s^2$ 226.02541(2)✦	89~103 Ac~Lr 锕系	104 Rf 𬬻▲ $6d^27s^2$ 267.122(4)✦	105 Db 𬭊▲ $6d^37s^2$ 270.131(4)✦	106 Sg 𬭳▲ $6d^47s^2$ 269.129(3)✦	107 Bh 𬭛▲ $6d^57s^2$ 270.133(2)✦	108 Hs 𬭶▲ $6d^67s^2$ 270.134(2)✦	109 Mt 鿏▲ $6d^77s^2$ 278.156(5)✦	110 Ds 𫟼▲ 281.165(4)✦	111 Rg 𬬭▲ 281.166(6)✦	112 Cn 鿔▲ 285.177(4)✦	113 Nh 鿭▲ 286.182(5)✦	114 Fl 𫓧▲ 289.190(4)✦	115 Mc 镆▲ 289.194(6)✦	116 Lv 𫟷▲ 293.204(4)✦	117 Ts 鿬▲ 293.208(6)✦	118 Og 鿫▲ 294.214(5)✦	Q P O N M L K

★ 镧系	57 La★ 镧 +3 $5d^16s^2$ 138.90547(7)	58 Ce 铈 +2 +3 +4 $4f^15d^16s^2$ 140.116(1)	59 Pr 镨 +3 +4 $4f^36s^2$ 140.90766(2)	60 Nd 钕 +2 +3 +4 $4f^46s^2$ 144.242(3)	61 Pm 钷▲ +3 $4f^56s^2$ 144.91276(2)✦	62 Sm 钐 +2 +3 $4f^66s^2$ 150.36(2)	63 Eu 铕 +2 +3 $4f^76s^2$ 151.964(1)	64 Gd 钆 +3 $4f^75d^16s^2$ 157.25(3)	65 Tb 铽 +3 +4 $4f^96s^2$ 158.92535(2)	66 Dy 镝 +3 +4 $4f^{10}6s^2$ 162.500(1)	67 Ho 钬 +3 $4f^{11}6s^2$ 164.93033(2)	68 Er 铒 +3 $4f^{12}6s^2$ 167.259(3)	69 Tm 铥 +2 +3 $4f^{13}6s^2$ 168.93422(2)	70 Yb 镱 +2 +3 $4f^{14}6s^2$ 173.045(10)	71 Lu 镥 +3 $4f^{14}5d^16s^2$ 174.9668(1)
★ 锕系	89 Ac★ 锕 +3 $6d^17s^2$ 227.02775(2)✦	90 Th 钍 +3 +4 $6d^27s^2$ 232.0377(4)	91 Pa 镤 +3 +4 +5 $5f^26d^17s^2$ 231.03588(2)	92 U 铀 +2 +3 +4 +5 +6 $5f^36d^17s^2$ 238.02891(3)	93 Np 镎 +3 +4 +5 +6 +7 $5f^46d^17s^2$ 237.04817(2)✦	94 Pu 钚 +3 +4 +5 +6 +7 $5f^67s^2$ 244.06421(4)✦	95 Am 镅▲ +2 +3 +4 +5 +6 $5f^77s^2$ 243.06138(2)✦	96 Cm 锔▲ +3 +4 $5f^76d^17s^2$ 247.07035(3)✦	97 Bk 锫▲ +3 +4 $5f^97s^2$ 247.07031(4)✦	98 Cf 锎▲ +2 +3 +4 $5f^{10}7s^2$ 251.07959(3)✦	99 Es 锿▲ +2 +3 $5f^{11}7s^2$ 252.0830(3)✦	100 Fm 镄▲ +2 +3 $5f^{12}7s^2$ 257.09511(5)✦	101 Md 钔▲ +2 +3 $5f^{13}7s^2$ 258.09843(3)✦	102 No 锘▲ +2 +3 $5f^{14}7s^2$ 259.1010(7)✦	103 Lr 铹▲ +3 $5f^{14}6d^17s^2$ 262.110(2)✦